江苏省高等学校重点教材

（编号：2021-2-189）

高等院校精品课程系列教材

ROBOT SENSING TECHNOLOGY

机器人感知技术

李新德　朱博　谈英姿◎编著

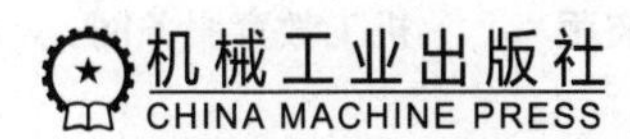

图书在版编目（CIP）数据

机器人感知技术/李新德，朱博，谈英姿编著．—北京：机械工业出版社，2023.4

高等院校精品课程系列教材

ISBN 978-7-111-72764-4

Ⅰ.①机…　Ⅱ.①李…②朱…③谈…　Ⅲ.①机器人-感知-系统设计-高等学校-教材　Ⅳ.①TP242

中国国家版本馆 CIP 数据核字（2023）第 044505 号

机械工业出版社（北京市百万庄大街 22 号　邮政编码 100037）

策划编辑：王　颖　　责任编辑：王　颖

责任校对：梁　园　卢志坚　　责任印制：常天培

北京铭成印刷有限公司印刷

2023 年 6 月第 1 版第 1 次印刷

185mm×260mm・14.75 印张・6 插页・345 千字

标准书号：ISBN 978-7-111-72764-4

定价：89.00 元

电话服务　　网络服务

客服电话：010-88361066　　机　工　官　网：www.cmpbook.com

010-88379833　　机　工　官　博：weibo.com/cmp1952

010-68326294　　金　书　网：www.golden-book.com

机工教育服务网：www.cmpedu.com

前言

东南大学于2016年开设了全国首个机器人工程本科专业。该专业建设之初，笔者在开展机器人感知方向科研工作的同时一直在思考，如何培养机器人专业人才，特别是如何高质量、高效率地培养机器人感知方向的专业人才。依据江苏省高等学校重点教材项目的要求，笔者结合多年科研和一线教学实践经验，以及对专业特点与技术变革的思考，探索并尝试编写了本教材。

机器人是科技发展的重要结晶，是人在改造世界过程中的产物。人对智能机器的幻想与痴迷由来已久，中国著名古籍《列子·汤问》中就曾记载偃师造人的传说，这或许是人最早对自动机器与环境（音律环境）和谐关系、人机共融情景的憧憬。在如此憧憬下，人们经过长期孜孜不倦的研究，终于在20世纪60年代开发出了最早的智能机器人。随后，智能机器人渗透到生活、生产等越来越多的领域，带来了良好的经济效益和社会效益。2021年我国工业和信息化部等15个部门发布的《“十四五”机器人产业发展规划》进一步推动了智能机器人产业的高质量发展，“机器人＋”的行业应用模式将成为经济发展新动能，催生经济新格局。这也对笔者所从事的机器人感知领域的研究和教学工作提出了新的挑战。

我们知道，人生活在五彩斑斓的世界中，时时刻刻都在感知周围的环境并与其进行交互，人对环境的感知是人行为的基础。人研究智能机器人的目的是让机器人具有类人智能，将人的智能赋予机器人。在此进程中，赋予机器人智能环境感知能力是重要一环，对机器人的自主性、智能性、社会性提升均具有重要意义。机器人通过自身携带的传感器（如GPS、IMU、视觉、激光雷达、超声波等），或者智能空间中的传感器，来获取周围的静态物理环境、动态目标等传感数据；然后，数据经过处理形成有用信息，进而实现环境的重构，完成对周围环境的客观表达；最后，再形成机器人本体内的“主观”理解。更进一步，机器人在对自然环境感知的基础上，针对复杂的社会环境，也可以像人一样感知，具备了较高的社会感知和智能能力。当机器人具备一定社会感知能力后，也就具有了社交能力。

如今，随处可见各种机器人在运行，它们时刻对所处环境进行着感知。如：在马路上行驶的无人驾驶汽车，对路面、车道线、障碍物、行人、其他车辆等进行实时感知；服务机器人在从一个位置移动到另一个位置的过程中，对环境地图、服务目标、操作对象、场所语义等进行感知；无人自主潜水器在水下航行时，自主进行探测、建图与导航；无人机或无人机群置空后，对任务目标、环境对象、任务态势进行捕获与感知……然而，我们也应当清醒地认识到，机器人目前的感知能力仍远达不到人们期望的水平。一个现实的例子是现在还没有一辆汽车可以达到L5级别的自动驾驶，甚至L4级别的自动驾驶也很难完成。因此，研究人员和相关工程技术人员还需再接再厉，在相关领域持续发挥才智，培养该领域后继人才成为当下的迫切需求。

机器人感知技术作为机器人技术的一个基础分支，受到多个行业、领域的重点关注。然而目前熟练掌握该方向技术的专业人员尚凤毛麟角，专业用人荒与就业难的自相矛盾在该领域也逐渐显现。企业所需要的机器人感知技术研发人员，不仅要有扎实的理论基础、广泛的知识面，更要有丰富的动手实践经验。由此，对机器人感知技术专业人才的培养方案，不仅要贴近前沿需求和“实战”要求，同时也要涵盖理论和技术前沿，并且易于初学者上手。

本书是笔者在多年的科研与教学实践基础上，参考相关领域优秀成果编写而成的，内容力求做到由浅入深、循序渐进、条理清晰，既强调了基本原理和工程应用，又反映了国内外研究和应用的最新进展，具有系统性、实用性、前沿性和易读性。

1）系统性。相关理论脉络清晰，全面梳理从度量层到语义层、从静态对象到动态对象以及多种模态信息下的机器人感知技术，此外对常用的数学工具做了系统性归纳。

2）实用性。根据机器人系统应用需求，对应用中使用的大量经典方法进行了详细阐述，并在实验部分对部分重要方法给出了实现过程，希望读者通过本书的学习能掌握这些实用方法，快速投入“实战”。

3）前沿性。展现国际上最新的研究成果，反映机器人感知领域的最先进水平。

4）易读性。文字表述力求通俗易懂。在内容安排上力求由浅入深，循序渐进。

本书共7章并附相关的实验指导。

第1章介绍机器人环境感知技术的有关概念和现状，并对相关研究类别的特点进行了讨论。

第2章介绍在机器人感知系统设计过程中主要使用的数学工具，包括线性代数、求导法则、优化算法、解析几何、概率等。

第3章从自主移动机器人携带的常用环境感知传感器入手，介绍了传感器感知方式和方法，以及从度量层面对传感器信息进行分析的方法。

第4章主要从静态对象感知角度出发，介绍用于静态对象的自主感知技术，主要包括目标的检测和识别，所用到的对象信息有二维信息、三维信息和触觉信息。

第5章主要从动态对象感知角度出发，介绍一般动态障碍物的检测方法以及对动态人脸和人体的检测与跟踪方法。

第6章介绍几种语义级别的环境描述和理解方法。

第7章面向机器人导航应用，介绍利用高层语义信息进行导航的方法。

在本书的每章后面都附有一定数量的习题，以巩固所学知识。为了强化读者的问题探究意识，习题中包含一定量的开放性问题，这类问题需要读者自行查阅资料找出答案。为了加强课程的实践环节，附录“实验指导书”对一些关键教学知识点和学生兴趣点设计了实验，使读者能够应用所学内容并结合相关资料解决实际问题。

本书可以作为高等院校机器人工程、自动化等相关专业的本科生和研究生的机器人感知课程教材，也可以供从事机器人感知研究与应用的科技人员学习参考。希望本书能够给无人自动驾驶领域研究者和自主智能机器人专业学生以及相关工程技术人员提供帮助。

本书包含了笔者在机器人感知领域多年的科研和教学实践，也汲取了国内外同类教材和有关文献的精华，在此谨向这些教材和文献的作者表示感谢。在本书的编写过程中，笔者得到了各方面的大力支持和帮助，十分感谢笔者工作单位东南大学自动化学院的领导和同事的支持和帮助，非常感谢机器人和人工智能领域的前辈和朋友的关心和支持，也向提供帮助的许多老师和学生表示感谢，特别感谢研究生肖明静、吴艺虹同学，两位同学完成了大量的文字整理和图文校对工作。

笔者的研究工作曾得到国家自然科学基金、863重点项目、国防重点预研项目、江苏省基础前沿引领项目、江苏省自然科学基金项目、江苏省重点研发计划重点项目、江苏省优势学科或双一流学科经费、各种人才计划等的大力资助，对这些给予资助的相关部门表示衷心的感谢。在本书编写和出版过程中，得到了机械工业出版社的大力支持，在此谨表诚挚的谢意。

机器人环境感知与理解的内容十分广泛，涉及诸多学科领域。由于笔者的水平和写作时间有限，经验不足，书中不妥之处在所难免，敬请读者批评指正。

李新德

2023.1.31

目录

第1章　引　　言

人对自动机器的幻想与痴迷由来已久，中国著名古籍《列子·汤问》中就曾记载偃师造人的传说，其中记述的“𬱖其颐，则歌合律；捧其手，则舞应节。”中“合律”和“应节”（歌声合乎乐律、舞步符合节奏）或许是人最早对自动机器与环境（音律环境）和谐关系、人机共融情景的憧憬。在此憧憬下，人们孜孜不倦地探索和创造能够像人一样感知、理解周围环境，并与环境和谐相处的智能机器人。智能机器人所掌握的大量环境信息源于种类繁多的视觉传感器，本书将以智能机器人视觉环境感知方法为主线，其他感知方法为补充，介绍机器人认识、理解所处环境用到的相关感知技术。

1.1　机器人感知技术概述

在日常生活中，我们作为自然人每时每刻都在对环境进行着感知，只有在对环境有着充分认知的基础上，人才能做出各种行为。同样，机器人环境感知对机器人产生自主性、智能性、社会性具有重要意义。机器人经常需要面对日益复杂的、多变的、多样化的自然场景环境，需要进行多目标、多内涵感知，单一传感器难以完整描述环境，因此，机器人一般需要具有多种传感器。此外，在连续运动过程中，机器人需要同时进行多个任务处理和信息融合，这不仅要求机器人能获取丰富的环境感知信息，同时也对算法实时性、任务调度、多传感器融合等方面提出了新的挑战。首先，机器人利用传感器获取与环境和感知对象相关的底层数据信息。传感器获取的底层数据信息通常为一维、二维或高维距离信息或者其他量化数据信息，一般并不直接用于指导机器人底层运动规划及控制，特别是不能直接用于机器人高层认知任务或任务级规划，而是需要进一步分析、处理、提炼有用信息。然后，机器人对传感器信息进行滤波、变换、分析、提取特征等处理，进而从相关信息中提炼出语义信息、结构信息、任务对象等，才能执行下一步具体任务。在此过程中，机器人不仅需要对距离、尺寸、轮廓、结构等几何信息以及物理量等进行定量感知，而且需要对语义信息、描述信息、动作序列等进行定性感知。最后，在获得综合环境信息后，机器人系统进一步进行分析并完成相关任务。机器人环境感知所涉及的范围十分广泛，本书以视觉感知为主，同时兼顾其他感知。

机器人运行时，需要多种传感器实时、可靠、有效地捕获外界环境和自身工作状态信息，以便准确开展后续行动。我国发射的祝融号火星车可以看作是一种搭载多种传感器的典型机器人（见图 1-1）。智能机器人装备的传感器种类繁多，目前比较成熟的机器人传感器类型包括机器人视觉、力觉、触觉、接近觉、姿态觉、位置觉传感器等。如图 1-2 所示，机器人常用的内部传感器有位置传感器、速度/加速度传感器、扭矩传感器、平衡觉传感器等；常用的外部传感器分为接触式传感器和非接触式传感器，接触式传感器有触觉传感器、滑觉传感器、压觉传感器等，非接触式传感器有视觉传感器、听觉传感器、嗅觉传感器等。这些传感器可能直接安装于机器人本体上，也可能部署在机器人所处智能空间中，与机器人具体应用相关，作为机器人感知基础的传感技术，充分利用光敏、热敏、力敏、电压敏、磁敏、气敏、温敏、声敏、射线敏、离子敏、生物敏等传感特性，以及各种传感器、变送器、二次仪表等多种类型传感装置，结合新材料、新工艺实现微型化、集成化；利用新原理、新方法获取极端环境中各种信息，辅以先进的信息处理技术提高传感器的各项技术指标，以适应极端环境机器人的应用需求。微型化、集成化、多功能化、智能化、系统化、网络化、低功耗、无线、便携式等将成为新型智能机器人感知部件的显著特点。

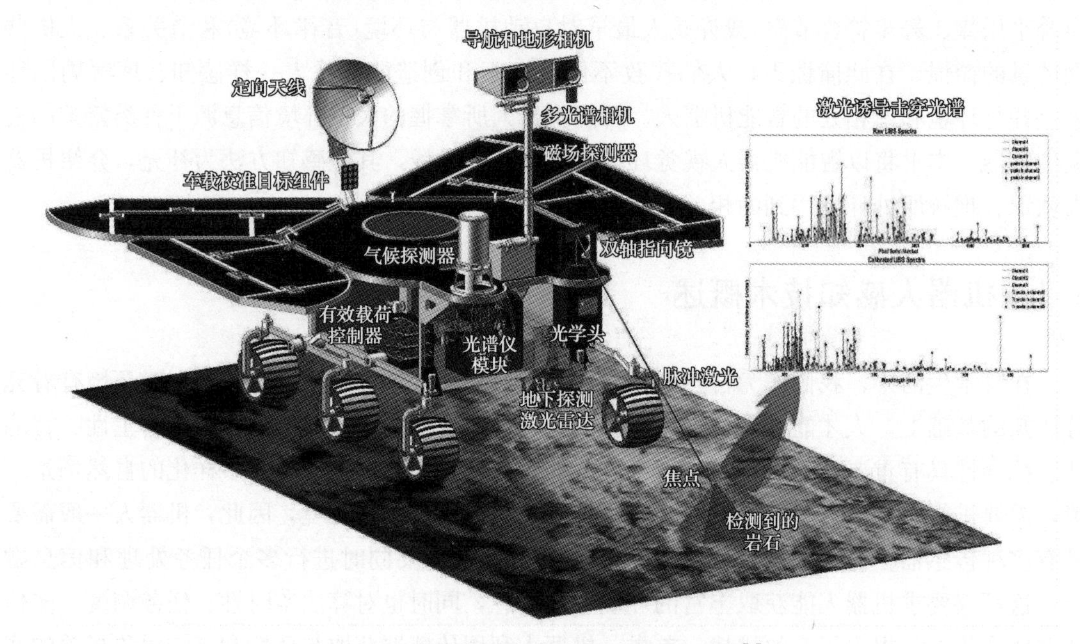

图 1-1 搭载多种传感器的祝融号火星车[1]

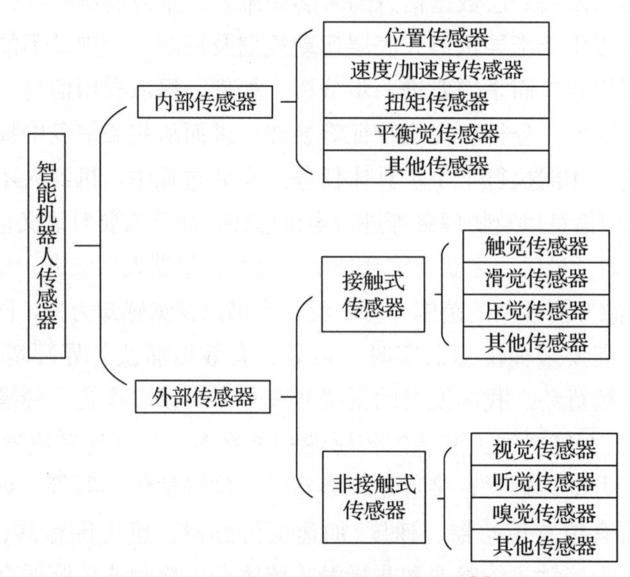

图 1-2 机器人感知传感器分类[2]

利用机器人感知技术中的立体视觉技术、三维激光扫描技术和3D成像技术可获取与环境有关的丰富度量和语义感知，所以它们受到广泛关注和深入研究。立体视觉技术模拟人的视觉系统直接获取环境信息，该方法由两个单目相机观察同一场景来得到图像对，通过稠密匹配或者稀疏匹配，获得对应像素点，再利用视差原理恢复三维信息。该方法具有精度高、获取信息直观、符合人的直觉等优点，但在某些非结构化环境下存在特征信息难以提取、匹配难度大、计算量大、光线变化适应性差等问题。三维激光扫描技术利用规则移动的激光射线(由三维激光扫描仪生成)来获取所测环境点到传感器的距离信息，进而恢复环境的三维信息。该方法具有环境适应性较强、测量精度高、受光线和环境影响小等优点，但在数据获取实时性、数据处理效率、能量消耗、体积方面存在不足。3D成像技术利用基于TOF(Time of Flight，飞行时间)原理的摄像机获得空间的彩色图像实时信息及每个对应像素的深度信息。该摄像机通常由近红外发光阵列发射调制光源，调制光到达场景后的反射光被摄像机捕获，相机算法分析出发射光与反射光之间的相位差，进而可得到空间点彩色图像的深度信息。近年来，3D成像技术在机器人领域得到广泛应用。典型产品包括微软Kinect摄像机、Swiss Ranger、Asus Xtion等，此类TOF摄像机有时也被称为3D摄像机。该方法具有实时性好、测量精度适中、体积小、重量轻、能耗小等的优点；其缺点也较为明显，如摄像机图像分辨率较低、视野误差分布不均匀等。

通过传感器得到与环境相关的基础数据只是第一步，机器人要根据这些数据形成对环境从局部到整体、从单一模态到多模态的全面认知。机器人的环境感知研究从早期对单一实例物体分割识别逐渐过渡到对多类、多实例物体的快速识别和场景的全局理解。在这一过程中特征提取技术与机器学习方法的发展起到了至关重要的作用，其中支持向量机、集成分类器、深度神经网络等人工智能技术广泛应用于该领域。下面从信息所在的系统层次角度梳理当前感知技术的脉络。

1.1.1 度量层环境感知技术

度量层环境感知技术指机器人利用底层传感器的度量属性，获取某些环境要素(如布局、结构和物体等)的度量信息，并直接基于此类信息形成对环境“识别”的技术。度量层感知结果由显式度量模型(Metric Model)给出，该模型描述的环境信息通常具有最细粒度，因此对模型精度要求较高。环境要素的精确度量模型有助于机器人准确地完成环境交互任务，而机器人如何能自主建立这类模型，是几十年来众多研究人员一直探索的问题。在度量层环境感知技术中，用于获取环境精确布局信息的度量地图(Metric Map)构建技术，一直是研究热点，至今仍存在许多未解决的问题，引起了众多专家、学者的关注；面向其他环境要素的度量层感知技术(如对象精确度量信息[3])也得到广泛关注，这些技术在机器视觉、立体测量等相关研究的影响下快速发展。

度量地图构建技术通常用于建立面向导航的环境地图，该技术通过对底层传感器数据的分析，直接或间接地捕捉环境的几何属性。其环境模型构建过程通常摒弃了除度量信息以外的其他信息，所建地图仅具有环境布局的度量属性。度量地图尽管所含信息类型单一，但它能提供足够的导航信息，因此得以广泛应用。目前有关研究主要集中于以下几个方面：

(1)视觉 SLAM(Simultaneous Localization and Mapping，同时定位和建图)技术

由于视觉传感器具有成本低、重量轻、易于小型化、所提供信息量大等特点，基于它的 SLAM 技术成为新的研究热点。Holmes 等人[4]提出解决单目 SLAM 问题的 SCISM(SLAM with Conditionally Independent Split Mapping，带条件独立分割映射的 SLAM)算法，使得 SLAM 技术能够同时满足计算复杂性和一致性约束。Diaz 等人[5]实现了一种能够在结构化环境下实时运行的 6 自由度单目 SLAM 系统。Zhu[6]在其论文中改进了 SIFT(Scale Invariant Feature Transform，尺度不变特征变换)算法的特征匹配过程，给出了在室内环境中能保证高定位精度和计算实时性的双目 SLAM 方法。Lin 等人[7]在"recall-1-precision"图标准下比较 PLOT(Polynomial Local Orientation Tensor，多项式局部方向张量)和 SIFT 特征，认为 PLOT 特征更适用于视觉路标，进而基于 PLOT 特征实现双目 SLAM。

(2)未知环境探索和建图

当机器人面对未知环境时，已有许多算法尝试将环境探索的路径规划过程同 SLAM 整合，以便规划出利于创建高质量地图的轨迹[8]，从而获得高质量环境地图。

(3)面向动态环境的地图构建技术

此类技术通常分为两类[9]：一是将动态物体作为噪声滤除；二是识别和跟踪移动物体，将动态物体作为状态估计的一部分。Huang 等人[10]认为将多运动目标跟踪与 SLAM 整合在同一框架下，可以使两者相互受益，他们的初步实验证实了面对动态环境时基于该观点的算法的可行性和鲁棒性。

(4)多机器人同时建图

多机器人系统在处理效率、适应能力和作业精度等方面均优于单机器人系统，通过多机器人协调(Coordination)感知来提升对环境的感知能力已成为当下研究热点[11]。目前，这方面研究主要集中于基于多机器人协作的同时定位与地图创建(Cooperative Simultaneous Localization and Mapping，CSLAM)，可分为集中式 CSLAM、分布式 CSLAM 和混合式 CSLAM[12]。

(5)3D 环境建图

3D 环境地图能够提供丰富的导航、环境操作、结构等信息，因此如何使机器人利用自身传感器自主地建立 3D 环境地图，引起了众多研究人员的关注。值得一提的是，用于建立 3D 环境地图的传感器，除传统 3D 激光雷达、立体视觉等传感器之外，近几年作为新环境感知传感器的 RGB-D 摄像机(商用产品如 Microsoft Kinect 和 ASUS Xtion PRO 等)引起了研究人员广泛关注，利用它构建 3D 环境地图的相关研究成为新的热点。Henry 等人[13]在他们的论文中提出一种使用 RGB-D 摄像机生成室内环境的稠密 3D 模型的建图框架。Zou 等人[14]提出的一种室内 SLAM 方法中使用了 Kinect 作为环境感知传感器，并发现在考虑速度和建图精度的情况下，ORB(Oriented FAST and Rotated BRIEF[15])检测子和描述子更适于室内 SLAM。我们可以发现，利用 RGB-D 摄像机获得的 3D 环境地图不仅含有传统度量信息，而且能够包含红、绿、蓝三个通道上丰富的视觉灰度信息，此类地图可以看作是扩展了视觉信息维的度量地图，也可以看作是一种广义度量地图(包含了对环境表观的视觉灰度的度量)，因其所含环境信息丰富，相应建图和应用技术受到了广泛且深入的研究。

(6)非结构化环境建图

传统室内环境可以看作结构化环境，它们通常具有稳定的点、线或拐角等结构特征。随着人们生活理念(崇尚自由、追求个性、摆脱拘束等)、家电技术、家具/家居设计理念等的变化和发展，室内布局逐步呈现出非结构化态势；除此之外，在一些灾难性事件发生后，室内环境将出现显著非结构化特性，使得一些传统环境建图技术不再适用[16]。因此，非结构化环境下的机器人建图方法的研究成为社会发展的迫切需求，但其在技术上面临着许多新挑战。Pellenz 等人[17]针对非结构化环境，利用一台带有伺服电机的 2D 激光测距仪同时完成精确 2D SLAM 和 3D 障碍物检测，所得到的占有栅格地图和障碍物地图融合为一幅导航地图，用于路径规划。Bachrach 等人[18]开发出一种完全自主的带有激光测距仪的四旋翼飞行器，实现对非结构化、未知室内环境的自主探索和地图创建。

(7)其他环境要素的度量层感知技术

在度量层环境感知技术研究中，尽管度量地图构建技术已形成一个庞大的研究领域且具有极为重要的地位，然而相关技术并不仅局限于此，面向其他环境要素的度量层感知技术也在迅速发展。与度量地图构建技术主要面向较大空间环境不同，其他度量层感知技术研究通常面向相对小的局部空间环境或对象，进而获取感兴趣的度量信息。在符合美国残疾人法案(American Disability Act，ADA)的环境约束下，Rusu 等人[19]提出一种从激光传感器获得的点云数据中检测门及门把手位姿的算法。Yamazaki 等人[20]利用移动机器人上的单目摄像机捕捉目标物体的图像序列，以此重建未知目标物体的稠密 3D 形状模型。Krainin 等[21]利用机器人手臂、抓手和 RGB-D 摄像机组成的系统，实现了对被抓持物体的 3D 建模。Alenyà 等人[22]使用 TOF 相机和 SL(Structured Light，结构光)相机实现了对可变形物体的感知，并应用于织物抓取和植物监视领域。

机器人与环境进行交互时，特别是发生物理交互时，有关行为信息必须在一定精度范围内才能捕获，位于最底层的度量层感知技术为此提供了基本保障。在一个完整的机器人系统中，该类技术为其他高层任务提供了基本的环境数据信息，不可或缺。

1.1.2 拓扑层环境感知技术

拓扑层环境感知技术指机器人直接或间接获取某些环境要素(如布局、结构和物体等)的拓扑信息，并基于此类信息形成对环境“识别”的技术。

对环境布局的拓扑层感知主要依赖于拓扑地图创建技术。拓扑地图通常具有表达紧凑、所占计算资源少、适用于大范围环境建模、适用于人-机器人交互[23]等优点，并且其建图过程需要较少的精确度量级传感数据(Metric Sense Data)[24]，因此，相关研究引起众多研究人员的持续关注。目前，常见的拓扑地图形式有无向图、有向图和二部图(Bipartite Graph)[25]等。拓扑地图以顶点(Vertex)描述环境中的地点(Place)，以边(Edge)描述不同地点间的连通性(Connectivity)，从而构成环境布局的图(Graph)模型。不同类型拓扑地图的顶点定义各不相同，拓扑地图中顶点和边的含义依赖于应用和建图算法[26]，这造成了拓扑地图的多样性及相关研究的复杂性，并且难以对不同建图方法的性能制定统一的评价标准。

拓扑地图创建方法可以分为两类：一是从已有度量地图间接获取环境的拓扑表达；二是直接利用传感器获取环境的拓扑结构。前者主要目的在于为后续规划任务的开展提供便利[27]，可以看作是在度量层感知结果的基础上，从拓扑角度对环境布局的再感知，目前大部分拓扑地图的创建过程采用了后者的建图模式。无论采用何种方法定义和建立拓扑地图，都需要充分考虑建图过程中的感知混淆(Perceptual Aliasing)问题。Ranganathan 等人[28]提出一种概率拓扑地图(Probabilistic Topological Maps，PTMs)框架，提供了一种感知混淆问题的系统解决方案；2011 年，Ranganathan 等人[29]在实时性约束下对原 PTMs 进行了改进，提出在线概率拓扑建图(Online Probabilistic Topological Mapping，OPTM)算法；Werner 等人[30]提出使用特定地点的邻域信息解决感知混淆问题。

除激光传感器、超声波传感器等传统传感器外，近年来，基于全景视觉[31](Omnidirectional Vision)的方法被用于解决拓扑 SLAM 问题，该方法使用全景摄像机作为传感器采集环境拓扑信息。全景视觉传感器的引入带来一些新问题，相关学者围绕这些问题已经开展了很多研究工作，如 Liu 等人[32]针对全景视觉提出一种轻量级描述子 FACT(Fast Adaptive Color Tags)，可实时生成拓扑建图的节点列表。

尽管有些拓扑建图方法得到的拓扑顶点对机器人具有重要意义(可用于定位及导航等任务)，但是对人而言并无明确含义。然而，有些方法却能够获得对人同样有意义的拓扑顶点，使得机器人与人的概念空间在某种程度上相契合，含有此类顶点的拓扑地图不仅能用于机器人导航等基础任务，还能用于辅助人机交互等高层任务。这类具有语义属性的拓扑地图的构建方法受到了相关学者的关注。Mozos 等人[33-34]对相关问题进行了深入研究，文献[33]利用 AdaBoost 算法对几何地图上每个点实现了语义分类，所得拓扑地图的顶点具有“房间”“门口”和“走廊”等显式场所语义。

面向局部空间环境或对象，一系列拓扑层感知技术也应运而生。Aleotti 等人[35]受神经心理学领域知识(人基于部件分解实现对物体的感知)的启发，提出一种抓取规划方法：首先对物体模型进行拓扑分解，然后对物体进行分类并自动标注，这两步从拓扑层面完成了物体感知，在此之后进一步开展抓取规划。该方法不仅能够提高规划速度，而且能够在先前未知的相似物体上开展抓取规划。Rosman 和 Ramamoorthy[36]提出构造物体的联系点网络(Contact Point Network，CPN)，从而在以点云描述的场景中捕捉单个物体和整个场景的拓扑结构，形成场景的分层表达。这种表达有助于机器人在不同层次上实现与物体有关的推理等行为，从而广泛地执行任务。

隶属于拓扑层环境感知技术的其他相关研究将不再赘述。总之，拓扑方法获得的环境模型通常具有表达紧凑、对变量干扰鲁棒性强等优点，其表达方式与人的认知行为存在某种相似之处，使模型本身有语义信息包含能力，可为人机交互等高层任务的执行提供便利。

1.1.3 语义层环境感知技术

近二十年，语义层环境感知技术得到研究人员的广泛关注，相关论文的数量统计情况如图 1-3 所示(使用谷歌学术搜索引擎，同时搜索关键字“robot”“semantic”和“perception”得出)，由图可见，该领域研究呈稳定、快速增长态势。

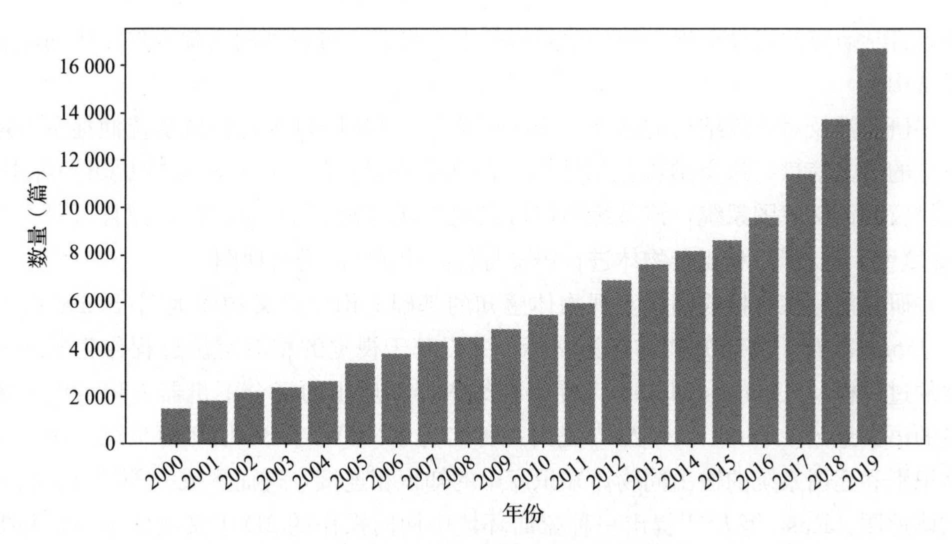

图 1-3 语义层环境感知论文数量统计图

语义层环境感知技术指在机器人系统中显式地对环境要素(如布局、结构和物体等)有关的语义信息建模，从而使机器人能够显式地从环境中获取相应的语义知识，并对环境形成“认识”，是构建语义地图的基础。此类技术涉及的一个核心概念是“语义知识”，尽管对“语义知识”的释义在机器人领域并不统一，但是相关研究在两方面达成基本共识：一是机器人内部需要有知识的显式表达，二是表达中的符号需要与物理环境中的物体、参数或者事件等关联。相关研究的难点在于如何使机器人和人内部的两种完全不同的感知机制在语义层面发生一定程度的契合。语义感知结果有时将直接用于人机交互、操作等任务，而有时用于在机器人内部形成类似传统地图的环境模型，此类模型通常称作“语义地图”。“语义地图”作为对传统度量地图和拓扑地图的补充，能够为机器人推理、规划和执行相关任务提供更丰富的信息，也是目前的研究热点。

“语义”所涵盖的具体含义非常广泛(如物体、物理量、建筑结构、关系、行为等)，人可以从直观上理解的对象均可归为“语义”范畴。因此，能使机器人在与环境交互过程中显式地表现出类人的概念(语义)生成行为的技术，即可将其视为语义层环境感知技术。从机器人研究角度看，一些传统技术，如物体识别技术和动态目标识别技术，也能够提供对于机器人所处环境意义上的理解，也可视为语义层环境感知技术。这些传统技术很多已形成理论体系，本节不再赘述。本节仅对机器人领域中出现的一些有代表性的语义技术进行介绍。

一些研究关注人工设计局部特征，如 Lowe 受生物视觉模型启发提出的尺度不变特征变换 SIFT(一种对尺度、平移、旋转变换具有鲁棒不变性的特征)，Valgren 提出加速稳健特征(SURF 特征)，以及各种自动学习得到的深度特征、高层抽象特征等，都被广泛应用于机器人领域。在此过程中，人们逐步认识到局部特征粒度过细，不足以描述更大尺度场景或目标对象，因此更多依赖于全局特征描述或中间特征描述来解决粗语义粒度的认知问题。

一些研究关注对环境构成形态的感知。通过简单的对话交互，D'Este 等人[37]设计的机器人能够学习与物体及物体属性相关的词汇，以及多物体间的关系概念。Swadzba 等人[38]

受心理语言学研究的启发提出一种分层空间模型，机器人可以利用它提取位于中间层有意义的场景结构。

一些研究涉及对建筑结构的感知。Goron 等人[39]利用 3D 激光扫描系统捕捉室内矩形状结构对应的语义信息，这类结构包括墙壁、门和窗户等；Nüchter 等人[40]提出一种采用 3D 激光扫描仪的语义建图系统，该系统不仅可以建立环境的 3D 几何地图，而且可对一些建筑结构（如墙壁、地板等）和复杂物体进行语义标注，生成 3D 语义地图。

一些研究能够在直接或间接实现物体感知的基础上构建语义物体地图（Semantic Object Map）。Jeong 等人[41]将已知物体作为路标，并以基于视觉的相对定位过程作为扩展卡尔曼滤波器的过程模型（Process Model），使得在编码器不可用的场合下机器人仍可以鲁棒地构建环境的语义地图。Tenorth 等人[42]提出一种名为 KNOWROB-MAP 的系统，该系统可以将物体识别和建图系统的输出同物体知识库中的知识相连接，进而形成一种带有关联知识的语义物体地图。Rusu 等人[43]提出一种家居环境中面向操作的 3D 语义物体地图，并提出从密集 3D 深度数据中自动获取该地图的方法。Mozos 等人[44]提出一种使机器人能够通过万维网学习典型办公家具的一般模型，进而对实际环境中的未知家具实例进行分类和定位，由此可建立语义地图。Civera 等人[45]对传统无语义的单目 SLAM（Monocular SLAM）进行推广，在其基础上叠加对 3D 物体的识别，所提出的算法在室内实时地实现了语义 SLAM。Li 等人[46]设计出一种新颖的语义建图方法，其通过可穿戴传感器识别人的动作，利用动作与家具类型的关联模型确定家具类型，进而实现语义建图。Kim 等人[47]使用 Kinect 作为环境传感器，利用室内环境的特殊结构来加速对重复物体的 3D 提取和识别过程，实现对室内环境的理解，由此可构建语义物体地图。一些物体感知的常用方法参见文献[48]和[49]。

一些研究关注对环境中场所的感知，相关技术在文献[50]中做了详细阐述，受篇幅所限不再赘述。值得注意的是，有时感知到的场所可以作为具有明确语义的拓扑节点出现在拓扑地图中，形成所谓的“语义拓扑地图”（如前述文献[32]中研究工作），这类地图同时具备拓扑地图和语义地图的性质，相关研究应当予以重视。

随着人们对语义内涵的深入理解，一些新颖的研究内容也相继出现，如卡内基梅隆大学的 Gupta 等人[51]提出一种更加以人为中心的室内场景理解范式，这种方法预测人在场景中的工作空间（Workspace），即可达姿态集合，可视为在行为语义层面上实现对场景的理解。除此之外，随着机器人可感知的语义类别增多，多类语义的有效表达问题受到一些研究人员的关注，如 Wang 等人[52]提出一种用于描述室内环境的语义地图表达方法，其基于的实体类型包括物体（如桌子）、建筑结构（如墙）和场所标签（如房间）等。目前，从物体的功能性角度以及从人和物体之间的交互行为角度来认知物体的方法受到了广泛关注。

1.1.4 复合环境感知技术

复杂机器人的任务通常需要在多模感知信息的支持下完成，而单一环境感知技术不能提供全面的环境信息，所以不能满足此类任务的要求。因此，复合环境感知技术引起了众多研究人员的重视。

复合环境感知技术中一个重要的研究内容是混合地图研究，其中大量工作集中于将度量和拓扑方法联合应用于混合地图[53]。如 Tomatis 等人[54]提出一种局部为度量地图而全局为拓扑地图的混合地图，可实现对环境的紧凑建模，用于定位和地图创建，优势在于无需在度量层维持全局一致性且能同时保持精度和鲁棒性；Bazeille 等人[55]将视觉闭环检测和里程计信息相结合实现 SLAM，可实时建立未知环境的拓扑-度量混合地图。随着语义层技术的发展，已有研究人员尝试将语义层技术同传统环境感知技术整合，如 Mozos 等人[56]提出一种概念地图、拓扑地图、导航地图和度量地图的整合系统，其中可提供丰富语义信息的概念地图位于最顶层；与之类似，Pronobis 等人[57]提出一种多层语义建图算法，能够基本实现对环境的全面感知和理解。

复合环境感知技术中，并非对各层技术进行简单地排列组合，通常需要按照各层技术的特点、优劣势以及应用需求将它们有机结合为统一整体，相关整合技术的研究将成为未来的一个发展方向。

除此之外，我们知道人的感知系统不仅包括视觉系统，还拥有完善的触觉感知系统，可以作为对视觉感知的补充，甚至是特定场景下的替代。人的触觉包括接触觉、压觉、冷热觉、滑动觉、痛觉等，这些感知能力对人来说至关重要，某些方面是视觉所不能完全替代的。对于机器人同样如此，利用光、电、磁等物理特性，可以开发出种类繁多的机器人触觉传感器，作为机器人视觉系统的有益补充。

1.2 机器人与环境的交互机制概述

机器人与环境的交互外延是“人-机-环境”这一信息交互链，并以机器人为信息传递和处理媒介，三者共享背后的信息空间和信息逻辑，以达到人和环境友好、和谐相处的目标。通用的机器人与环境的交互技术处理范式是在人、生物对环境感知行为的启发下，机器人利用多种传感器，凭借多种技术手段模仿自然的信息交互过程，从度量层、行为层、近似机理层、机理层等不同角度逼近生物体与环境的交互机制和感知行为，实现“类自然”的行为，展开对所处环境的认知，达到共享环境的理想情景。与生物感知过程相比较，单一的机器人传感器性能通常落后于生物传感器，例如分辨率低、覆盖频域范围窄、能量消耗大等；除此之外，机器人感知系统认知机制适应性和灵活性远低于生物认知系统。然而，随着机器人传感器的发展，其种类数量增多、安装灵活、组合多样，并且智能算法不断推陈出新，传感器制造技术不断进步，这在一定程度上弥补了前述问题。机器人与环境的交互向着全面、深刻、智能方向发展，在某些领域，如跨时空域感知性能已超过生物感知性能。

装载环境传感器后，机器人可以得到有关环境的原始数据，然后通过多种算法从不同角度形成对环境的感知与理解。现有的机器人环境感知技术种类繁多，可依据不同感知机理划分出多个类别，具体如下：

1)依据完成环境感知的智能体类型分为单体机器人环境感知技术[58]、多机器人环境感知技术[59]、智能空间环境感知技术[60]等。

2)依据感知对象动态特性分为静态环境感知技术、动态环境感知技术[61-62]。

3)依据所使用的传感器类型不同分为单模态传感器环境感知技术(常用的传感器有视觉

传感器[63]、激光雷达[19]、RGB-D摄像机[13]等)、多模态传感器环境感知技术[64](广泛使用多传感器信息融合技术)。

4)依据室内环境状况分为日常生活环境感知技术、灾难现场环境感知技术[65]等。

5)依据感知目的分为面向导航的环境感知技术、面向避障的环境感知技术[66]、面向认知的环境感知技术[67]、面向抓取的环境感知技术[68]等。

6)依据感知空间范围分为局部空间环境感知技术[69](对几何面、物体、局部操作空间等感知)、大范围全局环境感知技术[70]等。

7)依据感知信息所处层次分为度量层环境感知技术、拓扑层环境感知技术、语义层环境感知技术等。

8)依据感知对象类型分为环境几何结构感知技术[71]、场所感知技术、物体感知技术、通行空间感知技术[72]等。

9)依据环境结构特点分为结构化环境感知技术、非结构化环境感知技术[73]。

10)依据感知信息维度分为2D环境感知技术、2.5D环境感知技术[74]、3D环境感知技术[13]、空时环境感知技术[75]等。

上述划分标准并不完备，还可依据其他标准对相关技术进行划分。

参考文献

[1] WAN X, LI C, WANG H P, et al. Design, Function, and Implementation of China's First LIBS Instrument(MarSCoDe)on the Zhurong Mars Rover[J]. Atomic Spectroscopy, 2021, 42: 294-298.

[2] 梁桥康，徐菲，王耀南. 机器人力触觉感知技术[M]. 北京：化学工业出版社，2018.

[3] Li X, Li X, Ge S S, et al. Automatic welding seam tracking and identification[J]. IEEE Transactions on Industrial Electronics, 2017, 64(9): 7261-7271.

[4] HOLMES S, MURRAY D. Monocular SLAM with conditionally independent split mapping[J]. IEEE Transactions on Pattern Analysis and Machine Intelligence, 2013, 35(6): 1451-1463.

[5] DIAZ A, CAICEDO E, PAZ L, et al. A real time 6DOF visual slam system using a monocular camera [C]//2012 Robotics Symposium and Latin American Robotics Symposium (SBR-LARS 2012). Fortaleza, Brazilian, 2012: 45-50.

[6] ZHU D X. Efficient approach for binocular vision-SLAM[C]//2010 International Conference on Image Processing and Pattern Recognition in Industrial Engineering. Xi'an, China, 2010: 1-8.

[7] LIN R, WANG Z, SUN R, et al. Vision-based mobile robot localization and mapping using the PLOT features[C]//2012 International Conference onMechatronics and Automation (ICMA 2012). Chengdu, China, 2012: 1921-1927.

[8] JULIÁ M, GIL A, REINOSO O. A comparison of path planning strategies for autonomous exploration and mapping of unknown environments[J]. Autonomous Robots, 2012, 33: 427-444.

[9] 熊蓉. 室内未知环境线段特征地图构建[D]. 杭州：浙江大学，2009.

[10] HUANG G Q, RAD A B, WONG Y K. Online SLAM in dynamic environments[C]//2005 12th International Conference on Advanced Robotics (ICAR 2005). Seattle, WA, USA, 2005: 262-267.

[11] LI Y C, DING Y X, YANG C, et al. The research of environment perception based on the cooperation of multi-robot[C]//2012 24th ChineseControl and Decision Conference (CCDC 2012). Taiyuan, China, 2012: 1914-1919.

[12] 刘利枚，蔡自兴. 多机器人地图融合方法研究[J]. 小型微型计算机系统，2012，33(9)：1934-1937.
[13] HENRY P, KRAININ M, HERBST E, et al. RGB-D mapping: using kinect-style depth cameras for dense 3D modeling of indoor environments[J]. The International Journal of Robotics Research, 2012, 31(5): 647-663.
[14] ZOU Y, CHEN W, WU X, et al. Indoor localization and 3D scene reconstruction for mobile robots using the Microsoft kinect sensor[C]//2012 10th IEEE International Conference on Industrial Informatics (INDIN 2012). Beijing, China, 2012: 1182-1187.
[15] RUBLEE E, RABAUD V, KONOLIGE K, et al. ORB: an efficient alternative to SIFT or SURF [C]//2011 IEEE International Conference on Computer Vision (ICCV 2011). Barcelona, Spain, 2011: 2564-2571.
[16] THRUN S. Robotic mapping: A survey[J]. Exploring artificial intelligence in the new millennium, 2003: 1-35.
[17] PELLENZ J, NEUHAUS F, DILLENBERGER D, et al. Mixed 2D/3D perception for autonomous robots in unstructured environments[J]. RoboCup 2010: Robot Soccer World Cup XIV, 2011, 6556: 303-313.
[18] BACHRACH A, HE R, ROY N. Autonomous flight in unknown indoor environments[J]. International Journal of Micro Air Vehicles, 2009, 1(4): 217-228.
[19] RUSU R B, MEEUSSEN W, CHITTA S, et al. Laser-based perception for door and handle identification [C]//2009 14th International Conference on Advanced Robotics (ICAR 2009). Munich, Germany, 2009: 1-8.
[20] YAMAZAKI K, TOMONO M, TSUBOUCHI T, et al. 3-D object modeling by a camera equipped on a mobile robot[C]//2004 IEEE International Conference on Robotics and Automation (ICRA 2004). New Orleans, LA, USA, 2004: 1399-1405.
[21] KRAININ M, HENRY P, REN X, et al. Manipulator and object tracking for in-hand 3d object modeling[J]. The International Journal of Robotics Research, 2011, 30(11): 1311-1327.
[22] ALENYÀ G, MORENO N F, RAMISA A, et al. Active perception of deformable objects using 3D cameras[C]//Workshop Espa. ol de Robótica. "Robot 2011: robótica experimental: 28-29 noviembre 2011". Sevilla, 2011: 434-440.
[23] CHOI J, CHOI M, NAM S Y, et al. Autonomous topological modeling of a home environment and topological localization using a sonar grid map[J]. Autonomous Robots, 2011, 30(4): 351-368.
[24] PRESCOTT T J. Spatial representation for navigation in animats[J]. Adaptive Behavior, 1996, 4(2): 85-123.
[25] KUIPERS B, TECUCI D G, STANKIEWICZ B J. The skeleton in the cognitive map a computational and empirical exploration[J]. Environment and Behavior, 2003, 35(1): 81-106.
[26] REMOLINA E, KUIPERS B. Towards a general theory of topological maps[J]. Artificial Intelligence, 2004, 152(1): 47-104.
[27] MEYER J A, FILLIAT D. Map-based navigation in mobile robots: II. a review of map-learning and path-planning strategies[J]. Cognitive Systems Research, 2003, 4(4): 283-317.
[28] RANGANATHAN A, MENEGATTI E, DELLAERT F. Bayesian inference in the space of topological maps[J]. IEEE Transactions on Robotics, 2006, 22(1): 92-107.
[29] RANGANATHAN A, DELLAERT F. Online probabilistic topological mapping[J]. The International Journal of Robotics Research, 2011, 30(6): 755-771.
[30] WERNER F, SITTE J, MAIRE F. Topological map induction using neighbourhood information of places[J]. Autonomous Robots, 2012: 1-14.
[31] ANGELI A, DONCIEUX S, MEYER J A, et al. Incremental vision-based topological SLAM[C]//

2008 IEEE/RSJ International Conference on Intelligent Robots and Systems (IROS2008). Nice, France, 2008: 1031-1036.

[32] LIU M, SCARAMUZZA D, PRADALIER C, et al. Scene recognition with omnidirectional vision for topological map using lightweight adaptive descriptors[C]//2009 IEEE/RSJ International Conference on Intelligent Robots and Systems (IROS 2009). St. Louis, MO, USA, 2009: 116-121.

[33] MOZOS O M, BURGARD W. Supervised learning of topological maps using semantic information extracted from range data[C]//2006 IEEE/RSJ International Conference onIntelligent Robots and Systems (IROS 2006). Beijing, China, 2006: 2772-2777.

[34] MOZOS O M, TRIEBEL R, JENSFELT P, et al. Supervised semantic labeling of places using information extracted from sensor data[J]. Robotics and Autonomous Systems, 2007, 55(5): 391-402.

[35] ALEOTTI J, CASELLI S. A 3D shape segmentation approach for robot grasping by parts[J]. Robotics and Autonomous Systems, 2012, 60(3): 358-366.

[36] ROSMAN B, RAMAMOORTHY S. Learning spatial relationships between objects[J]. The International Journal of Robotics Research, 2011, 30(11): 1328-1342.

[37] D'ESTE C, SAMMUT C. Learning and generalising semantic knowledge from object scenes[J]. Robotics and Autonomous Systems, 2008, 56(11): 891-900.

[38] SWADZBA A, WACHSMUTH S, VORWERG C, et al. A computational model for the alignment of hierarchical scene representations in human-robot interaction[C]//Proceedings of the 21st International Joint Conference On Artifical Intelligence (IJCAI 2009). Pasadena, California, USA, 2009: 1857-1863.

[39] GORON L C, TAMAS L, LAZEA G. Classification within indoor environments using 3D perception [C]//2012 IEEE International Conference on Automation, Quality and Testing, Robotics (AQTR 2012). Cluj-Napoca, Romania, 2012: 400-405.

[40] NÜCHTER A, HERTZBERG J. Towards semantic maps for mobile robots[J]. Robotics and Autonomous Systems, 2008, 56(11): 915-926.

[41] JEONG S, LIM J, SUH H I, et al. Vision-Based semantic-map building and localization[C]//2006 8th International Conference on Knowledge-Based Intelligent Information and Engineering Systems. Wellington, New Zealand, 2006: 559-568.

[42] TENORTH M, KUNZE L, JAIN D, et al. Knowrob-map-knowledge-linked semantic object maps [C]//2010 10th IEEE/RAS International Conference on Humanoid Robots (Humanoids 2010). Nashville, TN, USA, 2010: 430-435.

[43] RUSU R B. Semantic 3D object maps for everyday manipulation in human living environments[J]. KI-Künstliche Intelligenz, 2010, 24(4): 345-348.

[44] MOZOS O M, MARTON Z C, BEETZ M. Furniture models learned from the www[J]. Robotics & Automation Magazine, 2011, 18(2): 22-32.

[45] CIVERA J, GÁLVEZ-LÓPEZ D, RIAZUELO L, et al. Towards semantic SLAM using a monocular camera[C]//2011 IEEE/RSJ International Conference on Intelligent Robots and Systems (IROS 2011). San Francisco, CA, USA, 2011: 1277-1284.

[46] LI G, ZHU C, DU J, et al. Robot semantic mapping through wearable sensor-based human activity recognition[C]//2012 IEEE International Conference on Robotics and Automation (ICRA 2012). St Paul, MN, USA, 2012: 5228-5233.

[47] KIM Y M, MITRA N J, YAN D M, et al. Acquiring 3D indoor environments with variability and repetition[J]. ACM Transactions on Graphics, 2012, 31(6): 138: 1-11.

[48] 潘泓，朱亚平，夏思宇，等. 基于上下文信息和核熵成分分析的目标分类算法[J]. 电子学报，2016，

44(3)：580-586.

[49] 李新德，刘苗苗，徐叶帆，等. 一种基于2D和3D SIFT特征级融合的一般物体识别算法[J]. 电子学报，2015，43(11)：2277-2283.

[50] 朱博，高翔，赵燕喃. 机器人室内语义建图中的场所感知方法综述[J]. 自动化学报，2017，43(4)：493-508.

[51] GUPTA A，SATKIN S，EFROS A A，et al. From 3d scene geometry to human workspace[C]//2011 IEEE Conference on Computer Vision and Pattern Recognition (CVPR 2011). Colorado Springs，CO，USA，2011：1961-1968.

[52] WANG T，CHEN Q. Object semantic map representation for indoor mobile robots[C]//2011 International Conference on System Science and Engineering (ICSSE 2011). Macao，China，2011：309-313.

[53] NITSCHE M，DE CRISTOFORIS P，KULICH M，et al. Hybrid mapping for autonomous mobile robot exploration[C]//2011 IEEE 6th International Conference on Intelligent Data Acquisition and Advanced Computing Systems (IDAACS 2011). Prague，Czech Republic，2011：299-304.

[54] TOMATIS N，NOURBAKHSH I，SIEGWART R. Hybrid simultaneous localization and map building：a natural integration of topological and metric[J]. Robotics and Autonomous systems，2003，44(1)：3-14.

[55] BAZEILLE S，FILLIAT D. Incremental topo-metric slam using vision and robot odometry[C]//2011 IEEE International Conference on Robotics and Automation (ICRA 2011). Shanghai，China，2011：4067-4073.

[56] MOZOS O M，JENSFELT P，ZENDER H，et al. From labels to semantics：An integrated system for conceptual spatial representations of indoor environments for mobile robots[C]//ICRA-07 Workshop on Semantic Information in Robotics. Rome，Italy，2007.

[57] PRONOBIS A，JENSFELT P. Understanding the real world：Combining objects，appearance，geometry and topology for semantic mapping[R/OL]. (2011-05-01)[2022-11-14]. http：//kth. diva-portal. org/smash/record. jsf? pid=diva2：419553&rvn=1.

[58] THRUN S. Learning occupancy grid maps with forward sensor models[J]. Autonomous Robots，2003，15(2)：111-127.

[59] BIRK A，CARPIN S. Merging occupancy grid maps from multiple robots[J]. Proceedings of the IEEE，2006，94(7)：1384-1397.

[60] BEETZ M，STULP F，RADIG B，et al. The assistive kitchen—a demonstration scenario for cognitive technical systems [C]//The 17th International Symposium on Robot and Human Interactive Communication. Munich，Germany，2008：1-8.

[61] HAHNEL D，SCHULZ D，BURGARD W. Map building with mobile robots in populatedenvironments [C]//2002 IEEE/RSJ International Conference on Intelligent Robots and Systems. Lausanne，Switzerland：2002：496-501.

[62] WOLF D F，SUKHATME G S. Mobile robot simultaneous localization and mapping in dynamic environments[J]. Autonomous Robots，2005，19(1)：53-65.

[63] CORREA J，SOTO A. Active visual perception for mobile robot localization[J]. Journal of Intelligent & Robotic Systems，2010，58(3)：339-354.

[64] IKEDA S，MIURA J. 3D indoor environment modeling by a mobile robot with omnidirectional stereo and laser range finder[C]//2006 IEEE/RSJ International Conference on Intelligent Robots and Systems. Beijing，China，2006：3435-3440.

[65] ELLEKILDE L P，HUANG S，VALLS M J，et al. Dense 3D map construction for indoor search and rescue[J]. Journal of Field Robotics，2007，24(1-2)：71-89.

[66] BAI M, ZHUANG Y, WANG W. Stereovision based obstacle detection approach for mobile robot navigation[C]//2010 International Conference on Intelligent Control and Information Processing (ICICIP 2010). Dalian, China, 2010: 328-333.

[67] ROY D. Grounding words in perception and action: computational insights[J]. Trends in cognitive sciences, 2005, 9(8): 389-396.

[68] STÜCKLER J, STEFFENS R, HOLZ D, et al. Efficient 3D object perception and grasp planning for mobile manipulation in domestic environments[J]. Robotics and Autonomous Systems, 2013, 61(10): 1106-1115.

[69] HADDA I, KNANI J. Robust local mapping using stereo vision[C]//2012 16th IEEE Mediterranean Electrotechnical Conference (MELECON 2012). Yasmine Hammamet, Tunisia, 2012: 866-869.

[70] CADENA C, RAMOS F, NEIRA J. Efficient large scale SLAM including data association using the combined filter[C]//2009 4th European Conference on Mobile Robotics (ECMR 2009). Mlini/Dubrovnik, Croatia, 2009: 217-222.

[71] SURMANN H, NÜCHTER A, HERTZBERG J. An autonomous mobile robot with a 3D laser range finder for 3D exploration and digitalization of indoor environments[J]. Robotics and Autonomous Systems, 2003, 45(3): 181-198.

[72] MERVEILLEUX P, LABBANI-IGBIDA O, MOUADDIB E M. Robust free space segmentation using active contours and monocular omnidirectional vision[C]//2011 18th IEEE International Conference on Image Processing (ICIP 2011). Brussels, Belgium, 2011: 2877-2880.

[73] CHITTA S, JONES E G, CIOCARLIE M, et al. Mobile manipulation in unstructured environments: perception, planning, and execution[J]. Robotics & Automation Magazine, 2012, 19(2): 58-71.

[74] SOUZA A A S, GONCALVES L M G. 2.5-Dimensional grid mapping from stereo vision for robotic navigation[C]//2012 Robotics Symposium and Latin American Robotics Symposium (SBR-LARS 2012). Fortaleza, Brazilian, 2012: 39-44.

[75] JIN T S, LEE K S, LEE J M. Space and time sensor fusion using an active camera for mobile robot navigation[J]. Artificial Life and Robotics, 2004, 8(1): 95-100.

第2章　数学基础

“工欲善其事，必先利其器”，数学作为一门基础学科，是学习、掌握和研究现代科学技术的基本工具和钥匙。为了能更好地展开后续章节的内容，使读者更加深入理解相关算法内涵，本章回顾一些在机器人感知系统设计过程中将会使用到的相关数学知识。

2.1　线性代数

线性代数是现代数学的重要组成部分之一，它是研究线性空间和线性映射的理论。在机器人模型描述、机器学习和深度学习中，经常需要对多维数据进行处理和运算，因此线性代数在绝大多数算法中起着基础性作用。

2.1.1　向量

由 n 个数组成的有序数组称为向量，对向量加法和向量数乘封闭的空间称为向量空间。在机器人学和机器学习理论中，人们通常使用固定长度的向量描述物理量，例如，机器人在 x 和 y 方向分别以速度 v_x 和 v_y 在平面内移动(如图 2-1)，速度向量为(v_x, v_y)。

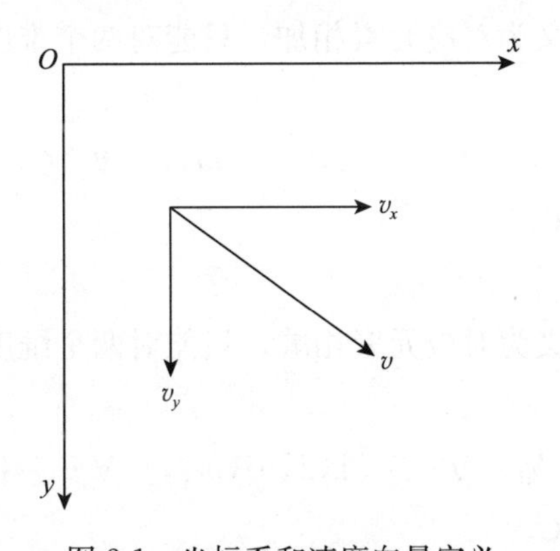

图 2-1　坐标系和速度向量定义

在机器学习中，经常要面对高维数据，这使得向量概念至关重要，例如 SIFT 描述子常用 128 维特征向量描述二维点，然后通过学习得到物体分类器。

2.1.2　标量

一维向量是一种特殊向量，也称标量。标量只有大小，没有方向。例如身高、体重、长度等。

2.1.3 矩阵

矩阵是一个二维数组，其大小由行和列的长度决定。如果矩阵 $\boldsymbol{A}$ 有 m 行和 n 列，可以记作 $\boldsymbol{A}_{m\times n}$。

通常，灰度图像可以以矩阵形式存储，$m\times n$ 像素的图像可以由 $m\times n$ 大小的矩阵描述，每个矩阵元素取值[0,255]，它代表了灰度值。含有 rgb 三个色彩通道的 RGB 彩色图像，可以由三个 $m\times n$ 的矩阵进行描述，每个矩阵对应一个通道。

2.1.4 张量

一个多维数组被称为张量(Tensor)，向量和矩阵可以分别看作一维张量和二维张量。在深度学习中，经常利用张量存储和处理数据，例如在卷积神经网络中通过小批量提供图像的四维张量，张量维度为$(N,3,m,n)$，各维分别为小批量中的图像编号、颜色通道、水平像素坐标和垂直像素坐标。前述 RGB 图像也可以存储在一个三维张量中，张量大小为 $m\times n\times 3$。

2.1.5 矩阵的运算和操作

基本矩阵运算包括加法、减法、乘法、转置等。

m 行 n 列的矩阵定义见式(2-1)：

$$\boldsymbol{A}_{m\times n}\in\mathbb{R}^{m\times n} \tag{2-1}$$

1. 矩阵加法

$\boldsymbol{A}$ 和 $\boldsymbol{B}$ 两个矩阵相加定义为对应元素相加，只能对两个维度相同的矩阵做加法运算。如果 $\boldsymbol{C}$ 是矩阵 $\boldsymbol{A}$ 和 $\boldsymbol{B}$ 的和，则：

$$c_{ij}=a_{ij}+b_{ij}\quad \forall i\in\{1,2,\cdots,m\},\quad \forall j\in\{1,2,\cdots,n\} \tag{2-2}$$

式中，$a_{ij}\in\boldsymbol{A}$；$b_{ij}\in\boldsymbol{B}$；$c_{ij}\in\boldsymbol{C}$。

2. 矩阵减法

$\boldsymbol{A}$ 和 $\boldsymbol{B}$ 两个矩阵相减定义为对应元素相减，只能对两个维度相同的矩阵做减法运算。如果矩阵 $\boldsymbol{C}$ 代表 $\boldsymbol{A}-\boldsymbol{B}$，则：

$$c_{ij}=a_{ij}-b_{ij}\quad \forall i\in\{1,2,\cdots,m\},\quad \forall j\in\{1,2,\cdots,n\} \tag{2-3}$$

式中，$a_{ij}\in\boldsymbol{A}$；$b_{ij}\in\boldsymbol{B}$；$c_{ij}\in\boldsymbol{C}$。

3. 矩阵乘法

对于两个矩阵 $\boldsymbol{A}\in\mathbb{R}^{m\times n}$ 和 $\boldsymbol{B}\in\mathbb{R}^{p\times q}$，当 $n=p$ 时，可以定义矩阵乘法。设运算结果矩阵 $\boldsymbol{C}\in\mathbb{R}^{m\times q}$，其元素定义见式(2-4)：

$$c_{ij}=a_{ij}b_{ij}\quad \forall i\in\{1,2,\cdots,m\},\quad \forall j\in\{1,2,\cdots,n\} \tag{2-4}$$

4. 矩阵转置

矩阵 $\boldsymbol{A}\in\mathbb{R}^{m\times n}$ 的转置用 $\boldsymbol{A}^{\mathrm{T}}\in\mathbb{R}^{n\times m}$ 表示：

$$a'_{j}=a_{ji}\quad \forall i\in\{1,2,\cdots,m\},\quad \forall j\in\{1,2,\cdots,n\} \tag{2-5}$$

式中，$a'_j \in \boldsymbol{A}^{\mathrm{T}}$，$a_{ji} \in \boldsymbol{A}$。

转置定义下，$(\boldsymbol{AB})^{\mathrm{T}}=\boldsymbol{B}^{\mathrm{T}}\boldsymbol{A}^{\mathrm{T}}$成立。

5. 两个向量的点积(数量积)

设两个 n 维向量 $\boldsymbol{v}_1 \in \mathbb{R}^{n\times 1}$、$\boldsymbol{v}_2 \in \mathbb{R}^{n\times 1}$，其中

$$\boldsymbol{v}_1 = \begin{pmatrix} v_{11} \\ v_{12} \\ \vdots \\ v_{1n} \end{pmatrix},\ \boldsymbol{v}_2 = \begin{pmatrix} v_{21} \\ v_{22} \\ \vdots \\ v_{2n} \end{pmatrix}$$

两个向量的点积是它们(相同维度上)对应元素乘积的和，定义见式(2-6)：

$$\boldsymbol{v}_1 \cdot \boldsymbol{v}_2 = \boldsymbol{v}_1^{\mathrm{T}} \boldsymbol{v}_2 = \boldsymbol{v}_2^{\mathrm{T}} \boldsymbol{v}_1 = v_{11}v_{21} + v_{12}v_{22} + \cdots + v_{1n}v_{2n} = \sum_{k=1}^{n} v_{1k}v_{2k} \tag{2-6}$$

6. 矩阵与向量之间的运算

令矩阵 $\boldsymbol{A} \in \mathbb{R}^{m\times n}$，$\boldsymbol{A} = \begin{pmatrix} c_1^{(1)} & c_1^{(2)} & \cdots & c_1^{(n)} \\ c_2^{(1)} & c_2^{(2)} & \cdots & c_2^{(n)} \\ \vdots & \vdots & & \vdots \\ c_m^{(1)} & c_m^{(2)} & \cdots & c_m^{(n)} \end{pmatrix}$，乘以向量 $\boldsymbol{x} \in \mathbb{R}^{n\times 1}$，$\boldsymbol{x} = \begin{pmatrix} x_1 \\ x_2 \\ \vdots \\ x_n \end{pmatrix}$，其计算结果为向量 $\boldsymbol{b} \in \mathbb{R}^{m\times 1}$。

矩阵 $\boldsymbol{A}$ 包含 n 个列向量 $\boldsymbol{c}^{(i)} \in \mathbb{R}^{m\times 1}, \forall i \in \{1,2,3,\cdots,n\}$，有：

$$\boldsymbol{A} = (\boldsymbol{c}^{(1)}\boldsymbol{c}^{(2)}\boldsymbol{c}^{(3)}\cdots\boldsymbol{c}^{(n)}) \tag{2-7}$$

$$\boldsymbol{b} = \boldsymbol{Ax} = (\boldsymbol{c}^{(1)}\boldsymbol{c}^{(2)}\boldsymbol{c}^{(3)}\cdots\boldsymbol{c}^{(n)}) \begin{pmatrix} x_1 \\ x_2 \\ \vdots \\ x_n \end{pmatrix} = x_1\boldsymbol{c}^{(1)} + x_2\boldsymbol{c}^{(2)} + \cdots + x_n\boldsymbol{c}^{(n)} \tag{2-8}$$

显然，矩阵与向量乘积是矩阵 $\boldsymbol{A}$ 中列向量的线性组合。

2.1.6 向量的线性相关与独立

如果一个向量可以表示为其他向量的线性组合，那么称该向量与其他向量线性相关。

如果$a_1\boldsymbol{v}_1+a_2\boldsymbol{v}_2+a_3\boldsymbol{v}_3+\cdots+a_n\boldsymbol{v}_n=0$，当且仅当$\forall i\in\{1,2,3,\cdots,n\}$，$a_i=0$ 时上式才成立，则向量 $\boldsymbol{v}_1,\boldsymbol{v}_2,\boldsymbol{v}_3,\cdots,\boldsymbol{v}_n \in \mathbb{R}^{n\times 1}$称为线性独立。

如果$a_1\boldsymbol{v}_1+a_2\boldsymbol{v}_2+a_3\boldsymbol{v}_3+\cdots+a_n\boldsymbol{v}_n=0$ 不能推出所有 $a_i=0$，那么这些向量 $\boldsymbol{v}_i$之间不是线性独立的。

如果一组 n 个向量 $\boldsymbol{v}_i \in \mathbb{R}^{n\times 1}$是线性独立的，那么这些向量能张成整个 n 维空间。如果这 n 个向量不是线性独立的，它们只能张成 n 维空间内的一个子空间。

2.1.7 矩阵的秩

矩阵的秩是线性独立的列向量或行向量的数量。矩阵中线性独立的列向量数量总是等于

线性独立行向量的数量。

对于方阵$\boldsymbol{A}\in\mathbb{R}^{n\times n}$存在如下特性，如果它的秩是$n$，那么就称之为满秩矩阵，秩为$n$的方阵意味着其所有$n$个列向量和$n$个行向量都是线性独立的；如果它不是满秩，则称为奇异矩阵，它所有列向量或行向量组成的集合并不是线性独立的。奇异矩阵的行列式为零，并且不存在逆矩阵。

2.1.8 单位矩阵或恒等运算符

一个矩阵$\boldsymbol{I}\in\mathbb{R}^{n\times n}$，如果任何向量或矩阵与$\boldsymbol{I}$相乘的结果都是其本身，那么矩阵$\boldsymbol{I}$就称为单位矩阵或恒等运算符，即矩阵$\boldsymbol{AI}=\boldsymbol{IA}=\boldsymbol{A}$。

2.1.9 矩阵的行列式

方阵$\boldsymbol{A}\in\mathbb{R}^{n\times n}$的行列式是一个数字，用$\det(\boldsymbol{A})$来表示。对于一个矩阵$\boldsymbol{A}\in\mathbb{R}^{2\times 2}$，其行列式定义见式(2-10)：

$$\boldsymbol{A}=\begin{pmatrix}a_{11} & a_{12}\\ a_{21} & a_{22}\end{pmatrix}\in\mathbb{R}^{2\times 2} \tag{2-9}$$

$$\det(\boldsymbol{A})=\begin{vmatrix}a_{11} & a_{12}\\ a_{21} & a_{22}\end{vmatrix}=a_{11}a_{22}-a_{12}a_{21} \tag{2-10}$$

对于矩阵$\boldsymbol{B}\in\mathbb{R}^{3\times 3}$，其行列式定义见式(2-12)：

$$\boldsymbol{B}=\begin{pmatrix}a_{11} & a_{12} & a_{13}\\ a_{21} & a_{22} & a_{23}\\ a_{31} & a_{32} & a_{33}\end{pmatrix}\in\mathbb{R}^{3\times 3} \tag{2-11}$$

$$\det(\boldsymbol{B})=a_{11}\begin{vmatrix}a_{22} & a_{23}\\ a_{32} & a_{33}\end{vmatrix}-a_{12}\begin{vmatrix}a_{12} & a_{23}\\ a_{31} & a_{33}\end{vmatrix}+a_{13}\begin{vmatrix}a_{21} & a_{22}\\ a_{31} & a_{32}\end{vmatrix} \tag{2-12}$$

若行列式非零，则矩阵的所有列向量或行向量线性独立。

行列式有实际的物理意义，表示由矩阵$\boldsymbol{A}$的n个行向量包围起来的n维物体体积。若行列式为0，则n个行向量或列向量非线性独立，那么它们张成一个维度小于n的子空间，其在n维空间内的体积为零。

2.1.10 逆矩阵

一个方阵$\boldsymbol{A}\in\mathbb{R}^{3\times 3}$的逆矩阵用符号$\boldsymbol{A}^{-1}$来表示，它与原矩阵$\boldsymbol{A}$的乘积是单位矩阵$\boldsymbol{I}\in\mathbb{R}^{n\times n}$，见式(2-14)：

$$\boldsymbol{A}=\begin{pmatrix}a & b & c\\ d & e & f\\ g & h & i\end{pmatrix} \tag{2-13}$$

$$\boldsymbol{AA}^{-1}=\boldsymbol{A}^{-1}\boldsymbol{A}=\boldsymbol{I} \tag{2-14}$$

$\boldsymbol{A}$ 的逆矩阵计算公式定义见式(2-15)：

$$\boldsymbol{A}^{-1}=\frac{\text{adjoint}(\boldsymbol{A})}{\det(\boldsymbol{A})}=\frac{(\boldsymbol{A}\text{ 的代数余子式矩阵})^{\mathrm{T}}}{\det(\boldsymbol{A})} \tag{2-15}$$

不是所有方阵都存在逆矩阵。如果方阵 $\boldsymbol{A}\in\mathbb{R}^{n\times n}$ 是奇异的，那么 $\boldsymbol{A}$ 的逆矩阵不存在。

我们用 a_{ij} 来表示矩阵 $\boldsymbol{A}$ 中的第 i 行第 j 列的元素。那么 a_{ij} 的代数余子式是 $(-1)^{i+j}d_{ij}$，这里的 d_{ij} 表示删除矩阵 $\boldsymbol{A}$ 的第 i 行和第 j 列后剩下的矩阵行列式。

在上面定义的矩阵 $\boldsymbol{A}$ 中，元素 a 的代数余子式是 $(-1)^{1+1}\begin{vmatrix} e & f \\ h & i \end{vmatrix}=ei-fh$

相似地，元素 b 的代数余子式是 $(-1)^{1+2}\begin{vmatrix} d & f \\ g & i \end{vmatrix}=-(di-fg)$

一旦计算出了代数余子式矩阵，它的转置矩阵称为伴随矩阵，记作 adjoint($\boldsymbol{A}$)。将 adjoint($\boldsymbol{A}$)除以 det($\boldsymbol{A}$)就可以得到 $\boldsymbol{A}^{-1}$。

逆矩阵满足如下性质：

$$(\boldsymbol{AB})^{-1}=\boldsymbol{B}^{-1}\boldsymbol{A}^{-1} \tag{2-16}$$

$\boldsymbol{I}^{-1}=\boldsymbol{I}$，这里的 $\boldsymbol{I}$ 代表单位矩阵。

2.1.11 向量的范数(模)

向量的范数用于衡量其幅度大小。常用的是欧几里得范数，也称为 $L2$ 范数(2-范数)。

对于向量 $\boldsymbol{x}\in\mathbb{R}^{n\times 1}$，它的 $L2$ 范数定义见式(2-17)：

$$\|\boldsymbol{x}\|_2=(|x_1|^2+|x_2|^2+\cdots+|x_n|^2)^{1/2}=(\boldsymbol{x}\cdot\boldsymbol{x})^{1/2}=(\boldsymbol{x}^{\mathrm{T}}\boldsymbol{x})^{1/2} \tag{2-17}$$

相似地，$L1$ 范数(1-范数)是向量元素的绝对值之和。

$$\|\boldsymbol{x}\|_1=|x_1|+|x_2|+\cdots+|x_n| \tag{2-18}$$

总的来说，一个向量的 Lp 范数(p-范数)的定义见式(2-19)(当 $1<p<\infty$ 时)：

$$\|\boldsymbol{x}\|_p=(|x_1|^p+|x_2|^p+\cdots+|x_n|^p)^{1/p} \tag{2-19}$$

当 $p\to\infty$ 时，范数称为上确界范数，其定义见式(2-20)：

$$\begin{aligned}\lim_{p\to\infty}\|\boldsymbol{x}\|_p&=\lim_{p\to\infty}(|x_1|^p+|x_2|^p+\cdots+|x_n|^p)^{1/p}\\&=\max(x_1,x_2,\cdots,x_n)\end{aligned} \tag{2-20}$$

图 2-2 所示为 $L1$、$L2$ 和上确界范数的单位范数曲线，有时简写为 $L1$-norm、$L2$-norm 和 $L\infty$。

范数常被用于很多方面，例如损失函数通常被设计为误差向量的 $L2$ 范数，又如为实现正则化，提高模型的泛化性能，常将模型参数向量的 $L2$ 范数或 $L1$ 范数的二次方加入模型的损失函数中作为惩罚项。当参数向量的范数用于正则化时，通常称为岭正则化(Ridge Regularization)，当使用 $L1$ 范数时，称为 Lasso 正则化。

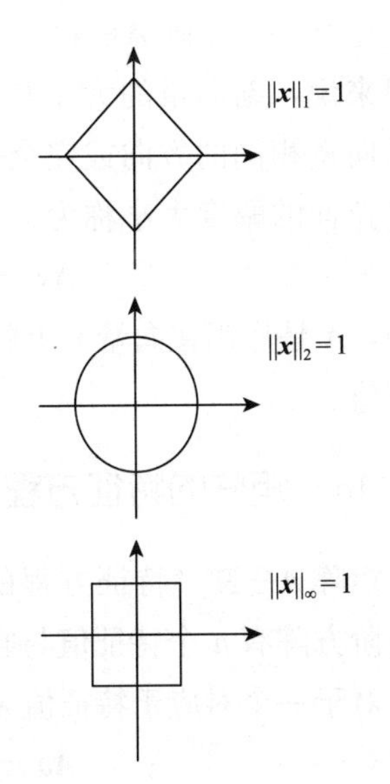

图 2-2 $L1$、$L2$ 和上确界范数图像

2.1.12 伪逆矩阵

对于$\boldsymbol{Ax}=\boldsymbol{b}$，其中已知$\boldsymbol{A}\in\mathbb{R}^{n\times n}$和$\boldsymbol{b}\in\mathbb{R}^{n\times 1}$，求解向量$\boldsymbol{x}\in\mathbb{R}^{n\times 1}$。如果$\boldsymbol{A}$非奇异，它的逆矩阵存在，那么$\boldsymbol{x}=\boldsymbol{A}^{-1}\boldsymbol{b}$。

如果$\boldsymbol{A}\in\mathbb{R}^{m\times n}$，$m>n$，则$\boldsymbol{A}$是长方阵，因此$\boldsymbol{A}^{-1}$不存在，无法用上述方法解出向量$\boldsymbol{x}$。此时，存在最优解$\boldsymbol{x}^{*}=(\boldsymbol{A}^{\mathrm{T}}\boldsymbol{A})^{-1}\boldsymbol{A}^{\mathrm{T}}\boldsymbol{b}$，其中矩阵$(\boldsymbol{A}^{\mathrm{T}}\boldsymbol{A})^{-1}\boldsymbol{A}^{\mathrm{T}}$称为伪逆矩阵。

2.1.13 以特定向量为方向的单位向量

以特定向量为方向的单位向量就是向量除以它的幅度大小或范数，该过程通常称为向量标准化(Vectors Normalizing)。

2.1.14 一个向量在另一个向量方向上的投影

向量$\boldsymbol{v}_1$在向量$\boldsymbol{v}_2$方向上的投影就是$\boldsymbol{v}_1$与$\boldsymbol{v}_2$方向上的单位向量的点积，即$\|\boldsymbol{v}_{12}\|=\boldsymbol{v}_1^{\mathrm{T}}\boldsymbol{u}_2$，这里$\|\boldsymbol{v}_{12}\|$表示$\boldsymbol{v}_1$在$\boldsymbol{v}_2$上的投影，$\boldsymbol{u}_2$是$\boldsymbol{v}_2$方向上的单位向量$\boldsymbol{u}_2=\dfrac{\boldsymbol{v}_2}{\|\boldsymbol{v}_2\|_2}$。上述投影的另一种定义见式(2-21)：

$$\|\boldsymbol{v}_{12}\|=\boldsymbol{v}_1^{\mathrm{T}}\boldsymbol{u}_2=\boldsymbol{v}_1^{\mathrm{T}}\frac{\boldsymbol{v}_2}{\|\boldsymbol{v}_2\|_2}=\boldsymbol{v}_1^{\mathrm{T}}\frac{\boldsymbol{v}_2}{(\boldsymbol{v}_2^{\mathrm{T}}\boldsymbol{v}_2)^{1/2}} \tag{2-21}$$

2.1.15 特征向量和特征值

特征向量和特征值是线性代数中最重要的两个概念，出现在机器学习和机器人学的很多理论分支中。例如主成分分析(一种数据降准方法)中的主成分是协方差矩阵的特征向量，而特征值是沿着主成分的协方差。

任意一个矩阵$\boldsymbol{A}\in\mathbb{R}^{n\times n}$作用在一个向量$\boldsymbol{x}\in\mathbb{R}^{n\times 1}$上时，得到一个新的向量$\boldsymbol{Ax}\in\mathbb{R}^{n\times 1}$。一般来说，新向量的大小和方向都不同于原向量。但存在一种特殊情形，即新向量具有与原向量相同的方向或完全相反的方向，此时在这个方向上的新向量均可称为特征向量，向量拉伸的幅度大小称为特征值(见图2-3)，表达式定义见式(2-22)：

$$\boldsymbol{Ax}=\lambda\boldsymbol{x} \tag{2-22}$$

式中，$\boldsymbol{A}$是作用在向量$\boldsymbol{x}$上的矩阵，$\boldsymbol{x}$是特征向量，λ是特征值。

2.1.16 矩阵的特征方程

矩阵$\boldsymbol{A}\in\mathbb{R}^{n\times n}$特征方程的根就是矩阵的特征值。一个$n$阶方阵有$n$个特征值与它的$n$个特征向量相对应。

对于一个对应于特征值λ的特征向量$\boldsymbol{v}\in\mathbb{R}^{n\times 1}$，有

$$\boldsymbol{Av}=\lambda\boldsymbol{v} \tag{2-23}$$

$$\Rightarrow(\boldsymbol{A}-\lambda\boldsymbol{I})\boldsymbol{v}=0 \tag{2-24}$$

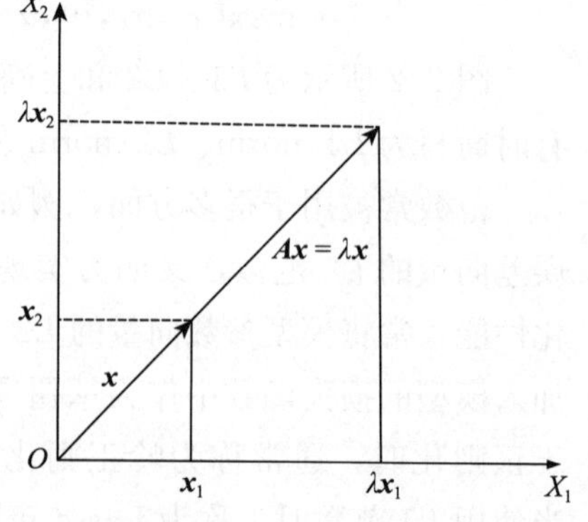

图2-3 矩阵$\boldsymbol{A}$与特征向量相乘

若 $\boldsymbol{v}$ 是非零特征向量，则$(\boldsymbol{A}-\lambda\boldsymbol{I})$必须是奇异矩阵。令 $\det(\boldsymbol{A}-\lambda\boldsymbol{I})=0$，称为矩阵 $\boldsymbol{A}$ 的特征方程。特征方程的解即是特征值，将其带入特征方程表达式，可求解出与特征值相对应的特征向量 $\boldsymbol{v}$。

2.2 导数、偏导数与链式法则

2.2.1 微分

函数的导数定义为$\frac{\mathrm{d}f(t)}{\mathrm{d}t}$，离散时(即 t 取离散值，而 h 为离散步长时，去掉极限符号)前向差分定义见式(2-25)：

$$\frac{\mathrm{d}f}{\mathrm{d}t}=\lim_{h\to 0}\frac{f(t+h)-f(t)}{h} \tag{2-25}$$

离散时(即 t 取离散值，而 h 为离散步长时，去掉极限符号)后向差分定义见式(2-26)：

$$\frac{\mathrm{d}f}{\mathrm{d}t}=\lim_{h\to 0}\frac{f(t)-f(t-h)}{h} \tag{2-26}$$

离散时(即 t 取离散值，而 h 为离散步长时，去掉极限符号)中间差分定义见式(2-27)，本质上是前向差分和后向差分的算术平均。

$$\frac{\mathrm{d}f}{\mathrm{d}t}=\lim_{h\to 0}\frac{f(t+h)-f(t-h)}{2h} \tag{2-27}$$

对于双变量函数：

$$z=f(x,y) \tag{2-28}$$

z 关于 x 的偏导数定义见式(2-29)：

$$\frac{\partial z}{\partial x}=\lim_{h\to 0}\frac{f(x+h,y)-f(x,y)}{h} \tag{2-29}$$

类似地，z 关于 y 的偏导数定义见式(2-30)：

$$\frac{\partial z}{\partial y}=\lim_{h\to 0}\frac{f(x,y+h)-f(x,y)}{h} \tag{2-30}$$

2.2.2 函数的梯度

对于多变量函数，函数偏导数是它关于其中一个变量的导数，同时保持其他变量不变，偏导数组成的向量称为函数的梯度。

对于一个双变量函数 $z=f(x,y)$，偏导数向量$\left(\frac{\partial z}{\partial x},\frac{\partial z}{\partial y}\right)^{\mathrm{T}}$ 称为函数的梯度，用∇z 表示。推广到 n 个变量的函数中，一个多变量函数 $f(x_1,x_2,\cdots,x_n)$也可以表示为 $f(\boldsymbol{x})$，这里 $\boldsymbol{x}=(x_1,x_2,\cdots,x_n)^{\mathrm{T}}\in\mathbb{R}^{n\times 1}$，则多变量函数 $f(\boldsymbol{x})$ 关于 $\boldsymbol{x}$ 的梯度向量可以表示为 $\nabla f=\left(\frac{\partial f}{\partial x_1},\frac{\partial f}{\partial x_2},\cdots,\frac{\partial f}{\partial x_n}\right)^{\mathrm{T}}$。

在尝试通过调整模型参数使 Loss function 达到最大值或最小值时，梯度和偏导数概念至关重要。

2.2.3 连续偏导数

可以对一个函数关于不同的变量连续求偏导数。例如对于函数 $z=f(x,y)$，先求关于 x 的偏导数，然后再关于 y 的偏导数。

$$\frac{\partial}{\partial y}\left(\frac{\partial z}{\partial x}\right)=\frac{\partial^2 z}{\partial y \partial x} \tag{2-31}$$

相似地，先求关于 y 的偏导数，再关于 x 的偏导数。

$$\frac{\partial}{\partial x}\left(\frac{\partial z}{\partial y}\right)=\frac{\partial^2 z}{\partial x \partial y} \tag{2-32}$$

如果原函数的二阶导数连续，那么：

$$\frac{\partial^2 z}{\partial x \partial y}=\frac{\partial^2 z}{\partial y \partial x} \tag{2-33}$$

2.2.4 链式法则

神经网络的一个核心问题是根据给定的损失函数 f 计算梯度$\nabla f(x)$，这需要使用链式求导法则。

以一个简单的函数为例，令 $f(x,y,z)=qz=(x+y)z$，链式法则指出如何通过中间变量计算$\frac{\delta f}{\delta x}$，$\frac{\delta f}{\delta y}$，$\frac{\delta f}{\delta z}$。

$$\frac{\delta f}{\delta x}=\frac{\delta f}{\delta q}\frac{\delta q}{\delta x}=z \tag{2-34}$$

$$\frac{\delta f}{\delta y}=\frac{\delta f}{\delta q}\frac{\delta q}{\delta y}=z \tag{2-35}$$

$$\frac{\delta f}{\delta z}=q=x+y \tag{2-36}$$

可以看出如果需要对函数的自变量求导，可以沿着中间变量的所有路径一层一层求导，最后取代数积。

2.2.5 反向传播算法

反向传播算法是链式法则的一个具体实现。仍以 $q=(x+y)$，$f=qz$ 为例，通过计算图可以将计算过程表示出来，如图 2-4 所示。

线上面的数字表示其数值，下面的数字表示对于 f 求出的梯度分量，由计算图可以看出反向传播算法的计算过程。首先从最右边开始，梯度为 1，然后计算$\frac{\delta f}{\delta q}=z=-4$，$\frac{\delta f}{\delta z}=q=3$，接着计算$\frac{\delta f}{\delta x}=\frac{\delta f}{\delta q}\frac{\delta q}{\delta x}=-4\times1=-4$，按此步骤求出$\nabla f(x,y,z)$。

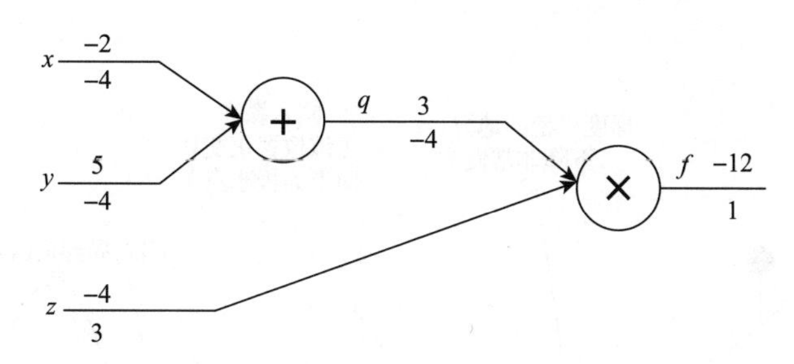

图 2-4 反向传播算法计算图

直观上看，链式法则将前面的结果不断向下一层迭代，是一个逐步传播的过程。

2.3 梯度下降法及其变式

2.3.1 梯度下降法

在求解方程 $\theta^* = \text{argmin}\ L(\theta)$时，梯度下降法使用当前位置处梯度下降的方向来计算接下来的更新步长：

$$\Delta = -\eta \nabla L(\theta^{i-1}) \tag{2-37}$$

此时，使用负梯度来指定梯度下降的方向。为了保证以合理的速度持续更新，需要仔细权衡步长 η 的选择。梯度下降法在极小值附近收敛速度很慢。

梯度下降法的更新公式见式(2-38)：

$$\theta^i = \theta^{i-1} - \eta \nabla L(\theta^{i-1}) \tag{2-38}$$

现在通过实际理论来证明按此种方式更新参数能够达到最优效果。

2.3.2 梯度下降法的变式

1. SGD

随机梯度下降法(SGD)是梯度下降法的一个小变形，就是每次使用一批(batch)数据进行梯度的计算，而不是计算全部数据的梯度。现在深度学习的数据量都特别大，所以每次都计算所有数据的梯度是不现实的，因为会导致运算时间特别长，也容易陷入局部极小点。使用随机梯度下降法可能每次都不是朝着真正最小的方向，但是反而容易跳出局部极小点的陷阱。

2. Momentum

第二种优化方法就是在随机梯度下降的同时，增加动量(Momentum)。这是来自于物理学的概念，可以想象损失函数是一个山谷，一个球从山谷滑下来，当在一个平坦的地势，球的滑动速度就会慢下来，可能陷入一些鞍点或者局部极小值点，如图 2-5 所示。

这个时候给它增加动量就可以让它从高处滑落时的势能转换为平地的动能，相当于惯性增加了小球在平地滑动的速度，从而帮助其跳出鞍点或者局部极小点。动量的计算基于当前的梯度和之前的梯度。

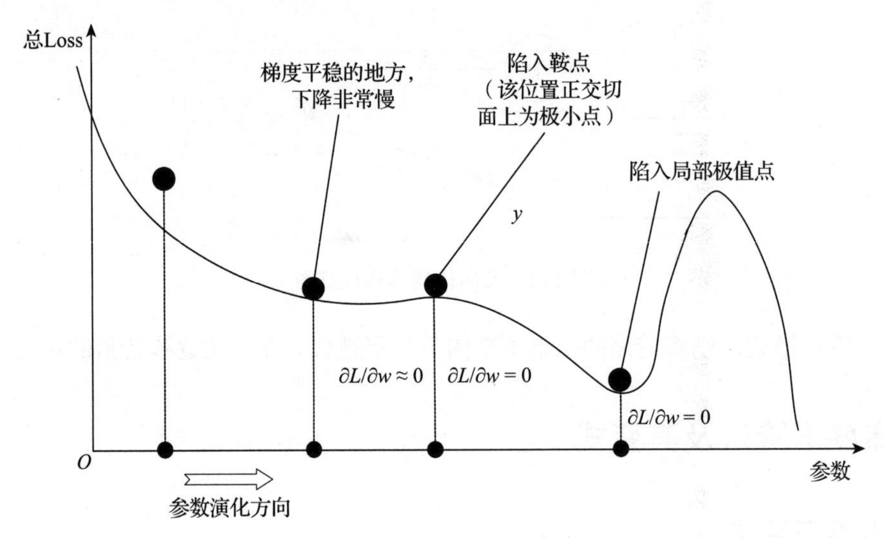

图 2-5　动量示意图

3. Adagrad

这是一种自适应学习率(adaptive)的方法，它的定义见式(2-39)：

$$w^{t+1} \leftarrow w^t - \frac{\eta}{\sqrt{\sum_{i=0}^{t}(g^i)^2 + \varepsilon}} g^t \tag{2-39}$$

可以看到学习率在不断变小，且受每次计算出来的梯度影响，对于梯度比较大的参数，它的学习率就会变得相对更小，里面的根号特别重要，如果没有这个根号，算法表现将非常差。同时 ε 是一个平滑参数，通常设置为 $10^{-8} \sim 10^{-4}$，这是为了避免分母为 0 的问题。

自适应学习率的缺点就是在某些情况下一直递减的学习率并不好，这样会造成学习过早停止。

4. RMSprop

这是一种非常有效的自适应学习率的改进方法，它的定义见式(2-40)、式(2-41)：

$$\text{cache}^t = a \times \text{cache}^{t-1} + (1-a)\,(g^t)^2 \tag{2-40}$$

$$w^{t+1} \leftarrow w^t - \frac{\eta}{\sqrt{\text{cache}^t + \varepsilon}} g^t \tag{2-41}$$

这里多了一个 a，这是一个衰减率，也就是说 RMSprop 不再会将前面所有的梯度平方求和，而是通过一个衰减率将其变小，使用了一种滑动平均的方式，越靠前面的梯度对自适应的学习率影响越小，按这种方式就能更加有效地避免 Adagrad 学习率一直递减太多的问题，从而更快收敛。

5. Adam

这是一种综合型的学习方法，可以看成是 RMSprop 加上动量(Momentum)的学习方法，效果上一般优于 RMSprop。

实际中我们可以使用 Adam 作为默认的优化算法，通常能够达到比较好的效果，同时 SGD+Momentum 的方法也值得尝试。

2.4 二维空间位姿描述

我们在中学就学习过二维笛卡尔坐标系，它以 x 轴和 y 轴为正交轴的坐标系，通常绘制成 x 轴水平、y 轴竖直，两轴的交点称为原点。平行于坐标轴的单位向量用 $\hat{\boldsymbol{x}}$ 和 $\hat{\boldsymbol{y}}$ 表示。一个点 P 用其在 x 轴和 y 轴上的坐标(x,y)表示，或者写为有界向量：

$$\boldsymbol{p}=x\hat{\boldsymbol{x}}+y\hat{\boldsymbol{y}} \tag{2-42}$$

在图 2-6 中两个二维坐标系$\{A\}$、$\{B\}$，以及一个点 P，$\{B\}$相对于$\{A\}$做旋转和平移。对于坐标系$\{B\}$，我们希望用参照系$\{A\}$来描述它。可以发现，$\{B\}$的原点已被向量 $\boldsymbol{t}=(x,y)$所取代，然后逆时针旋转一个角度 θ。因此，位姿的一个具体表示就是三维向量(x,y,θ)。

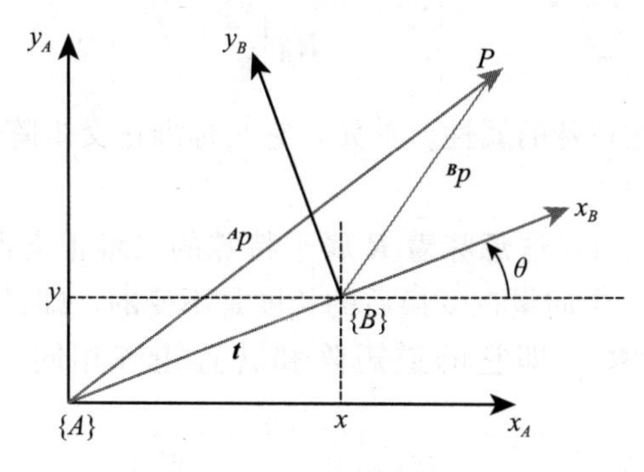

图 2-6 坐标系的旋转和平移

由于这种表示方法不方便复合运算，所以我们将使用另一种方法来表示旋转。

考虑一个任意点 P 相对于每个坐标系的向量，并确定^Ap 和^Bp 之间的关系。对于图 2-6，我们将问题分成两部分：先旋转，再平移。先只考虑旋转的情况，创建一个新坐标系$\{V\}$，其坐标轴平行于坐标系$\{A\}$的轴，但其原点与坐标系$\{B\}$的原点重合，如图 2-7 所示。可以将点 P 用$\{V\}$中定义坐标轴的单位向量表示，定义见式(2-43)：

$$\boldsymbol{V}_p=V_x\hat{\boldsymbol{x}}_V+V_y\hat{\boldsymbol{y}}_V=(\hat{\boldsymbol{x}}_V \quad \hat{\boldsymbol{y}}_V)\begin{pmatrix}V_x\\V_y\end{pmatrix} \tag{2-43}$$

坐标系$\{B\}$可以用它的两个正交轴表示，这里用轴上两个单位向量代表：

$$\hat{\boldsymbol{x}}_B=\cos\theta\hat{\boldsymbol{x}}_V+\sin\theta\hat{\boldsymbol{y}}_V \tag{2-44}$$

$$\hat{\boldsymbol{y}}_B=-\sin\theta\hat{\boldsymbol{x}}_V+\cos\theta\hat{\boldsymbol{y}}_V \tag{2-45}$$

上式用矩阵形式可以分解成：

$$(\hat{\boldsymbol{x}}_B \quad \hat{\boldsymbol{y}}_B)=(\hat{\boldsymbol{x}}_V \quad \hat{\boldsymbol{y}}_V)\begin{pmatrix}\cos\theta & -\sin\theta\\ \sin\theta & \cos\theta\end{pmatrix} \tag{2-46}$$

用式(2-46)可以在坐标系$\{B\}$中将 P 点表示为：

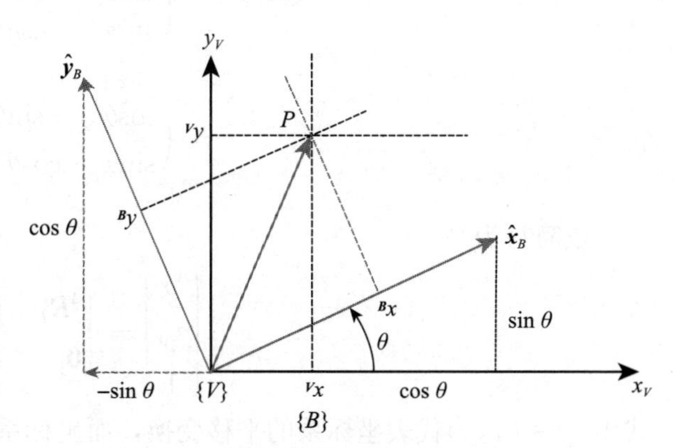

图 2-7 坐标系旋转

$$ {}^{B}p = B_x\hat{\boldsymbol{x}}_B + B_y\hat{\boldsymbol{y}}_B = (\hat{\boldsymbol{x}}_B \quad \hat{\boldsymbol{y}}_B)\begin{bmatrix} {}^{B}x \\ {}^{B}y \end{bmatrix} \tag{2-47} $$

将式(2-46)代入式(2-47)，得：

$$ {}^{B}p = (\hat{\boldsymbol{x}}_V \quad \hat{\boldsymbol{y}}_V)\begin{pmatrix} \cos\theta & -\sin\theta \\ \sin\theta & \cos\theta \end{pmatrix}\begin{bmatrix} {}^{B}x \\ {}^{B}y \end{bmatrix} \tag{2-48} $$

现在令式(2-43)和式(2-48)各自右侧的系数部分相等，可得：

$$ \begin{bmatrix} {}^{V}x \\ {}^{V}y \end{bmatrix} = \begin{pmatrix} \cos\theta & -\sin\theta \\ \sin\theta & \cos\theta \end{pmatrix}\begin{bmatrix} {}^{B}x \\ {}^{B}y \end{bmatrix} \tag{2-49} $$

上式描述了点如何通过坐标系旋转从坐标系$\{B\}$变换到坐标系$\{V\}$。这种类型的矩阵被称为旋转矩阵，记作${}^{V}\boldsymbol{R}_{B}$。

$$ \begin{bmatrix} {}^{V}x \\ {}^{V}y \end{bmatrix} = {}^{V}\boldsymbol{R}_{B}\begin{bmatrix} {}^{B}x \\ {}^{B}y \end{bmatrix} \tag{2-50} $$

旋转矩阵${}^{V}\boldsymbol{R}_{B}$具有一些特殊的属性。首先，它是标准正交矩阵，因为它的每列都是单位向量且相互正交。

其次，它的行列式是$+1$，这意味着$\boldsymbol{R}$属于特殊的二维正交群，或$\boldsymbol{R}\in SO(2)\subset\mathbb{R}^{2\times 2}$。而且单位行列式还意味着一个向量在变换后的长度是不变的，即$|{}^{B}p|=|{}^{V}p|$，$\forall\theta$。

正交矩阵满足$\boldsymbol{R}^{-1}=\boldsymbol{R}^{\mathrm{T}}$，即它的逆矩阵和转置矩阵相同。因此，我们可以重新将式(2-50)整理为

$$ \begin{bmatrix} {}^{B}x \\ {}^{B}y \end{bmatrix} = ({}^{V}\boldsymbol{R}_{B})^{-1}\begin{bmatrix} {}^{V}x \\ {}^{V}y \end{bmatrix} = ({}^{V}\boldsymbol{R}_{B})^{\mathrm{T}}\begin{bmatrix} {}^{V}x \\ {}^{V}y \end{bmatrix} = {}^{B}\boldsymbol{R}_{V}\begin{bmatrix} {}^{V}x \\ {}^{V}y \end{bmatrix} \tag{2-51} $$

我们注意到，该矩阵的求逆就是将矩阵的上、下标交换位置，并可以得出恒等式$\boldsymbol{R}(-\theta)=\boldsymbol{R}(\theta)^{\mathrm{T}}$。

接下来，考虑坐标系原点的平移。由于坐标系$\{V\}$和$\{A\}$的轴是平行的，所以可以简单地将向量相加：

$$ \begin{aligned} \begin{bmatrix} {}^{A}x \\ {}^{A}y \end{bmatrix} &= \begin{bmatrix} {}^{V}x \\ {}^{V}y \end{bmatrix} + \begin{pmatrix} x \\ y \end{pmatrix} \\ &= \begin{pmatrix} \cos\theta & -\sin\theta \\ \sin\theta & \cos\theta \end{pmatrix}\begin{bmatrix} {}^{B}x \\ {}^{B}y \end{bmatrix} + \begin{pmatrix} x \\ y \end{pmatrix} \\ &= \begin{pmatrix} \cos\theta & -\sin\theta & x \\ \sin\theta & \cos\theta & y \end{pmatrix}\begin{bmatrix} {}^{B}x \\ {}^{B}y \\ 1 \end{bmatrix} \end{aligned} \tag{2-52} $$

或简写为

$$ \begin{bmatrix} {}^{A}x \\ {}^{A}y \\ 1 \end{bmatrix} = \begin{bmatrix} {}^{A}\boldsymbol{R}_{B} & \boldsymbol{t} \\ \boldsymbol{0}_{1\times 2} & 1 \end{bmatrix}\begin{bmatrix} {}^{B}x \\ {}^{B}y \\ 1 \end{bmatrix} \tag{2-53} $$

式中，$\boldsymbol{t}=(x,y)$代表坐标系的平移变换，而坐标系旋转变换用${}^{A}\boldsymbol{R}_{B}$表示。

因为$\{A\}$和$\{V\}$的轴是平行的，所以${}^{A}\boldsymbol{R}_{B}={}^{V}\boldsymbol{R}_{B}$。将$P$点的坐标向量用齐次形式定义，见

式(2-54)：

$$
\begin{aligned}
{}^{A}\widetilde{p} &= \begin{pmatrix} {}^{A}\boldsymbol{R}_{B} & \boldsymbol{t} \\ \boldsymbol{0}_{1\times 2} & 1 \end{pmatrix} {}^{B}\widetilde{p} \\
&= {}^{A}\boldsymbol{T}_{B}\, {}^{B}\widetilde{p}
\end{aligned}
\tag{2-54}
$$

${}^{A}\boldsymbol{T}_{B}$ 称为齐次转换矩阵。这个矩阵有一个非常特殊的结构，并且属于特殊的二维欧几里得群，即 $\boldsymbol{T}\in SE(2)\subset\mathbb{R}^{3\times 3}$。

通过式(2-54)的表达，很显然${}^{A}\boldsymbol{T}_{B}$ 代表了相对位姿：

$$
\xi(x,y,\theta)\sim\begin{pmatrix} \cos\theta & -\sin\theta & x \\ \sin\theta & \cos\theta & y \\ 0 & 0 & 1 \end{pmatrix}
\tag{2-55}
$$

相对位姿 ξ 的一种具体表示是 $\xi\sim\boldsymbol{T}\in SE(2)$，以及 $\boldsymbol{T}_1\oplus\boldsymbol{T}_2\mapsto\boldsymbol{T}_1\boldsymbol{T}_2$，这是标准的矩阵乘法。

$$
\boldsymbol{T}_1\boldsymbol{T}_2=\begin{pmatrix} \boldsymbol{R}_1 & \boldsymbol{t}_1 \\ \boldsymbol{0}_{1\times 2} & 1 \end{pmatrix}\begin{pmatrix} \boldsymbol{R}_2 & \boldsymbol{t}_2 \\ \boldsymbol{0}_{1\times 2} & 1 \end{pmatrix}=\begin{pmatrix} \boldsymbol{R}_1\boldsymbol{R}_2 & \boldsymbol{t}_1+\boldsymbol{R}_1\boldsymbol{R}_2 \\ \boldsymbol{0}_{1\times 2} & 1 \end{pmatrix}
\tag{2-56}
$$

2.5　三维空间位姿描述

建立三维坐标系的过程如下：对于摄像头，通常取光轴为 z 轴方向，沿 z 方向摄像头的左侧为 x 轴；对于移动机器人，通常我们规定重力加速度方向为 z 轴方向，前进方向为 x 轴方向。

欧拉旋转定理指出，任何旋转都可以看作是一系列相对不同坐标轴的旋转组合。首先考虑绕单个坐标轴的旋转。图 2-8 显示了一个右手坐标系，以及它绕不同坐标轴旋转不同角度的情形。

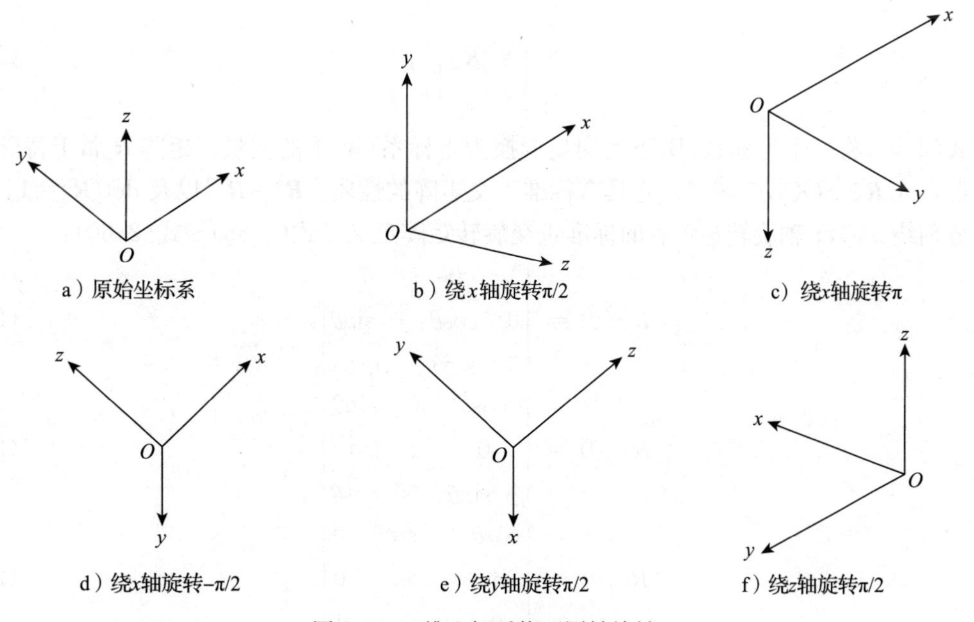

图 2-8　三维坐标系绕不同轴旋转

绕坐标轴连续旋转时，每次旋转角度相同，但最终得到的坐标系方向可能完全不同，因为还要受旋转顺序的影响，如图 2-9 所示。用数学语言描述位姿代数的运算符为$\oplus$，且运算数是不可交换的。

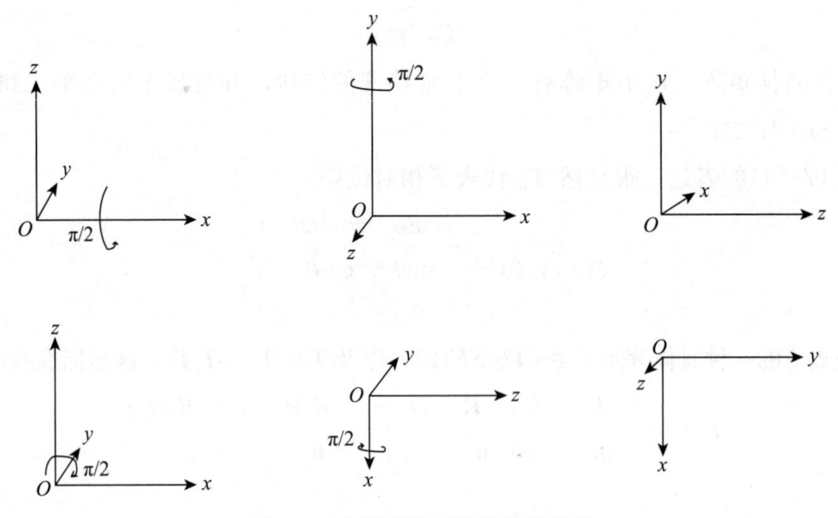

图 2-9 坐标系绕不同轴连续旋转

有多种表示旋转的方法，如正交旋转矩阵、欧拉角和卡尔丹角、旋转轴与角度，以及单位四元数等。

2.5.1 正交旋转矩阵

和二维情况一样，可以用相对于参考坐标系的单位坐标轴向量表示旋转后坐标系的方向。每一个单位向量有 3 个元素，它们组成了 3×3 阶正交矩阵${}^{\boldsymbol{A}}\boldsymbol{R}_{\boldsymbol{B}}$：

$$\begin{pmatrix} {}^{A}x \\ {}^{A}y \\ {}^{A}z \end{pmatrix} = {}^{\boldsymbol{A}}\boldsymbol{R}_{\boldsymbol{B}} \begin{pmatrix} {}^{B}x \\ {}^{B}y \\ {}^{B}z \end{pmatrix} \tag{2-57}$$

式(2-57)将一个坐标系$\{B\}$下的向量变换为坐标系$\{A\}$下的向量。矩阵 $\boldsymbol{R}$ 属于特殊三维正交群，或 $\boldsymbol{R}\in SO(3)\subset\mathbb{R}^{3\times 3}$。它具有标准正交矩阵的性质：$\boldsymbol{R}^{\mathrm{T}}=\boldsymbol{R}^{-1}$ 以及 $\det(\boldsymbol{R})=1$。

分别绕 x,y,z 轴旋转 θ 角后的标准正交旋转矩阵定义见式(2-58)～式(2-60)：

$$Rx(\theta) = \begin{pmatrix} 1 & 0 & 0 \\ 0 & \cos\theta & -\sin\theta \\ 0 & \sin\theta & \cos\theta \end{pmatrix} \tag{2-58}$$

$$Ry(\theta) = \begin{pmatrix} \cos\theta & 0 & \sin\theta \\ 0 & 1 & 0 \\ -\sin\theta & 0 & \cos\theta \end{pmatrix} \tag{2-59}$$

$$Rz(\theta) = \begin{pmatrix} \cos\theta & -\sin\theta & 0 \\ \sin\theta & \cos\theta & 0 \\ 0 & 0 & 1 \end{pmatrix} \tag{2-60}$$

2.5.2 三角度表示法

欧拉旋转定理要求绕3个轴依次旋转，但不能绕同一轴线连续旋转两次。旋转顺序分为两种：欧拉式和卡尔丹式，分别以欧拉和卡尔丹(Cardano)的名字命名。

欧拉式是绕一个特定的轴重复旋转，但不是连续的：xyx、xzx、yxy、yzy、zxz 或 zyz；卡尔丹式的特点是绕3个不同轴旋转，如 xyz、xzy、yzx、yxz、zxy 或 zyx。一般来说，所有这些序列统称为欧拉角，共有12种形式可供选择。

zyz 序列的欧拉角定义见式(2-61)：

$$\boldsymbol{R} = R_z(\phi)R_y(\theta)R_z(\psi) \tag{2-61}$$

它常用于航空的机械动力学。欧拉角是一个三维向量 $\boldsymbol{\Gamma}=(\phi,\theta,\psi)$，要计算等价旋转矩阵，可以将绕 z、y、z 三个轴的三个旋转矩阵连乘。

另一种广泛使用的旋转角顺序是横滚-俯仰-偏航角，定义见式(2-62)：

$$\boldsymbol{R} = R_x(\theta_r)R_y(\theta_p)R_z(\theta_y) \tag{2-62}$$

它用于描述船舶、飞机和车辆的姿态时非常直观。横滚、俯仰和偏航(也称为侧倾、姿态和航向)是指分别绕 x、y、z 轴的旋转。这个 xyz 角序列，即专业上的卡尔丹角，也被称为泰特-布莱恩角(Tait-Bryan)或导航角。对于航空及地面车辆而言，通常定义 x 轴为前进的方向、z 轴垂直向下、y 轴指向右手方向。横滚-俯仰-偏航序列允许每个角度值有任意正负号，不会产生多解的情况。但它也有一个奇异点，即当 $\theta_p=\pm\pi/2$ 时，不过这个点刚好不在大多数车辆可能的姿态范围内。

2.5.3 奇异点

上述的三角度表示方式中，一个根本性的问题是出现奇异点——中间的旋转轴平行于第一个或第三个旋转轴，这将导致缺失一个自由度，意味着在数学上不能进行反变换。

在所有三角度形式的姿态表示中，当两连续轴共线时都会遇到同样的问题。在 $\theta_p=\pm(2R+1)\pi/2$，$R\in\mathbb{Z}$ 时，若使用"横滚-俯仰-偏航角"顺序会发生异常情况。在工程上，一般要保证奇异点不在机器人正常运行空间中出现。为了彻底解决这个问题，必须采取不同的姿态描述方法，如四元数。

2.5.4 单位四元数

四元数对机器人学者有很大的实用价值。四元数是复数的一种扩展，记作一个标量加上一个向量：

$$q = s + \boldsymbol{v} = s + v_1\mathrm{i} + v_2\mathrm{j} + v_3\mathrm{k} \tag{2-63}$$

式中，$s\in\mathbb{R}$，$\boldsymbol{v}\in\mathbb{R}^3$，正交复数 i，j 和 k 定义见式(2-64)：

$$\mathrm{i}^2 = \mathrm{j}^2 = \mathrm{k}^2 = \mathrm{ijk} = -1 \tag{2-64}$$

一个四元数定义见式(2-65)：

$$q = s\langle v_1, v_2, v_3\rangle \tag{2-65}$$

早期反对四元数的一个理由是其乘法不可交换，但正如上述所说，这种不可交换性正好符合坐标系旋转的情况。除去最初的争论，四元数以其格式优雅、功能强大、计算简单的优势已被广泛应用于机器人、计算机视觉、计算机图形学以及航空航天惯性导航等领域。

通常，对于空间中两个任意姿态的坐标系，总可以在空间里找到某个轴，使其中一个坐标系绕该轴旋转一个角度就能与另一个坐标系姿态重合。单位四元数具有一个特殊属性，它可以被看作是绕单位向量 $\hat{\boldsymbol{n}}$ 旋转了 θ 角，该旋转与单位四元数组的关系定义见式(2-66)：

$$s=\cos\frac{\theta}{2},\boldsymbol{v}=\left(\sin\frac{\theta}{2}\right)\hat{\boldsymbol{n}} \tag{2-66}$$

在四元数的情况下，广义位姿是 $\xi\sim\dot{q}\in\mathbb{Q}$，且

$$\dot{q}_1\oplus\dot{q}_2\mapsto s_1s_2-\boldsymbol{v}_1\cdot\boldsymbol{v}_2,\langle s_1\boldsymbol{v}_2+s_2\boldsymbol{v}_1+\boldsymbol{v}_1\times\boldsymbol{v}_2\rangle \tag{2-67}$$

式(2-67)被称为四元数积或汉密尔顿积，并有

$$\ominus\dot{q}\mapsto\dot{q}^{-1}=s,\langle -v\rangle \tag{2-68}$$

式(2-68)是四元数的共轭。零位姿 $0\mapsto1\langle0,0,0\rangle$，为单位四元数。一个向量 $\boldsymbol{v}\in\mathbb{R}^3$ 被旋转，表示为 $\dot{q}\cdot\boldsymbol{v}\mapsto\dot{q}\,\dot{q}(\boldsymbol{v})\dot{q}^{-1}$，其中 $\dot{q}(\boldsymbol{v})=0$，$\langle\boldsymbol{v}\rangle$被称为纯四元数。

2.5.5 平移与旋转组合

现在重新考虑两个坐标系之间位置和姿态的变化。前面讨论了几种不同的姿态表示法，这里将它们与平移变换相结合，创造出一个完整的相对位姿表示方法。两种最实用的表示方法是：四元数向量对和 4×4 齐次变换矩阵。4×4 的齐次变换常用于机器人学和计算机视觉领域。

设有坐标系 $\xi\sim(\boldsymbol{t},\dot{q})$，其中 $\boldsymbol{t}\in\mathbb{R}^3$ 是坐标系原点相对于参考坐标系的笛卡尔位置，$\dot{q}\in\mathbb{Q}$ 是坐标系相对于参考坐标系的姿态。

加法定义见式(2-69)：

$$\xi_1\oplus\xi_2=(\boldsymbol{t}_1+\dot{q}_1\cdot\boldsymbol{t}_2,\dot{q}_1\oplus\dot{q}_2) \tag{2-69}$$

取负数为

$$\ominus\xi=(-\dot{q}^{-1}\cdot\boldsymbol{t},\dot{q}^{-1}) \tag{2-70}$$

一个点坐标向量通过式(2-71)在坐标系之间变换：

$${}^{X}p={}^{X}\xi_{Y}\cdot{}^{Y}p=\dot{q}\cdot{}^{Y}p+\boldsymbol{t} \tag{2-71}$$

齐次变换矩阵来表示旋转和平移时：

$$\begin{pmatrix}A_x\\A_y\\A_z\\1\end{pmatrix}=\begin{pmatrix}{}^{A}\boldsymbol{R}_{B} & \boldsymbol{t}\\ \boldsymbol{0}_{1\times3} & 1\end{pmatrix}\begin{pmatrix}B_x\\B_y\\B_z\\1\end{pmatrix} \tag{2-72}$$

坐标系原点之间的笛卡尔平移向量是 $\boldsymbol{t}$，姿态的变化由一个 3×3 正交子矩阵 $\boldsymbol{R}$ 表示，其余向量都表示成齐次形式，见式(2-73)：

$$\widetilde{{}^{A}p}=\begin{pmatrix}{}^{A}\boldsymbol{R}_{B} & \boldsymbol{t}\\ \boldsymbol{0}_{1\times3} & 1\end{pmatrix}\widetilde{{}^{B}p}={}^{A}\boldsymbol{T}_{B}\,\widetilde{{}^{B}p} \tag{2-73}$$

式中，${}^{A}\boldsymbol{T}_{B}$ 是一个 4×4 阶齐次变换，这个矩阵属于特殊的三维欧几里得群，记作 $\boldsymbol{T}\in SE(3)\subset\mathbb{R}^{4\times4}$。

对于坐标系 ξ，具体形式是 $\xi\sim\boldsymbol{T}\in SE(3)$，因此 $\boldsymbol{T}_1\oplus\boldsymbol{T}_2$ 对应于标准矩阵乘法：

$$\boldsymbol{T}_1\oplus\boldsymbol{T}_2\mapsto\boldsymbol{T}_1\boldsymbol{T}_2 \tag{2-74}$$

变换矩阵存在逆矩阵，因此有：

$$\boldsymbol{T}^{-1}=\begin{pmatrix}\boldsymbol{R} & \boldsymbol{t}\\ \boldsymbol{0}_{1\times3} & 1\end{pmatrix}^{-1}=\begin{pmatrix}\boldsymbol{R}^{\mathrm{T}} & -\boldsymbol{R}^{\mathrm{T}}\boldsymbol{t}\\ \boldsymbol{0}_{1\times3} & 1\end{pmatrix} \tag{2-75}$$

2.6　张量

张量(Tensor)，是向量和矩阵的自然推广，表示一个多维矩阵或者数组。前面介绍的向量就是一维张量，矩阵就是二维张量，而零维张量是一个数，如图 2-10 所示。在深度学习中，张量主要用于存储和处理数据。例如 RGB 三通道的彩色图像在计算机中保存为三维张量，其中沿着第一个维度是图像水平数轴 x，沿着第二个维度是图像垂直数轴 y，沿着第三个维度是三个颜色通道；另一个典型例子是利用 batch 提供图像的四维张量，第一维是 batch 中的图像编号，第二个维度是颜色通道，第三和第四维度分别是图像水平和垂直像素的像素索引。

张量表达的例子如下：

一维张量(向量)：[0,5,10,15,20,25,30]；

二维张量(矩阵)：

[[0,5,10,15,20,25,30],[10,15,20,25,30,35,40],[20,25,30,35,40,45,50]]；

三维张量：

[[[0,5,10,15,20,25,30],[10,15,20,25,30,35,40],[20,25,30,35,40,45,50]],
[[0,5,10,15,20,25,30],[10,15,20,25,30,35,40],[20,25,30,35,40,45,50]],
[[0,5,10,15,20,25,30],[10,15,20,25,30,35,40],[20,25,30,35,40,45,50]]]。

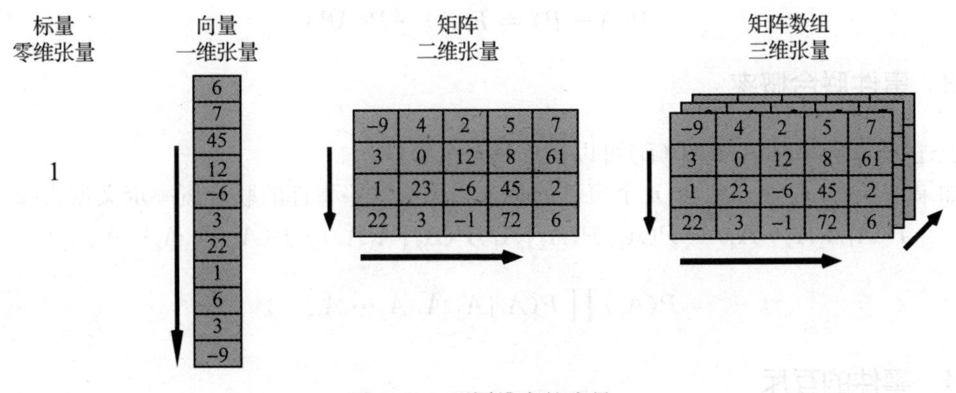

图 2-10　不同维度的张量

2.7 概率基础

令变量 x 的概率密度函数为 $p(x)$，满足：

$$\int p(x)\mathrm{d}x = 1 \tag{2-76}$$

用小写字母表示随机变量，大写字母表示随机变量的集合。在机器人领域中，经常需要对连续多元随机变量 $x\in\mathbb{R}^n$ 的置信度进行建模。例如，在 SLAM 问题中，当给定一个观测量集合 Z 时，未知变量 X 为机器人的位姿和未知的路标点位置，需要求条件概率密度：

$$p(X \mid Z) \tag{2-77}$$

得到这个条件概率密度的过程称为概率推断。

2.7.1 随机实验和样本空间

假设已知所有可能结果，并在几乎相同的条件下重复实验，则称该实验为随机实验，所有可能结果组成的集合称为样本空间。掷骰子实验可以看作一个随机实验，如果关注骰子朝上的数字，则样本空间为 $\Omega=\{1,2,3,4,5,6\}$。假设我们进行了 n 次实验，并且数字 1 出现了 m 次，骰子出现数字 1 朝上的实验次数除以实验总数，即 $P(x=1)=m/n$（x 为随机变量，表示骰子朝上的数字），为数字 1 出现的概率。假设骰子质地均匀，如果掷 600 次骰子，可能得到数字 1 朝上的次数为 100 次，则它的概率为 1/6。

2.7.2 并集、交集和条件概率

$P(A\cup B)$ 表示事件 A 发生或事件 B 发生或两者同时发生的概率。

$P(A\cap B)$ 表示事件 A 和事件 B 同时发生的概率。

$P(A|B)$ 表示已知事件 B 已经发生的前提下，事件 A 发生的概率，称为条件概率。

$$P(A\cap B) = P(A|B)P(B) = P(B|A)P(A) \tag{2-78}$$

常将 $P(A\cap B)$ 记作 $P(AB)$。

$P(A-B)$ 表示事件 A 发生，而事件 B 不发生的概率。

$$P(A-B) = P(A) - P(AB) \tag{2-79}$$

2.7.3 事件联合概率

上述 $P(AB)=P(A|B)P(B)$ 可以推广到 n 个事件。

如果 $A_1,A_2,A_3,\cdots,A_n$ 是 n 个事件的集合，那么这些事件的联合概率定义见式(2-80)：

$$\begin{aligned} P(A_1A_2A_3\cdots A_n) &= P(A_1)P(A_2|A_1)P(A_3|A_1A_2)\cdots P(A_n|A_1A_2\cdots A_{(n-1)}) \\ &= P(A_1)\prod_{i=2}^{n} P(A_i|A_1\,A_2\,A_3\cdots A_{(n-1)}) \end{aligned} \tag{2-80}$$

2.7.4 事件的互斥

如果两个事件 A 和 B 不会同时发生，则称为互斥事件。如果 $P(AB)=0$，那么事件 A

和B互斥。对于互斥事件来说，$P(A \cup B)=P(A)+P(B)$。

一般地，n个互斥事件并集的概率可以表示为它们的概率之和。

2.7.5 事件的独立

如果事件A和B交集的概率等于它们单独概率的乘积，那么事件A和B称为独立事件，即

$$P(AB) = P(A)P(B) \tag{2-81}$$

根据式(2-78)有：

$$P(A|B) = P(A) \tag{2-82}$$

即在事件B条件下A发生的概率可能等于事件A本身的概率。

同理，如果事件A和B独立，等式$P(B|A)=P(B)$也成立。总之，如果两个事件相互独立，那么这两个事件都不受其他事件发生与否的影响。

2.7.6 条件独立

对于两个事件A和B，如果在事件C条件下A和B同时发生的概率可以按式(2-83)表示，那么称事件A和B是条件独立的。

$$P(AB|C) = P(A|C)P(B|C) \tag{2-83}$$

注意，事件A和B关于事件C的条件独立不能推出事件A和B是相互独立的。事件的条件独立性在机器学习领域使用非常广泛，例如在条件独立的假设下，将似然函数分解成更为简单的表达式。除此之外，朴素贝叶斯网络使用了条件独立来简化网络。

2.7.7 贝叶斯公式

以两个事件A和B为例进行说明，也可以推广到任何数量的事件中。

根据前述，有概率的乘法法则公式$P(AB)=P(A)P(B|A)$。

同样，有$P(AB)=P(B)P(A|B)$。

两等式相结合可得：

$$P(A)P(B|A) = P(B)P(A|B) \tag{2-84}$$

$$\Rightarrow P(A|B) = P(A)P(B|A)/P(B) \tag{2-85}$$

此等式称为贝叶斯公式，它广泛应用于机器学习的多个领域，例如由贝叶斯公式计算后验概率分布。

2.7.8 概率质量函数

随机变量为离散随机变量，其在各特定取值上的概率函数称为概率质量函数。概率之和为1。

例如，在掷骰子中，设骰子面朝上的数字为随机变量X。则概率质量函数定义见式(2-86)：

$$P(X = i) = 1/6 \quad i \in \{1,2,3,4,5,6\} \tag{2-86}$$

2.7.9 概率密度函数

随机变量为连续随机变量，与连续值上的概率密度一起构成概率密度函数。概率密度函数在其定义域上的积分等于1。

设X是定义域为D的连续随机变量，$P(x)$是它的概率密度函数，则有

$$\int_D P(x)\mathrm{d}x = 1 \tag{2-87}$$

2.7.10 随机变量的数学期望

假设随机变量X有n个离散的取值$x_1, x_2, \cdots, x_n$，它们对应的概率为$p_1, p_2, \cdots, p_n$(即其概率质量函数是$P(X=x_i)=p_i$)。那么，随机变量X的数学期望是：

$$E[X] = x_1p_1 + x_2p_2 + \cdots + x_np_n = \sum_{i=1}^{n} x_ip_i \tag{2-88}$$

如果X是一个连续的随机变量，概率密度函数为$P(x)$，那么它的数学期望是：

$$E[X] = \int_D xP(x)\mathrm{d}x \tag{2-89}$$

式中，D是$P(x)$的定义域。

2.7.11 随机变量的方差

随机变量的方差是随机变量与其数学期望之差的平方的数学期望，用来衡量该随机变量的变化程度。

设X是一个随机变量，其平均值$\mu=E[X]$，方差$\mathrm{var}[X]=E[(x-\mu)^2]$。

如果X是有n个取值的离散随机变量，假设其概率质量函数为$P(X=x_i)=p_i$，那么X的方差定义见式(2-90)：

$$\begin{aligned}\mathrm{var}[X] &= E[(x-\mu)^2] \\ &= \sum_{i=1}^{n}(x_i-\mu)^2 p_i\end{aligned} \tag{2-90}$$

如果X是一个连续的随机变量，假设其概率密度函数为$P(x)$，那么$\mathrm{var}[X]$可以定义如式(2-91)：

$$\mathrm{var}[X] = \int_D (x-\mu)^2 P(x)\mathrm{d}x \tag{2-91}$$

式中，D是$P(x)$的定义域。

2.7.12 偏度和峰度

偏度和峰度是随机变量的高阶矩统计量。偏度衡量概率分布的对称性，而峰度衡量概率分布尾部占比。偏度是第三阶矩，定义见式(2-92)：

$$\mathrm{Skew}(X) = \frac{E[(X-\mu)^3]}{(\mathrm{var}[X])^{3/2}} \tag{2-92}$$

完全对称的概率分布的偏度为 0，如图 2-11 所示；偏度为正表示大部分数据在左侧，如图 2-12 所示；而偏度为负表示大部分数据在右侧，如图 2-13 所示。

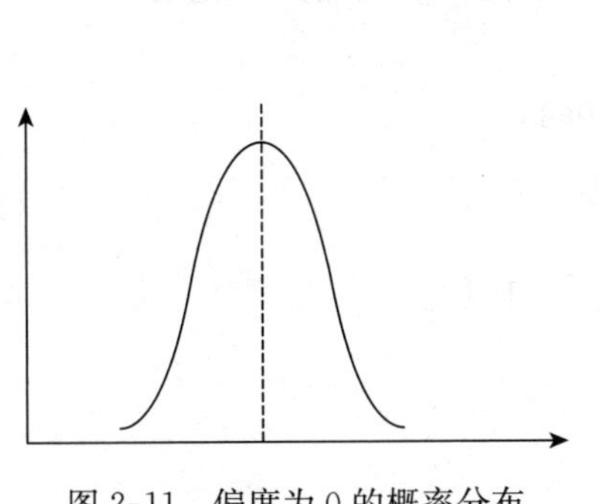

图 2-11 偏度为 0 的概率分布

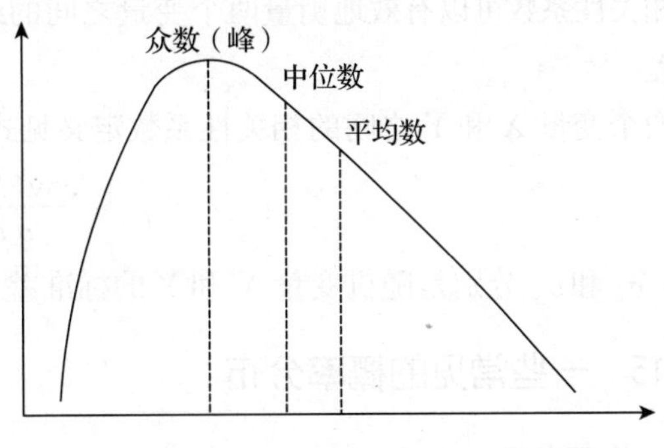

图 2-12 偏度为正的概率分布

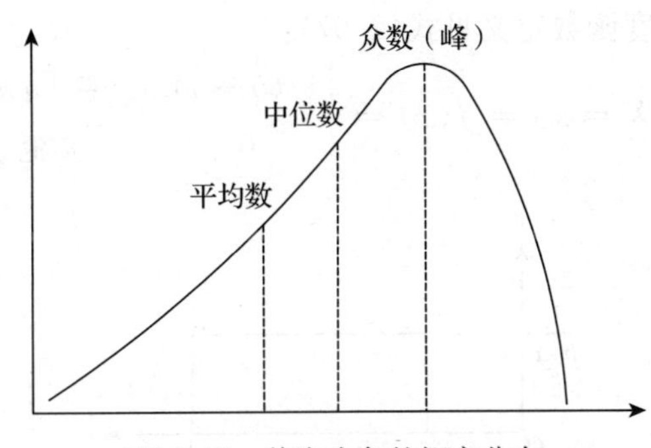

图 2-13 偏度为负的概率分布

峰度是第四阶矩，对于一个平均值为 μ 的随机变量 X，定义见式(2-93)：

$$\mathrm{Kurt}(X) = E[(X-\mu)^4]/(\mathrm{var}[X])^2 \tag{2-93}$$

较高的峰度会导致概率分布的尾部较重，如图 2-13 所示。标准正态分布的峰度是 3。通常用超值峰度衡量其他分布相对于正态分布的峰度，即实际的峰度减去正态分布的峰度。

2.7.13 协方差

两个随机变量 X 和 Y 的协方差衡量它们的联合变化程度。如果较大的 X 对应较大的 Y，较小的 X 对应较小的 Y，那么它们的协方差为正。如果较大的 X 对应较小的 Y，较小的 X 对应较大的 Y，那么它们的协方差为负。

X 和 Y 的协方差公式是：

$$\mathrm{cov}(X,Y) = E[X-u_x][Y-u_y] \tag{2-94}$$

式中，$u_x=E[X]$，$u_y=E[Y]$。

化简得：

$$\mathrm{cov}(X,Y) = E[XY]-u_x u_y \tag{2-95}$$

如果两个变量独立，那么 $E[XY]=E[X]E[Y]=u_x u_y$，则它们的协方差为 0。

2.7.14 相关性系数

相关性系数可以有效地衡量两个变量之间的线性依赖性，本质是归一化的(Normalized)协方差。

两个变量 X 和 Y 之间的相关性系数定义见式(2-96)：

$$\rho=\frac{\operatorname{cov}(X,Y)}{\sigma_x\sigma_y} \tag{2-96}$$

式中，σ_x 和 σ_y 分别是随机变量 X 和 Y 的标准差，$\rho\in[-1,1]$。

2.7.15 一些常见的概率分布

1. 均匀分布

均匀分布的概率密度函数是一个常值函数(如图 2-14 所示)。对于取值$[a,b]$$(b>a)$的连续随机变量来说，概率密度函数定义见式(2-97)：

$$P(X=x)=f(x)=\begin{cases}1/(b-a) & x\in[a,b]\\ 0 & \text{其他}\end{cases} \tag{2-97}$$

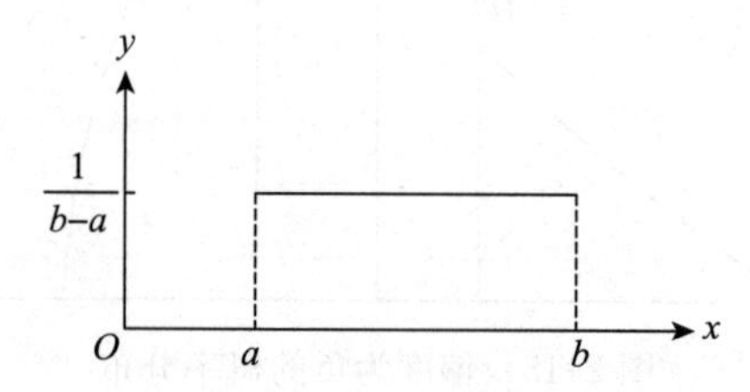

图 2-14 均匀分布的概率密度曲线

此处列出了均匀分布的不同的统计数据：

$$E[X]=\frac{(b+a)}{2} \tag{2-98}$$

$$\operatorname{Median}[X]=\frac{(b+a)}{2} \tag{2-99}$$

$$\operatorname{var}[X]=(b-a)^2/12 \tag{2-100}$$

$$\operatorname{Skew}[X]=0 \tag{2-101}$$

此时，众数 Mode$[X]$=在区间$[a,b]$中的所有点，超值峰度 Excess Kurtosis$[X]$=1.8−3=−1.2

需要注意的是，超值峰度是实际峰度减去 3，3 是正态分布的实际峰度。

2. 正态分布

正态分布的概率密度函数定义见式(2-102)：

$$P(X=x)=\frac{1}{\sqrt{2\pi}\sigma}\mathrm{e}^{\frac{-(x-\mu)^2}{2\sigma^2}} \quad -\infty<x<+\infty \tag{2-102}$$

式中，μ 和 σ^2 分别是随机变量 X 的平均数和方差。

图 2-15 所示为单变量正态分布的概率密度函数。

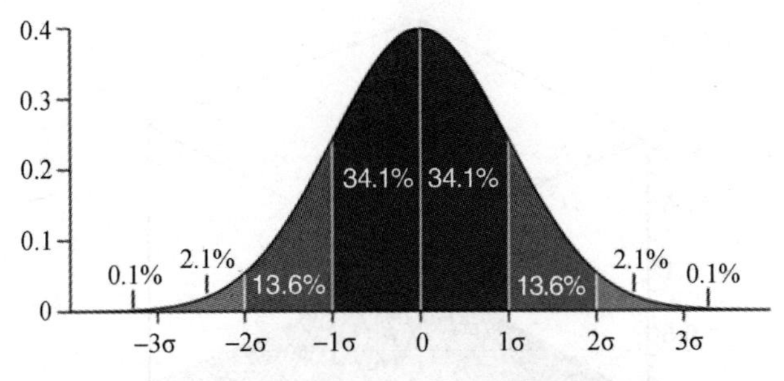

图 2-15 单变量正态分布的概率密度函数

如图 2-15 中所示，68.2%(34.1%×2)的数据位于距离平均数的一个标准差(-1σ，$+1\sigma$)之内，95.4%的数据预计位于距离平均数的两个标准差(-2σ，$+2\sigma$)之内，正态分布的重要统计数据如下：

$$E[X]=\mu \tag{2-103}$$

$$\text{Median}[X]=\mu \tag{2-104}$$

$$\text{Mode}[X]=\mu \tag{2-105}$$

$$\text{var}[X]=\sigma^2 \tag{2-106}$$

$$\text{Skew}[X]=0 \tag{2-107}$$

$$\text{Excess Kurtosis}[X]=0 \tag{2-108}$$

通过使用以下变换，任何正态分布都可以转换成标准正态分布形式：

$$z=\frac{(x-\mu)}{\sigma} \tag{2-109}$$

标准正态随机变量 z 的平均数和标准差分别为 0 和 1。

3. 多元正态分布

n 元正态分布或高斯分布是向量 $\boldsymbol{x}\in\mathbb{R}^{n\times 1}$ 中相关变量的联合概率分布，与之对应的有平均数向量 $\boldsymbol{\mu}\in\mathbb{R}^{n\times 1}$，以及协方差矩阵 $\boldsymbol{\Sigma}\in\mathbb{R}^{n\times n}$。

多元正态分布的概率密度函数定义见式(2-110)：

$$P(\boldsymbol{x}|\boldsymbol{\mu};\boldsymbol{\Sigma})=\frac{1}{(2\pi)^{n/2}|\boldsymbol{\Sigma}|^{-1/2}}\mathrm{e}^{-\frac{1}{2}(\boldsymbol{x}-\boldsymbol{\mu})^{\mathrm{T}}\boldsymbol{\Sigma}^{-1}(\boldsymbol{x}-\boldsymbol{\mu})} \tag{2-110}$$

式中，

$$\boldsymbol{x}=[x_1,x_2,\cdots,x_n]^{\mathrm{T}} \quad -\infty<x_i<+\infty \quad \forall i\in\{1,2,3,\cdots,n\} \tag{2-111}$$

图 2-16 所示为双变量正态分布的概率密度函数的例子。多元正态分布或高斯分布在机器学习和机器人学中应用广泛，如经典卡尔曼滤波处理 SLAM 问题、异常检测、隐形马尔可夫模型等。

2.7.16 似然函数

似然是基于模型参数条件下所观察到的实际数据的概率。如果我们观察到 n 个样本 x_1，x_2，$\cdots$，x_n，假设它们都是相互独立的，并且都遵循平均数为 μ、方差为 σ^2 的正态分布。

此时，似然函数定义见式(2-112)：

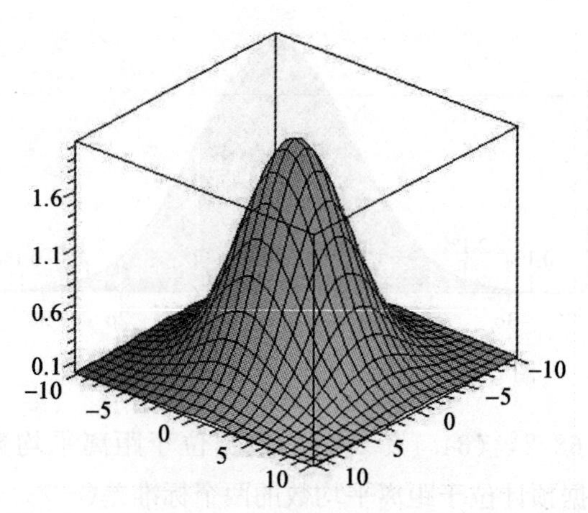

图 2-16　双变量正态分布的概率密度函数(见彩插)

$$P(\text{数据}|\text{模型参数}) = P(x_1, x_2, \cdots, x_n | \mu, \sigma^2) \tag{2-112}$$

因为这些样本相互独立，所以我们可以将似然做如下分解：

$$P(\text{数据}|\text{模型参数}) = \prod_{i=1}^{n} P(x_i | \mu, \sigma^2) \tag{2-113}$$

因为每个 $x_i \sim \text{Normal}(\mu, \sigma^2)$，所以似然可以继续展开：

$$P(\text{数据}|\text{模型参数}) = \prod_{i=1}^{n} \frac{1}{\sqrt{2\pi}\sigma} e^{\frac{-(x_i-\mu)^2}{2\sigma^2}} \tag{2-114}$$

2.7.17　最大似然估计

最大似然估计(MLE)是一种用来估计分布或模型参数的方法，通过计算能最大化似然函数的参数实现，即最大化在模型参数的条件下观察到数据的概率。

似然函数可表示为式(2-115)：

$$P(\text{数据}|\text{模型参数}) = L(p) \tag{2-115}$$

找到使似然值 L 取得最大值的 p，一般通过计算 L 关于 p 的导数，令其等于 0 求得该 p。为了方便起见，通常最大化对数似然，即 $\log L(p)$，而不是似然 $L(p)$本身。因为其对数是单调递增函数，所以最大化 $L(p)$与最大化 $\log L(p)$计算过程等价。

2.7.18　中心极限定理

中心极限定理(Central Limit theorem)：假设 $x_1, x_2, x_3, \cdots, x_n$ 是 n 个独立且相同分布的样本，总体分布的平均数为 μ，有限方差为 σ^2。样本均值记作 $\bar{x}$，则其作为一个随机变量遵循正态分布，平均数为 μ，方差为 σ^2/n，即 $\bar{x} \sim \text{Normal}\left(\mu, \frac{\sigma^2}{n}\right)$，其中 $\bar{x} = \frac{x_1 + x_2 + x_3 + \cdots + x_n}{n}$。

随着样本大小 n 的增加，x 的方差减小，并且当 n 趋近于无穷大时，方差趋于 0。

图 2-17 所示为总体分布以及样本均值分布，其中每个样本包含 n 个取自总体分布的数据。值得注意的是，样本均值遵循正态分布，它与总体分布是否为正态分布无关。

中心极限定理用于进行下一步假设检验，相关内容读者可在使用时自行查阅相关文献。

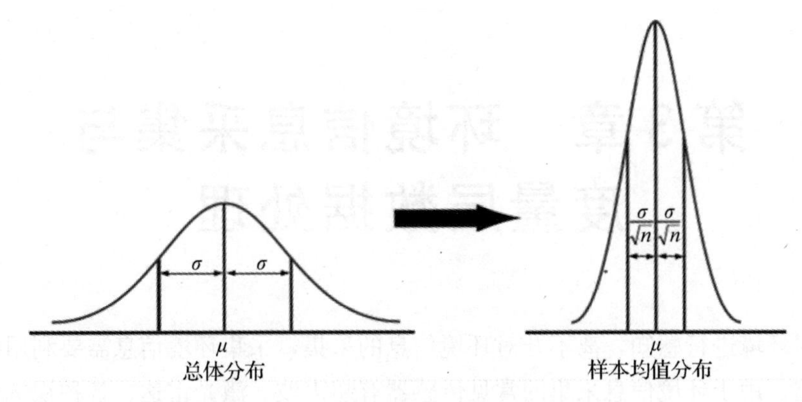

图 2-17　总体分布以及样本均值分布

2.8　习题

1. 计算矩阵 $\boldsymbol{A}=\begin{pmatrix}4 & 3\\3 & 2\end{pmatrix}$ 的逆矩阵，并写出详细步骤。
2. 计算矩阵 $\boldsymbol{A}=\begin{pmatrix}0 & 1\\-2 & -3\end{pmatrix}$ 的特征值和特征向量，采用以下 3 种方式计算：①根据公式手算；②使用 matlab 代数工具编程计算；③使用其他语言，如 python 或 C++的数学包/库计算。并比较几种计算方式的结果。
3. 假设一个定义域为[0,1]的连续随机变量的概率密度函数是 $P(x)=2x$，$x\in[0,1]$，验证该函数是否是一个概率密度函数。
4. 阐述链式求导法则的过程。
5. 已知坐标系$\{B\}$的初始位姿与$\{A\}$重合，首先$\{B\}$相对于坐标系$\{A\}$的 z_A 轴转 30°，再沿$\{A\}$的 x_A 轴移动 12 单位，并沿$\{A\}$的 y_A 轴移动 6 单位。求新的坐标系原点 B_0 的位置矢量 ${}^{A}\boldsymbol{P}_{B_0}$ 和$\{A\}$、$\{B\}$坐标系之间的变换矩阵。假设点 p 在坐标系$\{B\}$的描述为 ${}^{B}p=(3,7,0)^{\mathrm{T}}$，求它在坐标系$\{A\}$中的描述 ${}^{A}p$。

参考文献

[1]　扎克尼，卡里姆，门沙维. TensorFlow 深度学习[M]. 北京：机械工业出版社，2020.
[2]　涌井良幸，涌井贞美. 深度学习的数学[M]. 杨瑞龙，译. 北京：人民邮电出版社，2020.
[3]　廖星宇. 深度学习入门之 PyTorch[M]. 北京：电子工业出版社，2017.
[4]　CORKE P. 机器人学、机器视觉与控制：MATLAB算法基础[M]. 刘荣，等译. 北京：电子工业出版社，2016.
[5]　DELLAERT F，KAESS M. 机器人感知-因子图在 SLAM 中应用[M]. 刘富强，董靖，译. 北京：电子工业出版社，2018.

第 3 章　环境信息采集与度量层数据处理

机器人对环境进行感知，离不开对环境信息的采集，采集环境信息需要利用机器人装载的多种传感器。用于环境信息采集的常见传感器有超声波、激光雷达、各种视觉以及触觉传感器等。从本质上说，这些传感器只是把环境中某一方面的信息进行了量化，得到的原始传感器信息还不能直接为机器人所用，还需要从度量层面对传感器信息进行综合处理，这是最基础的一种环境信息利用方式，本章将对相关技术进行介绍。

3.1　基于超声波的环境信息

3.1.1　超声波传感器工作原理与关键指标

超声波波长较短，绕射小，可定向传播，频率在 20 kHz 以上，超出了人耳感知范围。机器人常用的超声波传感器依据的是压电换能原理。超声波传感器由超声波发生器和接收器组成，在发射阶段将电能转换成超声波，在接收阶段将返回的超声波转换成电能。超声波发生器有压电式、电磁式及磁致伸缩式等。常见的压电材料有石英、电气石等。超声波距离传感器的检测方式有脉冲回波式以及频率调制式两种。图 3-1 为超声波传感器的工作原理图，在脉冲声波发射完成且探头瞬态振动消失后，将使能输入放大器，开启声波接收过程。

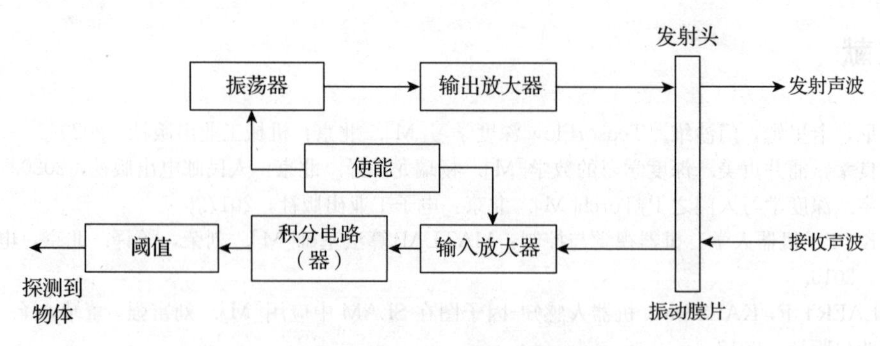

图 3-1　超声波传感器工作原理图

有些超声波测距仪发射多种频率的声波，以降低信号之间的干扰。为补偿信号衰减与传输损耗，通常输入放大器的增益被设定为随时间不断增大。这样，也使得探测目标的信号触发阈值是固定的。

超声波传感器使用的波长能够在多数人造物体表面形成镜面反射，返回信号的强度受声波入射角的大小影响，只有当入射角为 0°(正入射)且处于比波束宽度小的方位角度范围内，才能将大部分能量反射回发射器。如图 3-2 所示，方向性强的发射源发射的波束集中在一个狭窄范围内，位于传感器对称轴上的固体物可以将把大部分能量反射回传感器，位于第一旁瓣上的物体也会返回信号。但是，位于在旁瓣之间零辐射区域的物体几乎不会返回信号。

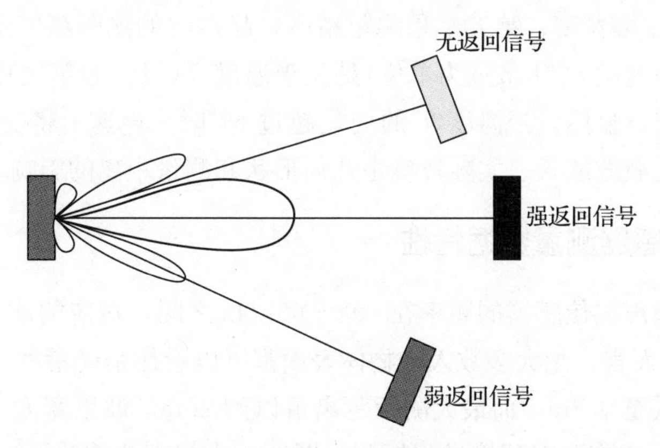

图 3-2　超声波波束方向角影响返回信号强度示意图

图 3-3 所示为超声波传感器在空旷室内房间中获得的典型扫描数据示意图。房间直角转角通常会产生较强的返回信号，所有转角位置都可被测量到，从而表现出较小的测距误差，但是测距值偏小；而超声波在其他位置与墙面发生镜面反射时，机器人超声波传感器不能接收到回波，导致机器人认为不存在墙体。特殊的几何形状还会引发多径反射，使机器人误认为物体在远离房间的某一位置，这类误判通常由系统位姿相关的误差和随机误差引起。

超声波失真是一个在目前现实中无法避免的问题。对传感器移动采集的多次测量结果进行融合，是消除部分误差的一种有效方法。影响超声波传感器准确性的其他因素还包括宽波束、波速慢、旁瓣、衰减、大盲区、最大量程衰减以及环境干扰等。

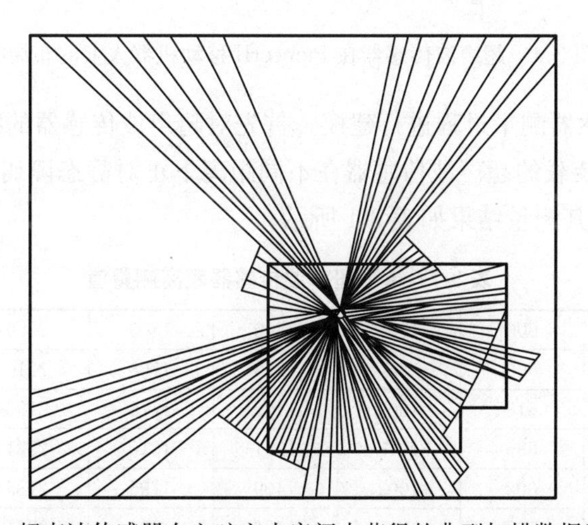

图 3-3　超声波传感器在空旷室内房间中获得的典型扫描数据示意图

下面讨论几个与超声波传感器相关的重要指标。第一个是动态量程，超声波信号随距离的衰减率约为 9.84dB/m，如果测量 6m 远的物体，就要求传感器的动态量程约为 60dB；第二个是盲区距离(最小探测距离)，由于传感器原理和电路分时使用的原因，超声波传感器存在一个盲区距离，通常，探头停止振动需要 1ms，激励脉冲宽度占 1ms，因此会出现约 60cm 的盲区距离；第三个是测量频率，测量频率可以由声速与最大测距量程确定，若最大测距量程 20m，测量频率则为 340/(20×2)=8Hz；第四个是角度分辨率，角度分辨率通常为 5°～15°，取决于主瓣宽度；第五个是测距精度，超声波的测距精度主要取决于校准后的声速值，声音的传播速度 c(以 m/s 为单位)是关于温度 T(以℃为单位)的函数，可由式 $c=331.4+0.607T$ 确定，显然，当温度 T 的变化超过 60°时，声速 c 将变化 3.6m/s 或 10%。此外，测距精度还受载波波长、实际环境中几何形状和测量距离的影响。

3.1.2 超声波传感器测量数据特性

机器人使用的超声波传感器的频率在 50k～60kHz 之间，对应的波长变化范围为 0.5～1cm，相对于该波长而言，绝大多数人造物体表面都可以看作是光滑的。由此，这些传感器的最小测距距离可低至 0.2m，而最大测距距离可以到 20m，波束宽度范围在 15°～50°。通常机器人要使用超声波阵列对环境进行探测，图 3-4 为超声波传感器在 PioneerII 移动机器人上的布局图。

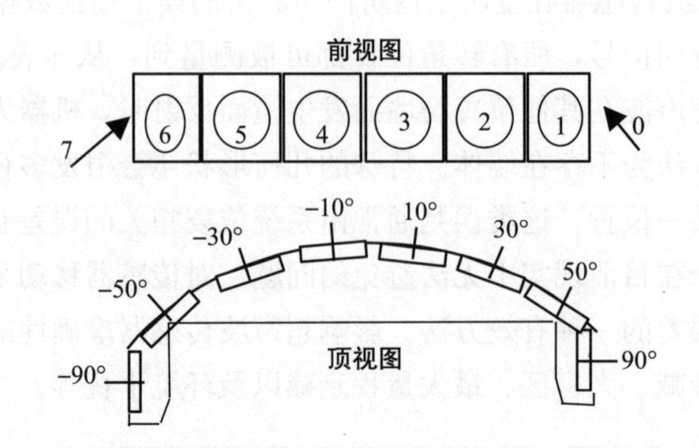

图 3-4 超声波传感器在 PioneerII 移动机器人上的布局图

为了对超声波传感器测量过程进行建模，首先对超声波传感器的物理特性进行分析，由 PioneerII 移动机器人装载的超声波传感器在不同距离下正对静态障碍物(也就是入射角为 0°的情况下)进行测量，其测量结果如表 3-1 所示。

表 3-1 单个超声波传感器距离测量值 (单位：mm)

实际值	200	600	1000	1400	1800	2200	2600	3000
测量值	216	602	993	1396	1768	2210	2632	3024
	208	610	1009	1402	1776	2196	2585	3020
	209	595	1013	1391	1810	2221	2590	2991
	196	608	1003	1409	1795	2185	2621	3022
	204	592	992	1386	1809	2214	2616	3017
平均值	206	601	1002	1398	1792	2205	2609	3015
平均值偏差	6	1	2	−2	8	5	9	15
均方差	6.588	7.043	8.391	8.173	17.053	12.985	18.215	12.124

由表3-1可知，每个距离段都进行了5次测量，然后对测量数据进行求平均值、平均值偏差和均方差。可以看出，测量数据与真实值之间的偏差在可接受范围内（最大平均值偏差仅15mm，最大均方差为18.215mm，分别发生在3000mm和2600mm处，相对值仅0.5%和0.7%）。

下面再来分析一下相同距离时，不同入射角对超声波传感器读数的影响。如当入射角较小时，测量结果基本在实际值附近，但随着入射角的增大（一般超过20°时），测量结果随机性极强且一般大大超过实际值，甚至出现信号丢失现象。也就是说如果入射角超过测量范围，即使目标在超声波传感器的测量范围内，超声波传感器的读数也不能反映环境的实际情况，测量数据严重偏离实际值，信息基本不可信。

通过上面对单个超声波传感器的测量特性的分析可知：在0°入射角的情况下，其有效测量范围设定在200mm～3000mm，为了避免出现超声波多次反射导致测量数据不确定的现象，设定其有效范围是200mm～1500mm；入射角对超声波传感器测量结果的影响很大，如果入射角过大，其测量结果严重偏离实际距离，信息的可信性比较低，同时，超声波传感器测量存在一定散射角，在此散射角形成的扇形区域内的任何物体都可能被超声波探测到，即不能确定物体在扇形区域内的具体位置。

另外，超声波传感器本身也存在多重反射、镜面反射、角精度低、信息量相对较少、空间分布分散等缺点，它感知得到的信息存在较大的不确定性。

3.1.3　基于超声波传感器的地图创建

利用超声波传感器获取周围环境感知信息，建立地图的过程，实际上就是机器人根据传感器数据自主地对其活动环境建模的过程。由于传感器自身的限制，感知信息存在不同程度的不确定性，通常需要对其再处理，即通过多感知信息的融合获得较为准确的环境信息。地图创建中的超声波信息处理可归纳为：①描述感知信息的不确定性；②依据对信息的不确定性描述创建地图，地图中不仅要反映感知信息，还要反映信息的不确定性；③当对同一目标地点有了新的感知信息时，处理旧信息和新信息的关系，并更新地图。

目前，基于超声波传感器的地图创建的研究方法有基于概率的方法、基于模糊的方法、基于DST（Dempster-Shafer Theory）的方法、基于灰色系统理论的方法、基于神经网络的方法以及基于DSmT（Dezert-Smarandache Theory）的方法，本节主要介绍基于DSmT的地图创建方法。

DSmT是一种通用、灵活有效、自下而上的信息融合算法，可处理底层（数据层）、中间层（特征层）、上层（决策层）的融合问题。它不仅能够处理静态融合（主要体现在数据层和特征层）问题，而且能够处理动态融合（主要体现在决策层）问题。最突出的优点是能够处理多源信息的不确定性和高度冲突性，且计算量小，融合效果好。

经典DSmT简单描述如下：

1）设鉴别框$\Theta=\{\theta_1,\theta_2,\cdots,\theta_n\}$是一个包括$n$个穷举焦元的有限集，每个焦元之间非排斥（区别于DS）。

2）设D^Θ超幂集（不同于DS的幂集2^Θ），表示鉴别框中的焦元由$\cup$和$\cap$算子组合的所有命题。组合规则如下：①$\theta_1,\theta_2,\cdots,\theta_n\in D^{\Theta}$；②if $A,B\in D^{\Theta}$，then $A\cap B\in D^{\Theta}$ and $A\cup B\in D^{\Theta}$；③除了由规则①和②获得的命题外，其他的命题均不属于 D^{Θ}。

3)广义信度函数：设定广义鉴别框，针对每一个证据 S，定义一组映射 $m(\cdot)$：$D^{\Theta}\to[0,1]$，如 $m\left(\sum_{A\in D^{\Theta}} m(A)=1\right)$，其中 $m(A)$被称为命题 A 的广义基本信度赋值。其广义信度函数和似然函数定义见式(3-1)：

$$\mathrm{Bel}(A)=\sum_{B\subseteq A,B\in D^{\Theta}} m(B),\mathrm{Pl}(A)=\sum_{B\cap A\neq\varnothing,B\in D^{\Theta}} m(B) \tag{3-1}$$

4)经典 DSmT 融合规则：设 DSmT 模型为 $M^f(\Theta)$，对 $k\geqslant2$ 个独立可靠证据源融合规则如式(3-2)所示：

$$\begin{aligned} m_{M^f(\Theta)}(A) &\cong [m_1\oplus\cdots\oplus m_k](A) \\ &= \sum_{\substack{X_1,\cdots,X_K\in D^{\Theta} \\ (X_1\cap\cdots\cap X_K)=A}} \prod_{i=1}^{k} m_i(X_i) \quad \forall A\neq\varnothing\in D^{\Theta} \end{aligned} \tag{3-2}$$

机器人通过超声波传感器，扫描环境栅格，探测出物体在环境中的位置和外观特征，以达到创建环境地图的目的；针对超声波传感器的测量特性，应用经典 DSmT 模型，对栅格地图中超声波传感器获取的信息进行数学建模。假设鉴别框架中有两个焦元，即 $\Theta=\{\theta_1,\theta_2\}$，则其超幂集为 $D^{\Theta}=\{\phi,\theta_1\cap\theta_2,\theta_1,\theta_2,\theta_1\cup\theta_2\}$，环境地图中栅格被超声波传感器扫描 $k\geqslant2$ 次作为证据源，构造广义基本信度赋值函数(gbbaf)映射 $m(\cdot)$：$D^{\Theta}\to[0,1]$，这里定义 $m(\theta_1)$表示栅格为空的信度赋值函数，$m(\theta_2)$表示栅格占用的信度赋值函数，$m(\theta_1\cap\theta_2)$表示栅格可能占用也可能为空(两者冲突)的信度赋值函数，对于 $m(\theta_1\cup\theta_2)$，由于受目前知识和经验的限制(在这里指超声波传感器暂且无法扫描到的区域)，对栅格占与未占的确定处于未知状态，其赋值表示对栅格占与未占支持的未知程度。

对如上所述的广义基本信度赋值函数(gbbaf)映射 $m(\cdot)$：$D^{\Theta}\to[0,1]$，构造 gbbaf 式(3-3)～式(3-7)：

$$m(\theta_1)=E(\rho)\cdot E(\theta)=\begin{cases}(1-(\rho/(R-2\varepsilon))^2\cdot(1-\lambda/2)) & \begin{cases}R_{\min}\leqslant\rho\leqslant R-2\varepsilon, \\ 0\leqslant\theta\leqslant\omega/2\end{cases} \\ 0 & 其他\end{cases} \tag{3-3}$$

$$m(\theta_2)=O(\rho)\cdot O(\theta)=\begin{cases}\exp(-3\rho_V/(\rho-R)^2)\cdot\lambda & \begin{cases}R_{\min}\leqslant\rho\leqslant R+2\varepsilon, \\ 0\leqslant\theta\leqslant\omega/2\end{cases} \\ 0 & 其他\end{cases} \tag{3-4}$$

$$m(\theta_1\cap\theta_2)=\begin{cases}(1-(2(\rho-(R-\varepsilon))/R)^2) & \begin{cases}R_{\min}\leqslant\rho\leqslant R+\varepsilon, \\ 0\leqslant\theta\leqslant\omega/2\end{cases} \\ 0 & 其他\end{cases} \tag{3-5}$$

$$m(\theta_1\cup\theta_2)=\begin{cases}\tanh(2(\rho-R))\cdot(1-\lambda) & \begin{cases}R_{\min}\leqslant\rho\leqslant R+2\varepsilon, \\ 0\leqslant\theta\leqslant\omega/2\end{cases} \\ 0 & 其他\end{cases} \tag{3-6}$$

式中，

$$\lambda=\begin{cases}1-(2\theta/\omega)^2 & 0\leqslant|\theta|\leqslant\omega/2\\ 0 & \text{其他}\end{cases} \tag{3-7}$$

式中，$E(\theta)=1-\lambda/2$，$E(\rho)=(1-(\rho/(R-2\varepsilon))^2)$，$O(\rho)=\exp(-3\rho_V\,(\rho-R)^2)$，$O(\theta)=\lambda$。$\rho_V$ 被定义为环境调节函数，即环境越宽松，ρ_V 越大，致使 $m(\theta_2)$确定性区域变窄，灵敏度变高。在一般环境中，设 $\rho_V=1$。ε 为测量误差，根据超声波传感器的测量特性，设定 $\varepsilon=100$mm，$R_{\min}$为 200mm。

对广义基本信度赋值函数(gbbaf)的特性分析如图 3-5 所示。

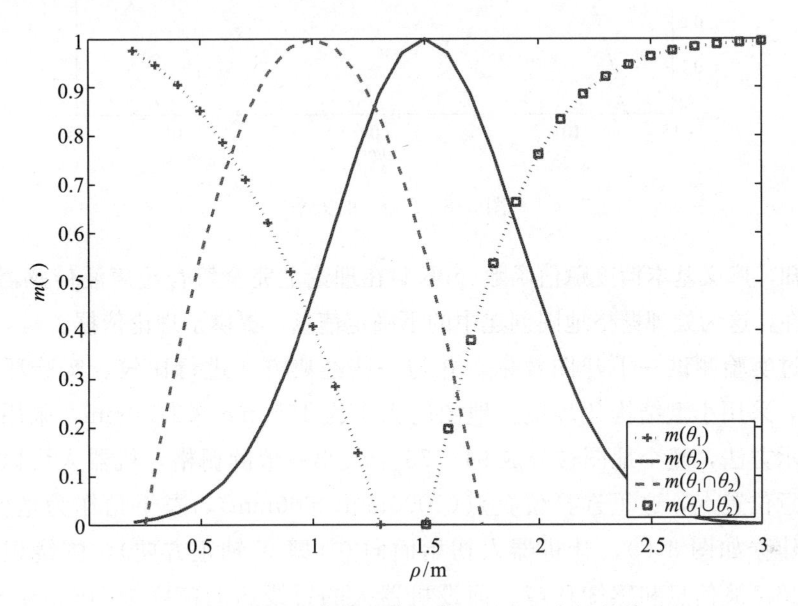

图 3-5 广义基本信度赋值函数 $m(\cdot)$与 ρ 之间的关系

从图 3-5 中可以看出，$m(\theta_1)$随着栅格与超声波传感器距离 ρ 的增加呈现抛物线的趋势下降，在 $R_{\min}=200$mm 处最大，在超声波传感器读数 $R=1.5$m 附近最小。从超声波传感器的工作原理上看，这是因为越接近超声波传感器读数的位置，所在栅格越可能被占，其为空的概率就越小；$m(\theta_2)$与栅格和超声波传感器距离 ρ 的关系成高斯分布，在 R 处最大，在两端最小，与实际超声波传感器的信息获取特性非常吻合；$m(\theta_1\cap\theta_2)$随着栅格与超声波传感器距离 ρ 的增加呈现抛物线分布，当曲线 $m(\theta_1)$与 $m(\theta_2)$相交时，两者的矛盾冲突最大，但在实际中获取两者的交点比较麻烦，通常我们用位置点 $R-2\varepsilon$ 近似两者的交点来简化计算；$m(\theta_1\cup\theta_2)$随着栅格与超声波传感器距离 ρ 的增加呈现双曲线上升趋势，在 R 处为零，充分反映了当 $R_{\min}\leqslant\rho\leqslant R_{\max}$时，对栅格信息的未知(Ignorance)程度。由于在 DSmT 模型下，要求其各个信度赋值之和为 1，因此还必须对它们进行归一化处理。

图 3-6 反映了每个栅格和原点连线与超声波传感器散射角中轴线之间的夹角 θ 与 λ 之间的关系。由图 3-6 可见，当栅格越接近中轴，λ 值越大，同时对信度值的贡献就越大，反之则越小。

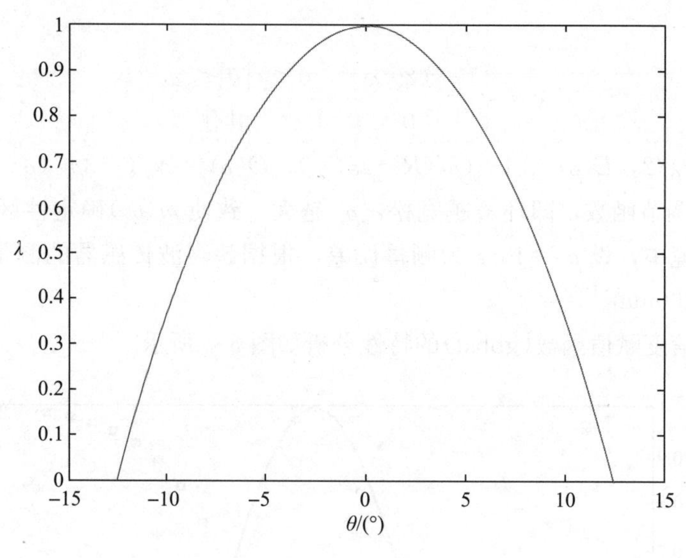

图 3-6 θ 与 λ 的关系

由上可知，广义基本信度赋值函数(gbbaf)在理论上完全符合超声波传感器获取栅格信息的物理特性，这为处理栅格地图创建中的不确定信息，提供了理论依据。

下面通过实验测试一下建图效果，并与一些经典方法进行比较。实验环境(地图)如图 3-7 所示，采用小型结构化环境，地图的大小为 4550mm×3750mm，采用比较常用的栅格地图表示方法，整个地图被分成 91×75 个大小一致的栅格，机器人可以开始运动于地图中的任意位置点，这里选择位置点(1000mm，600mm)，左下角作为坐标原点(其全局坐标系的建立如图 3-8)，让机器人初始面向 0°(即 X 轴正方向)，围绕识别物运动一周，来获取超声波信息和感知环境。假设机器人的直线运动速度为 100mm/s，旋转速度为 50°/s，三种建图方法运行结果如图 3-9～图 3-11 所示，说明基于 DSmT 的建图方法具有较好的地图轮廓。

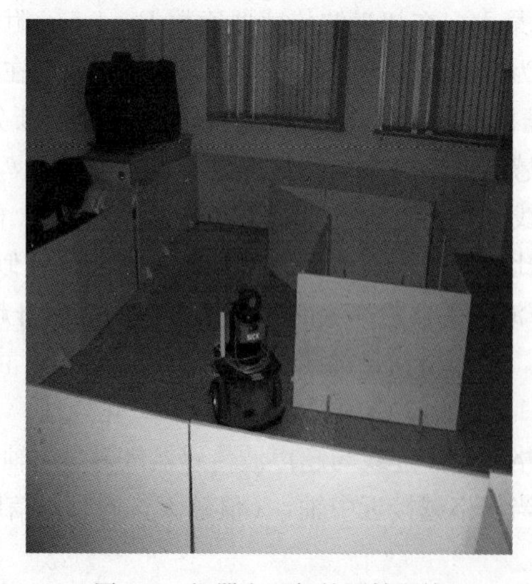

图 3-7 机器人运行的原始环境

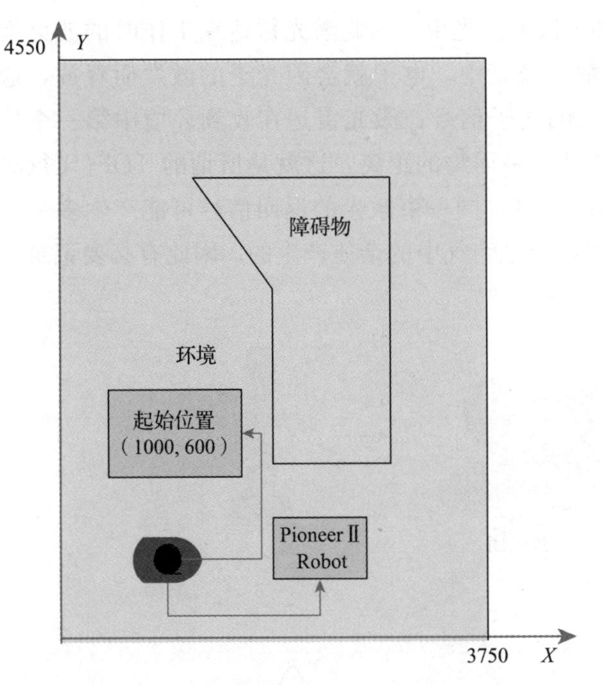

图 3-8　真实环境在平面全局坐标系中的示意图

图 3-9　基于 DSmT 构建的环境地图(见彩插)

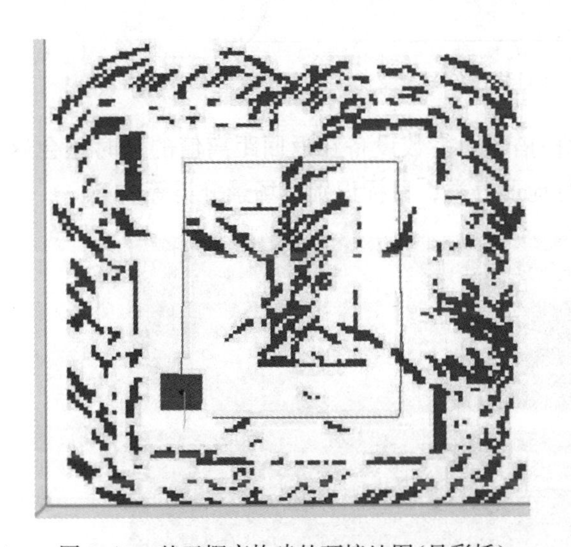

图 3-10　基于概率构建的环境地图(见彩插)

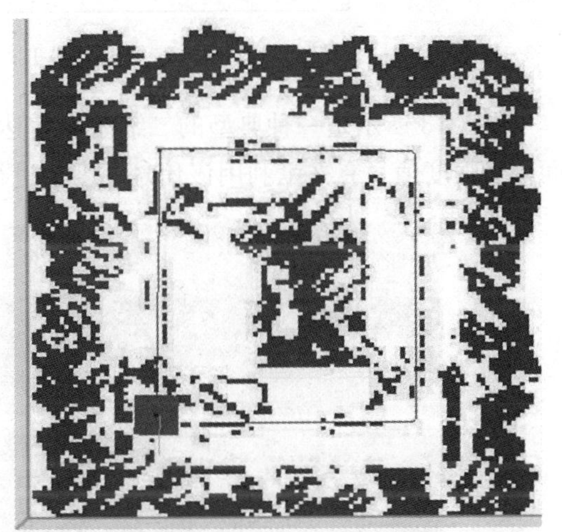

图 3-11　基于模糊理论构建的环境地图(见彩插)

3.2　基于激光雷达的环境信息

3.2.1　激光雷达工作原理

激光雷达通过多传感器阵列与扫描装置的组合实现二维和三维扫描测量。一维激光测距仪由一个发射激光线的激光二极管和一个接收返回信号的光敏二极管组成。激光二极管利用光学振荡器来产生激光束，通常使用红外波段的激光束，因此激光雷达在工作时的波束肉眼并不可见；当指定频段的光反射回光敏二极管中，电子就会因光子的激发而释放，通过测量电子产生的电流，就可以测得进入的光子信号；激光雷达在收到环境中第一个反射面返回信号时，记录时间并计算得到雷达与障碍物的距离，这就是所谓的 TOF(飞行时间)法。当环境为半透明(如灰尘、烟雾环境)时，同一束激光的返回信号可能产生多个距离读数(如图 3-12 所示)，第一个返回值很可能是空气中的杂质产生的，因此有必要记录多个返回值，进行综合判断。

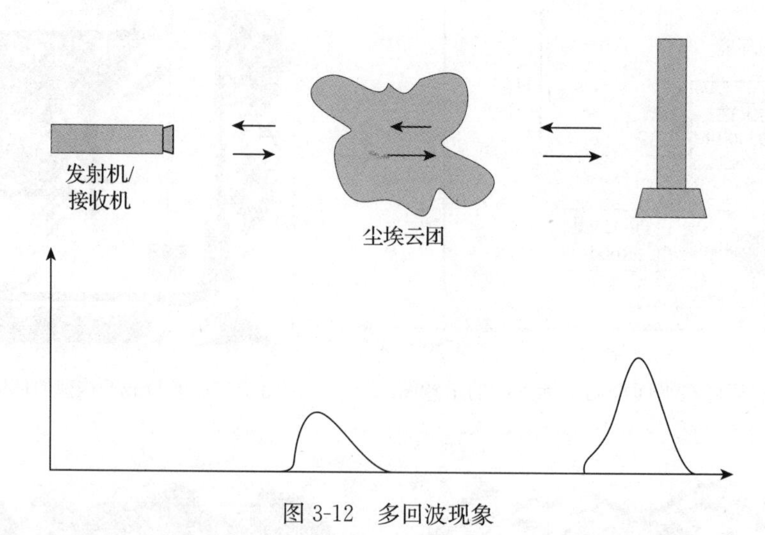

图 3-12　多回波现象

图 3-13 所示是一种典型的二维激光雷达扫描图。多数设备在返回距离值的同时还会返回信号强度值，有文献利用该信号强度值进行地形分类、目标识别、场景分类等。

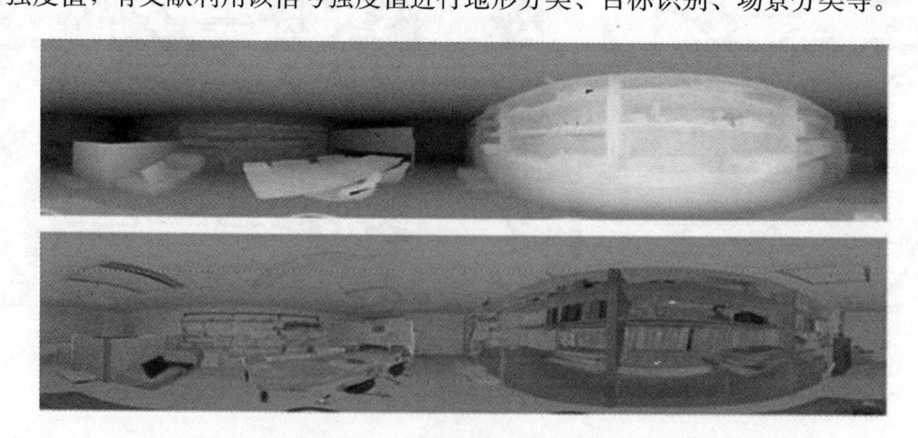

图 3-13　二维激光雷达扫描图

(上图为距离图像，下图为强度图像，当前环境为办公室)

激光雷达的波束宽度也被称为空间分辨率/瞬时视场角(IFOV)。场景中被激光束瞬时照射的区域被称为像素斑点。

机器人使用的激光雷达的距离精度通常可达 1～5cm，距离精度主要取决于接收的信号强度，这与激光雷达的视场角有关(如图 3-14 所示)。入射角度越大，像素斑点的分布范围就越大，导致返回信号强度降低，信噪比就越低，进而距离精度就越差，最终使得距离分辨率降低。

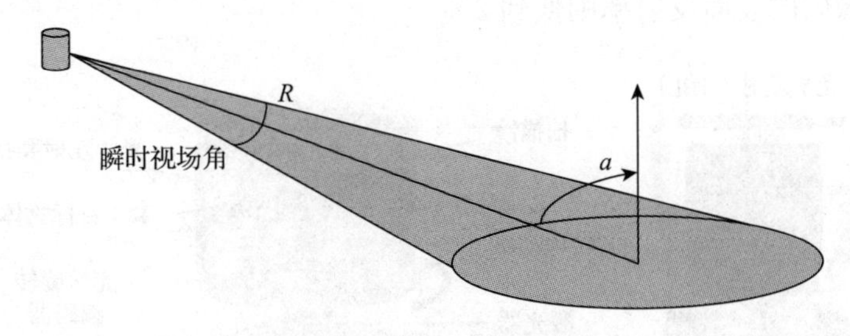

图 3-14　激光雷达的视场角

此外，实际的激光波束总会有一个波束宽度，这意味着当有物体边缘出现在瞬时视场角中时，就会使正确距离测量值变得模棱两可；如果波束的一半照射在物体的边缘，而另外一半照射在物体后面的墙上或地面上，则不存在正确的距离值，常用均值滤波，使得距离的平均值位于二者之间的半空中的一个点上，但是最好的方案就是将这些不确定性距离值作为异常点剔除掉。还有一种情况值得注意，激光波束会在某些表面发生镜面反射，导致接收机几乎接收不到任何返回信号。针对这种情况的解决方案是，在不违反安全规定的前提下，尽可能提高信号强度，但这也会进一步提高器件制造难度。综上，最大可能测量距离在很大程度上取决于被测物的表面反射率。

许多激光雷达系统采用测距模块结合物理扫描装置实现二维扫描和三维扫描。典型的测距模块由发射机、接收机、光学准直系统、信号发生电路、放大器、时间测量单元等组成。基于飞行时间(TOF)的测距模块设计框图如图 3-15 所示。

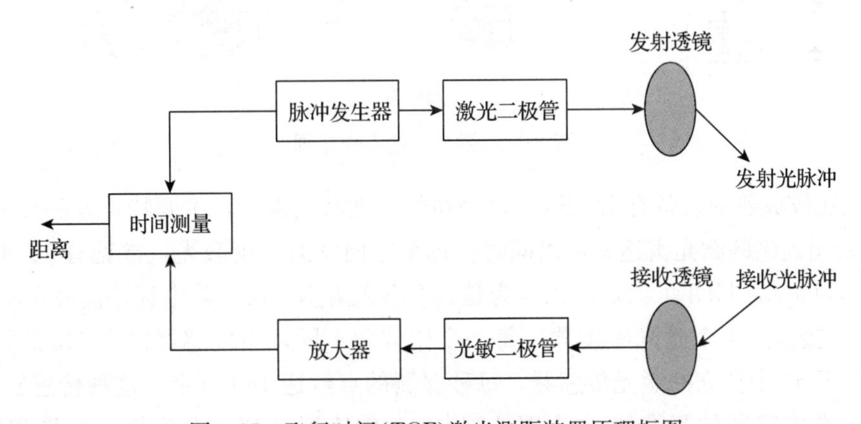

图 3-15　飞行时间(TOF)激光测距装置原理框图

扫描设备可以沿一个(二维激光雷达)或两个(三维激光雷达)方向进行扫描。有些设备通过摆动镜面实现扫描，而有些则利用旋转镜面。如图 3-16 所示的扫描设备采用了一维方位角连续旋转方式，对于二维或三维激光雷达，可以提供成百上千个不同方向的扫描。

典型的角分辨率可以达到每 0.5°一个测距点，角度分辨率受限于最小波束宽度(需要保证反射能量可测，才有最小波束宽度)。已有三维激光雷达能够达到一周最多 64 行乘 3600

列个测距点，测量速率能够达到每秒 2k～500k 个测距点。此外，为了产生精确测量结果，对表面的最小反射率也有要求，如白纸的表面反射率接近 100%；混凝土的表面反射率在 25%左右；黑色橡胶的表面反射率则低到 2%。

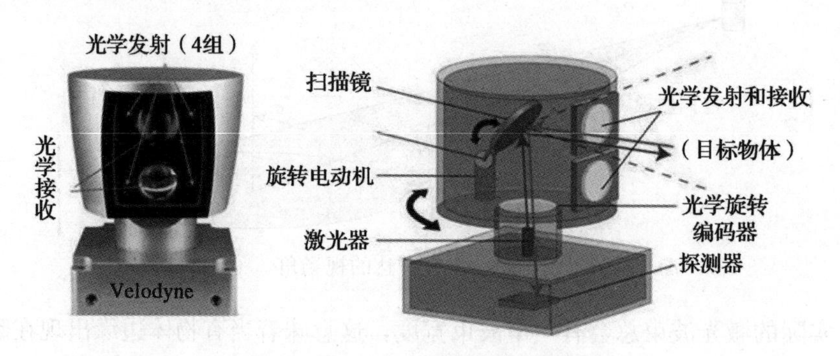

图 3-16 旋转式激光雷达结构示意图

严格地说，移动机器人上的激光雷达，其每个测量值都是在不同位置得到的，由于扫描周期足够快(一般 15～100Hz)，能够保证同时测量一周的数据误差较小，在应用于缓慢移动的机器人时尤其如此。激光雷达具有以下 3 个显著优点：①精度高，达到厘米级，重复精度可达 1cm 以下；②可以在宽视野内(180°或 360°)提供密集的一组距离测量值；③距离测量值序列容易转化成点云，容易观察和理解。因此，大量定位及 SLAM 问题都会用到激光雷达，它的工作原理如图 3-17 所示。

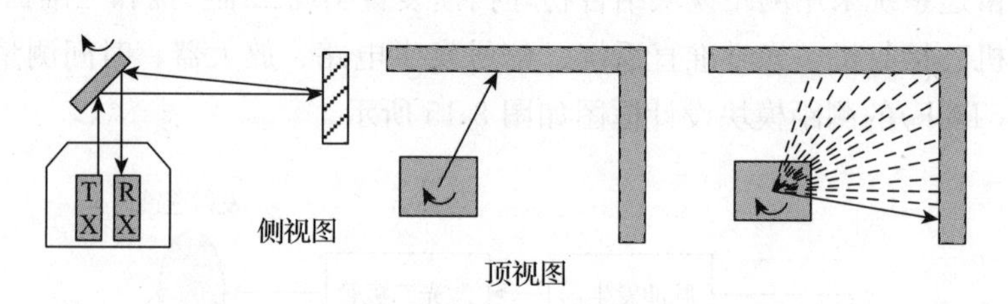

图 3-17 激光雷达工作原理

市场上比较成熟的设备有 HOKUYO 公司的二维激光雷达，主要特点是轻便和能耗低；Velodyne 公司提供的激光雷达，可以同时在每个方向发射一束激光，常见有 16 线、32 线、64 线，如 Velodyne HDL-64 S2 可以认为是一个多光束测距仪，其中旋转镜被安放在一个旋转结构上，它装有 64 个激光收发器，每一个俯仰角不同，当传感器以 15Hz 的频率旋转，其效果相当于 64 个独立的激光传感器，每秒探测的点数达 180 万个，这种传感器可以看作是二维和三维传感器的复合物；SICK LMS 200 传感器系列，在价格、重量和精度上与 HOKUYO 公司的设备以及 Velodyne 公司的设备之间进行了折中，适用于中型或者大型移动机器人。

激光雷达主要支持的任务包括定位、地图构建、同时定位与地图构建(SLAM)、三维重建和移动机器人避障等。

目前，激光雷达也在不断推陈出新，flash 激光雷达是一种结构简单的纯固态激光雷达，是目前最主流的技术方案。flash 激光雷达的尺寸设计得足够小，可以在机器人上使用，它不是通过扫描方式工作，而是在短时间内直接向前方发射出一大片覆盖探测区域的激光，照亮整个场景，通过高灵敏的接收器实现对环境周围图像的捕捉，该过程类似于用闪光灯拍照，最终生成包含深度等信息的 3D 数据。由于短时间内发射大面积的激光，闪光能量高度分散，回波中的信号强度很低，降低了设备的抗噪声能力，因此在探测精度和探测距离上会受到较大的影响，室外应用受限，主要用于较低速的无人驾驶车辆，以及对探测距离要求较低的自动驾驶解决方案。这类激光雷达的优点在于不会发生运动失真，代表品牌包括 Ibeo、大陆、Ouster、法雷奥等。

3.2.2　基于激光雷达的地图创建

下面主要介绍利用激光雷达进行同步定位和建图的相关技术。机器人利用自身携带的激光雷达来识别环境中的既定特征，还利用航位推算系统估计特征、传感器的位置和机器人的全局坐标，并建立有效的环境地图，这是 SLAM 要解决的基本问题。其实，该问题并非是一个全新问题，在航海制图中有一个古老问题：在使用现有地图的同时，如何不断给地图增添新内容？这可以看作是 SLAM 问题的前身。在机器人学中，这个问题被称为同步定位与建图(SLAM)或同时建图与定位(CML)问题。

下面用数学工具简单描述一下经典 SLAM 问题。构造状态矢量 $\hat{\boldsymbol{x}}$，其中包括机器人的位姿，以及观察到的 M 个路标(特征)的坐标，见式(3-8)：

$$\hat{\boldsymbol{x}} = (x_v, y_v, \theta_v, x_1, y_1, x_2, y_2, \cdots, x_M, y_M) \tag{3-8}$$

状态矢量有 $2M+3$ 个元素，它的协方差是一个$(2M+3)\times(2M+3)$矩阵，如式(3-9)：

$$\hat{\boldsymbol{P}} = \begin{pmatrix} \hat{\boldsymbol{P}}_{vv} & \hat{\boldsymbol{P}}_{vm} \\ \hat{\boldsymbol{P}}_{vm}^{\mathrm{T}} & \hat{\boldsymbol{P}}_{mm} \end{pmatrix} \tag{3-9}$$

式中，$\hat{\boldsymbol{P}}_{vv}$ 为机器人状态的协方差，$\hat{\boldsymbol{P}}_{mm}$ 为路标的协方差，其余项为机器人状态与路标之间的关联矩阵。

机器人预测状态的协方差可以由式(3-10)和式(3-11)得到，它们描述了状态和协方差随时间变化的过程。

$$\hat{x}\langle k+1|k\rangle = f(\hat{x}\langle k\rangle, \delta\langle k\rangle, 0) \tag{3-10}$$

$$\hat{\boldsymbol{P}}\langle k+1|k\rangle = F_x\langle k\rangle \hat{\boldsymbol{P}}\langle k|k\rangle F_x\langle k\rangle^{\mathrm{T}} + F_V\langle k\rangle \hat{\boldsymbol{V}} F_V\langle k\rangle^{\mathrm{T}} \tag{3-11}$$

式中，$\hat{x}\langle k+1|k\rangle$表示在时间 $k+1$ 时，$x=(\hat{x},\hat{y},\hat{\theta})$的估计值，它是基于时间 k 及之前的信息得到的；$\delta\langle k\rangle$为第 k 个时间间隔机器人行驶过的距离和航向变化量。假设里程计噪声符合零均值正态分布，即 $v=(v_d, v_\theta)\sim N(0,V)$；$\hat{\boldsymbol{P}}\in\mathbb{R}^{3\times3}$是一个协方差矩阵，代表机器人位姿估计的不确定性；式(3-11)中的第二项是正定的，表示位姿不确定性 $\hat{\boldsymbol{P}}$ 不会减小；$\hat{\boldsymbol{V}}$ 是我们对里程计噪声协方差的估计值。

传感器的更新可以由式(3-12)～式(3-15)给出。式(3-12)和式(3-13)是卡尔曼滤波器更新方程，它们先从式(3-10)和式(3-11)得到下一时间步的预测值，表示为 $k+1|k$，然后使用时间步 $k+1$ 上的新信息来计算新的预测值，表示为 $k+1|k+1$，再将新信息乘卡尔曼增益矩阵 $\boldsymbol{K}$ 后加到估计状态中。卡尔曼增益矩阵 $\boldsymbol{K}$ 由式(3-14)和式(3-15)给出，式中，$\hat{\boldsymbol{W}}$

表示传感器噪声的估计协方差矩阵。注意到，式(3-13)中的第二项从协方差里被减去，这意味着根据新信息，协方差有可能减小。

$$\hat{x}\langle k+1|k+1\rangle = \hat{x}\langle k+1|k\rangle + \boldsymbol{K}\langle k+1\rangle v\langle k+1\rangle \tag{3-12}$$

$$\hat{\boldsymbol{P}}\langle k+1|k+1\rangle = \hat{\boldsymbol{P}}\langle k+1|k\rangle - \boldsymbol{K}\langle k+1\rangle \boldsymbol{H}_x\langle k+1\rangle \hat{\boldsymbol{P}}\langle k+1|k\rangle \tag{3-13}$$

$$S\langle k+1\rangle = \boldsymbol{H}_x\langle k+1\rangle \hat{\boldsymbol{P}}\langle k+1|k\rangle \boldsymbol{H}_x\langle k+1\rangle^{\mathrm{T}} + \boldsymbol{H}_w\langle k+1\rangle \hat{\boldsymbol{W}}\langle k+1\rangle \boldsymbol{H}_w\langle k+1\rangle^{\mathrm{T}} \tag{3-14}$$

$$\boldsymbol{K}\langle k+1\rangle = \hat{\boldsymbol{P}}\langle k+1|k\rangle \boldsymbol{H}_x\langle k+1\rangle^{\mathrm{T}} S\langle k+1\rangle^{-1} \tag{3-15}$$

当观测到一个新路标时，设使用函数 $y(\cdot)$扩展状态矢量，见式(3-16)、式(3-17)：

$$x\langle k|k\rangle^{*} = y(x\langle k|k\rangle, z\langle k\rangle, x_v\langle k|k\rangle) \tag{3-16}$$

$$= \begin{pmatrix} x\langle k|k\rangle \\ g(x_v\langle k|k\rangle, z\langle k\rangle) \end{pmatrix} \tag{3-17}$$

将新地标的坐标估计值附加到已有坐标的后面，因此状态矢量中地标坐标的顺序取决于它们被观测到的顺序。其中，$g(\cdot)$根据机器人已知位姿和传感器观测给出被观察路标的坐标。

观测到新地标后，协方差矩阵同样也要进行相应扩展，见式(3-18)：

$$\hat{\boldsymbol{P}}\langle k|k\rangle^{*} = \boldsymbol{Y}_z \begin{pmatrix} \hat{\boldsymbol{P}}\langle k|k\rangle & 0 \\ 0 & \hat{\boldsymbol{W}} \end{pmatrix} \boldsymbol{Y}_z^{\mathrm{T}} \tag{3-18}$$

式(3-18)可以由式(3-19)给出的雅可比矩阵 $\boldsymbol{Y}_z$ 来更新：

$$\boldsymbol{Y}_z = \frac{\partial y}{\partial z} = \begin{pmatrix} I_{n\times n} & & 0_{n\times 2} \\ G_x & 0_{2\times(n-3)} & G_z \end{pmatrix} \tag{3-19}$$

式中，

$$G_x = \frac{\partial g}{\partial x_v} = \begin{pmatrix} 1 & 0 & -r_z\sin(\theta_v+\theta_z) \\ 0 & 1 & r_z\cos(\theta_v+\theta_z) \end{pmatrix} \tag{3-20}$$

$$G_z = \frac{\partial g}{\partial z} = \begin{pmatrix} \cos(\theta_v+\theta_z) & -r_z\sin(\theta_v+\theta_z) \\ \sin(\theta_v+\theta_z) & r_z\cos(\theta_v+\theta_z) \end{pmatrix} \tag{3-21}$$

n 是 $\hat{\boldsymbol{P}}$ 被扩展之前的维度。

雅可比矩阵 $\boldsymbol{H}_x$，描述了地标观察信息相对于状态矢量的变化，而观察信息取决于机器人的位置和被观察地标的位置，见式(3-22)：

$$\boldsymbol{H}_x = (H_{x_v}, \cdots, 0, \cdots, H_{x_i}, \cdots, 0) \tag{3-22}$$

式中，H_{x_i} 的位置对应于 x_i 在状态矢量中的位置，该式中非零块 H_{x_v} 代表了机器人位置的影响。

将卡尔曼增益矩阵 $\boldsymbol{K}$ 乘以从地标观测得到的新信息(一个二维矢量)，这样每次状态矢量的元素(包括机器人的位姿和每个地标的位置)变化时，$\boldsymbol{K}$ 都会更新。

目前，相关方法能够有效解决中小尺度下的二维建图问题，例如室内平面图。面对三维建图问题，有研究基于三维点云数据，在多个层面计算投影数据，进而分层构造二维地图。目前研究者正在继续扩展区域尺度，以提高计算效率和有效性，并获取室内外环境的三维地图，典型的如 LEGO-LOAM(Lightweight and Ground-Optimized Lidar Odometry and

Mapping，轻量化及地面优化的激光雷达里程计和建图)方法。

Smith 和 Chesseman 最早提出了 SLAM 问题，他们采用扩展卡尔曼滤波器(EKF)增量地估计机器人位姿和地图特征位置的后验概率分布。随后，许多学者开始研究基于 EKF 的 SLAM 算法(EKF SLAM)，以改进 EKF SLAM 算法的实时性，处理大量地图特征关联问题。由于算法本身的限制，基于 EKF SLAM 算法仍然存在计算复杂度大、滤波精度不高等问题。为此，Murphy 和 Doucet 等人提出 Rao-Blackwellized 粒子滤波器(RBPF)算法，将 SLAM 问题分解为对机器人路径估计和对环境中 n 个路标点的状态估计，分别采用粒子滤波器和扩展卡尔曼滤波器进行求解。之后，Montemerlo 等人在 2002 年首次将 Rao-Blackwellized 粒子滤波器应用到机器人特征地图的 SLAM 中，并命名为 Fast SLAM 算法。该方法融合了 EKF 和 RBPF 的优点，在降低计算复杂度的同时，相比 EKF SLAM 又具有较好的鲁棒性。从此，利用粒子滤波方法解决机器人 SLAM 问题成为了研究的热点。Grisetti 等人研究了基于栅格地图的 RBPF-SLAM 算法，命名为 Gmapping 算法，并将其应用到了实体机器人中。Gmapping 算法已经得到了学术界和工业界的一致认同和广泛应用，成为粒子滤波 SLAM 方法的代表性算法，很多机器人开发框架都包含了该算法，如广泛使用的 ROS(Robot Operating System，机器人操作系统)。

除了上述基于概率滤波的方法，有研究人员也尝试从图优化角度解决 SLAM 问题。Lu 与 Milios 首先提出基于图优化的 SLAM 方法(GraphSLAM)，GraphSLAM 是一种完全 SLAM 算法，利用了之前所有时刻的机器人状态信息和观测信息，全局优化机器人行走路径。GraphSLAM 算法在提出之初并无法满足实时要求，随着高效求解方法的出现，GraphSLAM 方法成为当前 SLAM 研究的热点。Kaess 等人提出了一种增量式的 GraphSLAM 算法 iSAM(In-cremental Smoothing and Mapping)，增量式地更新当前时刻的雅可比矩阵来实现增量式 SLAM 算法，该算法已成为增量式 GraphSLAM 的一个代表性算法。在此基础上，许多学者对 SLAM 问题进行了深入研究。Thomas 等人进行了机器人闭环探索方面的研究；Huang 等人进行了多机器人 SLAM 方面的研究，并提出了 UnscentediSAM 算法。此外，Grisetti 等人提出一种分层优化的增量式 GraphSLAM 算法——HOG-Man(Hierarchical Optimization for Pose Graphs on Manifolds)，提高了运算速度；Toro 算法使用随机梯度下降方法寻找节点拓扑的最优配置，并采用树结构更新局部区域的节点配置，使得算法复杂度只与机器人探索范围有关，减小了机器人多次闭环运动时 SLAM 计算的复杂度；Kuemmerle 等人提出了一种通用图优化算法框架 g2o，大大降低了 GraphSLAM 算法的开发难度，加快了该领域研究进度。另外，基于 SLAM 的图描述结构，Walcott 等人研究了动态环境下 SLAM 算法的鲁棒性；Carlevaris 等人与 Huang 等人研究了长时间建图中地图的压缩算法，以加强长时间、大环境下机器人 SLAM 算法的性能鲁棒性。

3.3　基于视觉的环境信息

3.3.1　图像的数据表达

首先介绍一下作为视觉基础的图像在计算机中的表示方法。图像是将数据以二维数组形式保存在电脑上，数组中的数据对应着传感器上的像素。图像传感器上每一个像素是一个小点，上百万甚至千万个小点组成了一张图像，每一个单独的像素是一个或一串用来描述颜色的数字。如果图像是灰度图，或者黑白图，那么每一个像素使用一个单独的数字来表示它的灰度；如果是彩色图，那么每一个点要使用3个数字组合起来表示它的颜色。一般地，这些数字代表了红绿蓝(RGB)三种颜色的深度。一般使用加色逻辑表达颜色，即所有的三原色的颜色累加，如颜色组合(0,0,0)表示黑色(或者所有颜色都没有)，(255,255,255)表示白色，这种表达方式也被称作加色模型。

RGB图像描述方法只是众多图像描述方法的一种，其他方法也常用几个数字表示一个像素，在不同的应用场景下，可以选择不同方式的描述方法。如CYM表示方法，它包括青色(Cyan)、黄色(Yellow)和品红色(Magenta)，这三种颜色是红色、绿色和蓝色的互补色，三种颜色加起来得到的是黑色，正好与RGB表示法相反，也称为减色模型；又如HSV表示方法，它把颜色分为色调(Hue)、饱和度(Saturation)和亮度(Value)。HSV表示方法对一些计算来说比较方便，如把彩色图转换为灰度图。RGB图像转换成灰度像素，需要做一些数学计算，不能只简单保留某个通道，一般情况下，RGB转换为灰度图的公式是(0.3×Red+0.58×Green+0.11×Blue)，有些转换公式中系数可能有些许差异。三个通道的系数不同，是因为不同波长的光对眼睛的作用不同，眼睛对绿色光更敏感一些，如果使用HSV方式的图像表达，那么可以直接使用亮度值V(value)创建灰度图，不用管色调和饱和度。由此可见，HSV表示方法更方便。

一个用RGB方式表示的像素通常要用三个颜色值来表示，这就意味着图像实际上是一个三维的数组而不是二维的。每个像素由三个数字组成的数组[高，宽，3]表示，所以，如果一张图像高和宽分别是800像素和600像素，那么就有一个[800,600,3]的数组，即1 440 000个数字，这是一个很大的量。对于目前高清、超清相机，其数据量更大。在给定时间内，要把表示像素的数据量压缩到最少，还要做很多数据压缩工作。在基于深度学习的图像处理模型中，进一步推广了图像通道的概念，将3个RGB通道推广到几百甚至几千个通道，读者要能够举一反三。

3.3.2 针孔相机模型与立体视觉

视觉可以为人提供大量的三维环境的结构信息，是人获得外界感觉的主要来源。受到人眼成像的启发，模仿人的视觉的机器人视觉传感器及相应系统受到了大量关注。较为简单的计算机视觉构成形式是将两个独立的摄像机组成一个立体组合，或者是立体摄像机。相比于到被测物体的距离，两摄像机传感器之间的距离较小，尽管如此，两幅图像中关于相同物体的信息仍存在差异，利用这种差异和已知的传感器之间的相对位姿，通过几何计算可以得出到被测物体的距离。立体摄像机一般不作为纯方位传感器使用。当然，还有其他更为复杂的摄像机组合，比如三摄像机组合或者使用全景摄像机平台。

1. 针孔相机模型

针孔相机模型描述了光线透过暗箱上的一个小孔投影到暗箱后方的平面上并成像的整个过程，已成为机器人视觉感知过程中使用的标准成像模型。凡涉及光学镜头的视觉传感器，通常基于该模型进行底层感知数据的获取与分析。其成像模型如图3-18所示，在世界坐标系O_w中，一点P通过摄像机光轴中心O_c投影到物理成像平面π_2，成像点为P_2。为简化运算，将成像平面对称到相机前方，和三维空间点P一同放在摄像机坐标系O_c的同一侧，成像平面π_1等效于平面π_2，投影点P_1等效为成像点P_2。

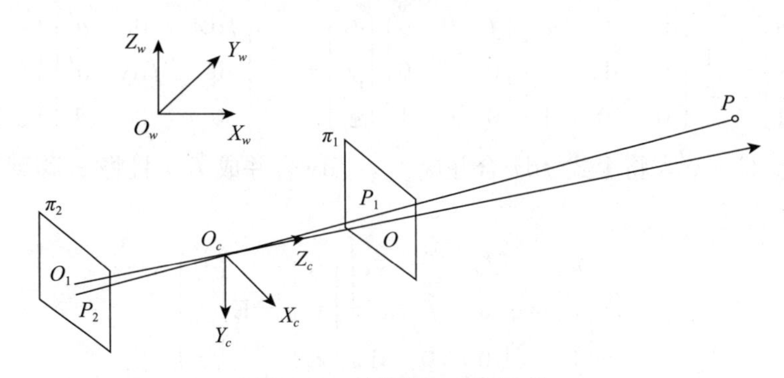

图3-18　针孔相机成像模型

(1)图像平面坐标系

图像平面坐标系是用物理单位表示像素点在图像平面中的位置而建立的坐标系，为方便直观理解，单独将图3-18中π_1平面提取，如图3-19所示，图像平面坐标系XOY的坐标原点O一般选取摄像机主光轴与图像平面相交的点，令X轴方向平行于图像水平方向向右，Y轴方向则垂直向上。设原点O在像素坐标系下的坐标为(u',v')，定义d_x为像素点在u轴与X轴上的比例系数，定义d_y为像素点在v轴与Y轴上的比例系数，单位为像素/米，则任意像素点的物理位置(x,y)与存储位置(u,v)的关系见式(3-23)：

$$\begin{cases} u = \mathrm{d}x \cdot x + u' \\ v = \mathrm{d}y \cdot y + v' \end{cases} \tag{3-23}$$

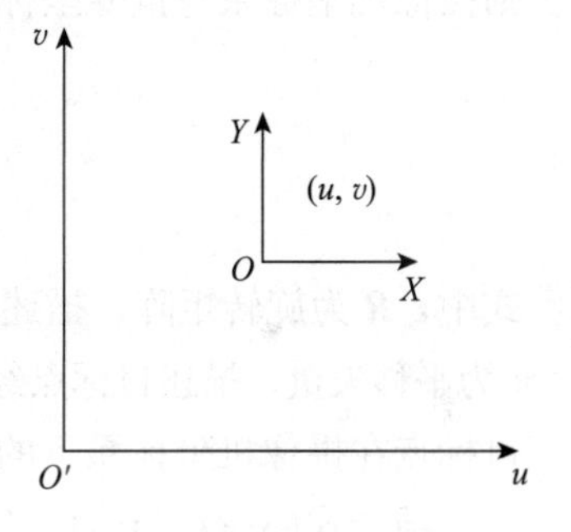

图3-19　图像平面坐标系

采用齐次坐标，将式(3-23)变换成矩阵形式，见式(3-24)：

$$\begin{pmatrix} u \\ v \\ 1 \end{pmatrix} = \begin{pmatrix} \mathrm{d}x & 0 & u' \\ 0 & \mathrm{d}y & v' \\ 0 & 0 & 1 \end{pmatrix} \begin{pmatrix} x \\ y \\ 1 \end{pmatrix} \tag{3-24}$$

(2)摄像机坐标系

摄像机坐标系是以摄像机光轴中心O_c为坐标原点，X_c、Y_c轴朝向分别与图像平面坐标系中X轴、Y轴一致，Z_c轴垂直于图像平面。如图3-18所示，O点为Z_c轴与图像平面交点，摄像机焦距f为O_cO，则摄像机坐标系与图像平面坐标系之间的转换关系见式(3-25)：

$$\begin{pmatrix} x \\ y \\ 1 \end{pmatrix} = \frac{1}{z_c} \begin{pmatrix} f & 0 & 0 \\ 0 & f & 0 \\ 0 & 0 & 1 \end{pmatrix} \begin{pmatrix} x_c \\ y_c \\ z_c \end{pmatrix} \tag{3-25}$$

式中，(x_c,y_c,z_c)表示空间任意一点在摄像机坐标系下的坐标，(x,y)表示该点投影到成像平面后，在图像平面坐标系中的坐标。

将式(3-24)与式(3-25)相结合，可以得到像素坐标系与摄像机坐标系之间的转换关系如式(3-26)：

$$\begin{pmatrix} u \\ v \\ 1 \end{pmatrix} = \frac{1}{z_c}\begin{pmatrix} \mathrm{d}x & 0 & u' \\ 0 & \mathrm{d}y & v' \\ 0 & 0 & 1 \end{pmatrix}\begin{pmatrix} f & 0 & 0 \\ 0 & f & 0 \\ 0 & 0 & 1 \end{pmatrix}\begin{pmatrix} x_c \\ y_c \\ z_c \end{pmatrix} = \frac{1}{z_c}\begin{pmatrix} f\mathrm{d}x & 0 & u' \\ 0 & f\mathrm{d}y & v' \\ 0 & 0 & 1 \end{pmatrix}\begin{pmatrix} x_c \\ y_c \\ z_c \end{pmatrix} \tag{3-26}$$

令 $C_x=u'$、$C_y=v'$，将上式 $f\mathrm{d}x$ 合并成 f_x，$f\mathrm{d}y$ 合并成 f_y，且将 z_c 移到等式左侧，则得到式(3-27)：

$$z_c\begin{pmatrix} u \\ v \\ 1 \end{pmatrix} = \begin{pmatrix} f_x & 0 & c_x \\ 0 & f_y & c_y \\ 0 & 0 & 1 \end{pmatrix}\begin{pmatrix} x_c \\ y_c \\ z_c \end{pmatrix} = \boldsymbol{K}\begin{pmatrix} x_c \\ y_c \\ z_c \end{pmatrix} \tag{3-27}$$

式中，矩阵 $\boldsymbol{K}$ 称为相机的内参矩阵。

(3)世界坐标系

世界坐标系是以空间中任一点为坐标原点而建立的三维直角坐标系，坐标原点为 O_w，则摄像机坐标系与世界坐标系之间的坐标变换关系见式(3-28)：

$$\begin{pmatrix} x_c \\ y_c \\ z_c \end{pmatrix} = \boldsymbol{R}_{3\times3}\begin{pmatrix} x_w \\ y_w \\ z_w \end{pmatrix} + \boldsymbol{t}_{3\times1} \tag{3-28}$$

式中，$\boldsymbol{R}$ 为旋转矩阵，描述的是目标点从世界坐标系变换到摄像机坐标系的旋转角度关系，$\boldsymbol{t}$ 为平移矢量，描述目标点经旋转变换后在摄像机坐标系中三个主轴方向的位移，(x_c,y_c,z_c)为目标点在摄像机坐标系下的坐标，(x_w,y_w,z_w)为目标点在世界坐标系下的坐标。

结合式(3-27)与式(3-28)可得针孔相机模型的数学表达式(3-29)：

$$z_c\begin{pmatrix} u \\ v \\ 1 \end{pmatrix} = \begin{pmatrix} f_x & 0 & c_x \\ 0 & f_y & c_y \\ 0 & 0 & 1 \end{pmatrix}\left(\boldsymbol{R}_{3\times3}\begin{pmatrix} x_w \\ y_w \\ z_w \end{pmatrix} + \boldsymbol{t}_{3\times1}\right) \tag{3-29}$$

2. 立体视觉

立体视觉主要解决如何根据一个已知物体在摄像头中的图像，确定物体的位置和姿态(简称位姿)的问题。有时立体视觉还需要测量未知物体的几何形状。目前，最常用的方法是计算立体视觉法和结构光法。结构光法利用一个主动光源和一个摄像头实现，所利用光路与立体视觉类似，受篇幅所限不再赘述，而计算机立体视觉法是一种被动方法，不需由传感器发射任何形式的能量，立体视觉测距可以基于图像中的某些点特征(稀疏立体视觉)，也可以基于整幅图像中的所有点(稠密立体视觉)。

计算机立体视觉法通常使用两个摄像头，构成双目立体视觉系统，也有采用两个以上摄像头的多目系统，其拥有更好的整体性能。使用两个摄像头时，通常将两个摄像头平行安装，下面基于这种简单情况进行讨论。如图 3-20 所示，两个摄像头之间的位置差异使得同一个物体在每个摄像机中的成像位置不同。从几何上看，右侧图像与左侧图像对应的像素点一定在一条被称为极线的直线上，工程上通常需要保证极线与图像的水平方向平行。任意一对匹配点在左、右两幅图像中的图像坐标差称为该点对的视差，见式(3-30)：

$$d = x_l - x_r \tag{3-30}$$

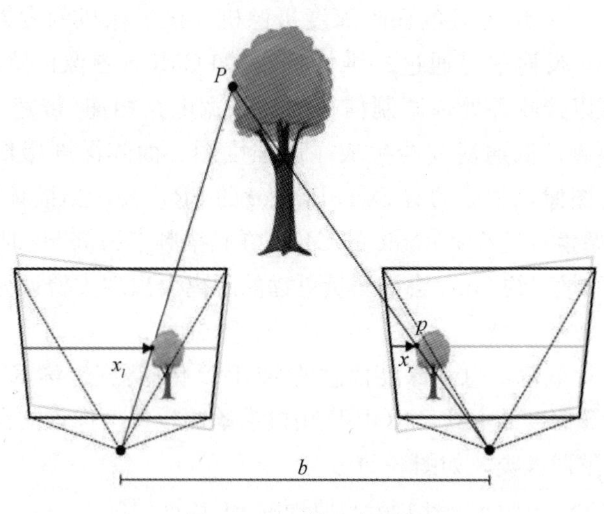

图 3-20　立体三角测量

视差取决于摄像头与物体之间的距离，物体离摄像头越近造成的物体视差越大。景深 X(空间距离)与视差 d、焦距 f 和基线 b 的关系如式(3-31)：

$$X = \frac{bf}{d} \tag{3-31}$$

匹配点对如何确定呢？这需要通过在参考图像与非参考图像间进行匹配计算。假设左侧图像为参考图像，右侧是待搜索匹配的图像，将图像中的每一个像素及其周围的有限邻域作为相似性的判定依据。匹配算法通常只需要在右侧图像中的有限视差范围内搜索匹配点。对于参考图像中的每个像素，匹配算法在非参考图像中沿极线对视差范围附近的有限邻域进行穷举搜索，计算归一化相关性，从而找到最佳匹配点。上述匹配点寻找过程可能会出现伪匹配的问题。特别是当出现重复性纹理时，相关性曲线可能会出现多个峰值。图像噪声、镜头失真、标定误差等都可能导致相关性计算不可靠。得到兴趣像素点(兴趣点)的深度距离后，可以进一步通过相机参数和模型计算兴趣点在世界坐标系中的坐标。

立体视觉有很多优点：①立体视觉是被动式测量，不需要额外光源；②摄像机自带快门能够减轻或消除传感器运动的影响；③设备价格一般较为低廉。然而，缺点也相当明显，有时直接导致该方法不可使用，如：①立体视觉的距离范围大于几米后，精度显著变差；②对遮挡和畸变失真问题非常敏感，使相关性计算变差；③对于无纹理或有重复纹理的区域，立体视觉不能正常工作；④深度数据计算需要较强算力；⑤易受空气中的灰尘、烟雾等因素影响；⑥当环境光不足或阴影较多时，容易失效。

3.3.3 深度传感器及颜色-深度传感器

本节介绍一些直接可以捕捉环境深度信息的传感器，统称为深度传感器，有些传感器还能附加捕捉颜色信息，常被称为RGB-D传感器或RGB-D相机。

深度传感器是基于TOF原理的面阵深度摄像机。该摄像机的发射单元发射一个经过放大调制的连续信号，反射信号通过二维传感器(如CMOS图像传感器)阵列接收。阵列中的每一个像素与可以接收并处理调制信号的高带宽电路相连(带宽一般在10MHz)，每个像素接收到的信号通过低通滤波器生成一般强度图。面阵深度摄像机可以同时输出深度(距离)图像和强度图像，常见的有SwissRanger的SR4000，扫描频率为50Hz时，输出分辨率为176×144像素；还有Fotonic的C40，在扫描频率为75Hz时输出分辨率为160×120像素，两种设备的量程约5m。尝试测量更远的距离会出现虚警误差，这是连续型TOF技术固有的现象。

第二种是同时捕捉颜色信息和深度信息的RGB-D传感器(也称RGB-D相机)。相比于双目相机通过视差计算深度的方式，RGB-D相机主动测量每个像素的深度。目前的RGB-D相机按原理可分为以下两大类，如图3-21所示。

(1)基于红外结构光(Structured Light)原理的RGB-D相机

如Kinect v1、Intel RealSense等。红外结构光相机包括普通的摄像机(单色的或者是彩色的)和光发射接收单元，它将已知模式的光投射到目标物体上，并接收反射光。核心算法是通过比对对应位置的投射光和反射光模式，辨别每个像素点深度值，当得到像素点深度信息后，便可以得到每个测量点的三维坐标，进而将它们映射到图像像素坐标，找到每个点对应的颜色(RGB)信息。一般情况下，不能保证图像中所有颜色的像素都有一个对应的深度测量值，也不能保证所有测量的三维点都对应到合适的RGB值，因为深度相机映射可能会超出图像摄像机的视野，并且图像相机分辨率一般高于深度相机。

(2)基于TOF原理的RGB-D相机

如Kinect v2。相机向目标发射一簇脉冲光，然后根据光束飞行时间，确定物体与自身的距离。TOF原理和激光雷达十分相似，只不过激光雷达是通过逐点扫描获取距离的，而TOF相机可以一次性获得整个图像的像素深度信息。这样的RGB-D相机中，除了一枚普通的摄像头，至少还会有一个发射器和一个接收器。

对于RGB-D相机，在数据存在的情况下，可以在同一个图像位置，同时读取到颜色信息和距离信息，并能够计算像素的三维坐标，或者生成对应点云(Point Cloud)。后续处理既可以在“颜色图像+深度图像”层面进行，也可在点云数据层面进行。由此衍生出了对应的两类场景感知方法。

RGB-D相机的缺点也比较明显：①用红外光进行深度值测量，容易受到日光或其他传感器发射的红外光干扰，因此不能在室外使用；②在没有调制的情况下，同时使用多个RGB-D相机时会相互干扰；③无法测量透明材质物体上点的位置。

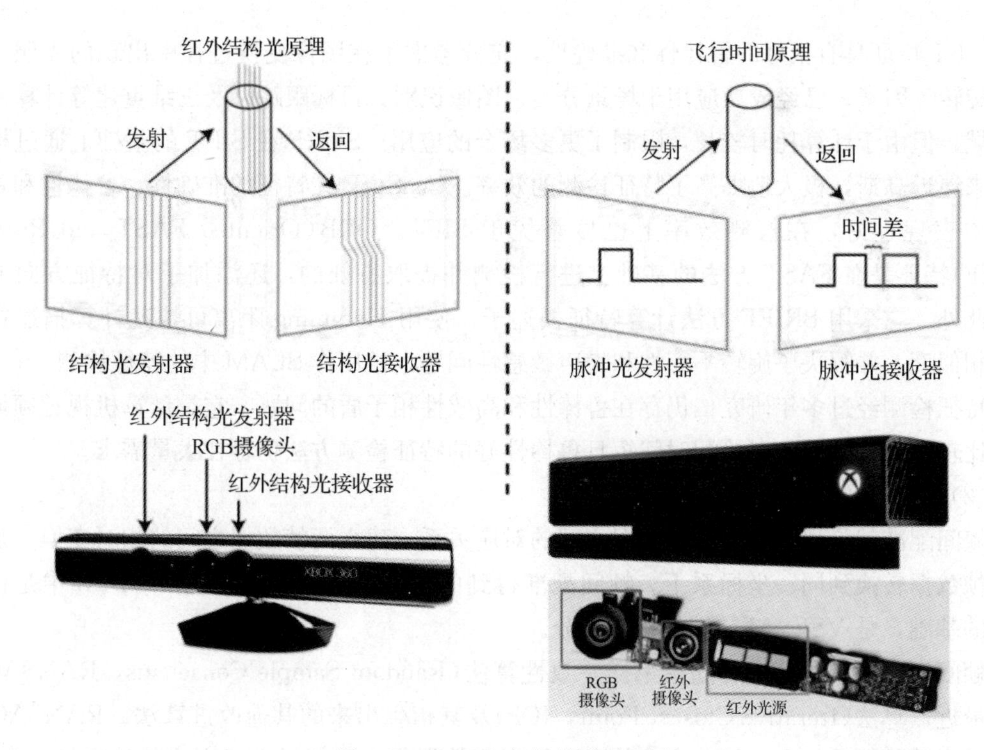

图 3-21　RGB-D 相机分类原理图

3.3.4　视觉 SLAM

随着 SLAM 技术的发展，基于视觉的 SLAM 算法——VSLAM，逐步成为了当前研究的热点。基于视觉的 SLAM 技术是与计算机视觉、计算机图形学、多传感器数据融合以及机器人控制等相互交叉的综合技术，具体包括探测、追踪、遮挡处理和特征描述等。其中有些技术已经远远超出了本书的范围，读者可自行查阅相关文献。此外，VSLAM 并不是指某个具体算法，而是一个整体的概念，可以看作一套完整的系统，需要多种算法相互配合完成。一个完整的 VSLAM 系统至少包含特征检测、帧间配准、闭环检测和地图构建等几个部分。

此处涉及的摄像机通常被看作是一种方位传感器，即把周围的三维环境投影到二维像素阵列，并为每一个像素确定一个方向，但是相应深度未知。这比前述“距离-方位型”传感器(比如激光雷达)少了一个已知条件，因此解决 SLAM 问题更具挑战。

1. VSLAM 的研究内容

VSLAM 系统的研究围绕特征检测、帧间配准、闭环检测和地图构建等展开，下面分别进行介绍。

(1)特征检测

特征检测是 VSLAM 中的基础部分，后续帧间配准和闭环检测都基于特征检测结果进行。特征提取时关注鲁棒性、重现性、显著性、高效性和准确性这 5 个方面的性能。目前，多数点特征只在部分性能上表现良好，因此，在选取特征点类型时需要兼顾以上 5 大特性，以在总体上满足要求，从而获得比较好的帧间配准结果。

SIFT 特征具有很好的鲁棒性和准确性，充分考虑了在图像变换过程中出现的光照、尺度、旋转等因素，已经成功应用于场景分类、图像识别、目标跟踪以及三维重建等计算机视觉领域，但由于计算耗时较长，限制了更多场合的应用。SURF 在 SIFT 的基础上通过格子滤波来逼近高斯，极大地提高了特征检测的效率。CenSurE 在特征的准确性、鲁棒性和重现性上均表现良好，在检测效率上也显著优于 SIFT。ORB（Oriented FAST and Rotated BRIEF）特征是在 FAST 方法的基础上进行检测并提取特征的，还添加了对特征方向的计算；此外，它采用 BRIEF 方法计算特征描述子，使用 Hamming 距离可快速计算描述符之间的相似度，并解决了旋转不变性和噪声敏感性问题，常用作 SLAM 中的特征检测。

特征检测经过多年研究，仍存在鲁棒性和高效性相矛盾的问题。它是计算机视觉领域中一个比较基础的问题，对检测时间短且鲁棒性好的特征检测方法仍存在大量需求。

（2）帧间配准

帧间配准就是根据前后两帧数据之间的对应关系，建立两帧数据之间的相对变换，从而将两帧数据转换到同一坐标系下。帧间配准得到的帧间相对变换矩阵在 VSLAM 中是位姿估计的基础，是 VSLAM 前端的核心部分。

帧间配准常用的算法有随机采样一致性算法（Random Sample Consensus，RANSAC）、迭代最近点算法（Iterative Closest Point，ICP）及其衍生出来的其他改进算法。RANSAC 算法是一个迭代算法，在一组包含“外点”的观测数据集中，通过迭代方式估计出模型参数。该算法能在一定的概率内得到一个合理的结果，但为了提高概率必须提高迭代次数。ICP 算法通过迭代对数据帧（新获得的数据）和模型帧（建立模型的数据）进行关联和变换求解，从而获得较高精度的相对变换。ICP 算法对初始值依赖性大且计算速度较慢，很多学者对 ICP 算法进行了改进。

VSLAM 中的帧间配准环节本质上就是依靠视觉信息完成机器人的连续位姿估计，即计算连续两帧图像之间的位姿变换。2004 年 Nister 将这一步工作称为视觉里程计（Visual Odometry，VO）（通常称为 VSLAM 的前端）；随后，Kerl 等人提出了密集视觉里程计（Dense Visual Odometry，DVO），提高了位姿估计的精度和鲁棒性；Dryanovski 等人提出了一种帧到模型（Frame-to-model）的快速视觉里程计方法（Fast Visual Odometry，FVO），实现了数据集和模型集的快速配准。

现在的帧间配准算法主要还是采取帧到帧（Frame-to-frame）的配准模型，在连续关键帧间进行配准。基于这种模型的配准算法，精度较高，但配准速度较慢，实时性差。此外，由于位姿变换存在误差，随着时间的推移运动轨迹较长后，将存在较大的累积误差。

（3）闭环检测

由上可知，视觉里程计存在不可避免的累积误差，如果机器人能识别自己曾去过的地方，就可以大幅消除累积误差，使估计的运动轨迹和地图变得更加准确。VSLAM 中完成这个任务的环节叫做闭环检测[1]，通常称为 VSLAM 的后端。在基于图优化的 VSLAM 中，由闭环检测带来的额外约束，可以使优化算法得到一致性更强的结果，明显提升机器人的定位精度。

闭环检测指机器人识别曾到达的场景的能力。成功的闭环检测带来了额外的约束，可以显著地减小累积误差。图 3-22 表示了闭环检测对地图一致性的影响。无闭环检测时地图起止处无法封闭，与实际环境不一致（见图 3-22a），使用闭环检测后，得到一致性良好的地图（见图 3-22b）。

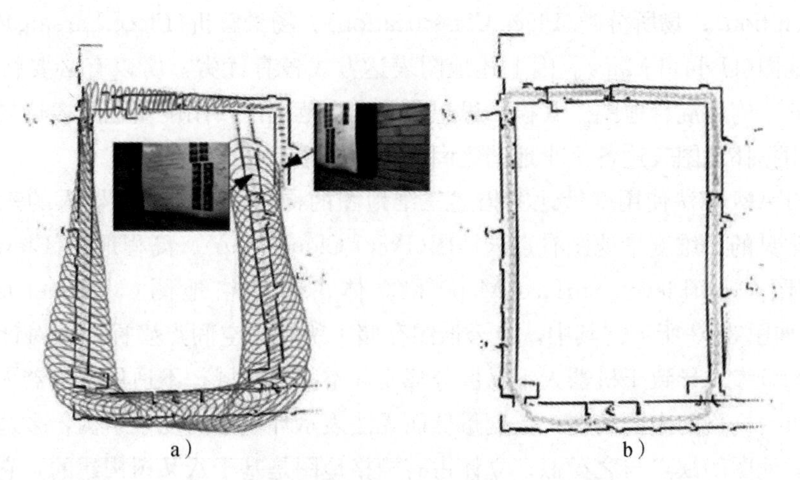

a)　　b)

图 3-22　闭环检测对地图一致性的影响[1]

闭环检测实质上是一种检测观测数据相似性的算法。多数系统采用目前较为成熟的词袋模型（Bag-of-Words，BoW），把图像中的视觉特征（SIFT、SURF 等）聚类，然后建立词典，进而寻找每个图中含有哪些“单词（word）”，完成相似性判断。也有研究人员使用传统模式识别的方法，将闭环检测视为一个分类问题。

闭环检测的要求较高，需要达到几乎 100％的准确率，否则错误的检测结果可能使地图质量变差。一个好的闭环检测算法应该能检测出尽量多的真实回环。闭环检测面临的数据规模大，通常的方法是将当前帧数据与历史帧数据逐一进行比较。随着时间的推移，历史帧数据不断增多，数据规模不断扩大，因此检测的时间则随之变长，极大地影响了 VSLAM 的实时性。

（4）地图构建

地图构建的首要问题在于地图采用何种描述方式。VSLAM 系统不仅可以构建二维地图，而且可以构建三维地图，因此 VSLAM 的地图描述类型多样，不同类型的地图应用于不同的场合。主要类型有以下几种：

1）度量地图（Metric Map）。度量地图能够精确地表示地图中物体的位置关系。度量地图的具体形式可分为稀疏形式（Sparse Map）和密集形式（Dense Map）。稀疏形式度量地图主要指由路标组成的地图，密集形式度量地图主要指占据栅格地图（Grid Map）。度量地图需要耗费大量的存储空间，目前常用密集型的栅格地图。通常把地图按照某种分辨率分割成许多个小块，以矩阵（2D 时）或八叉树（3D 时）来表示。一个格点含有占据、空闲、未知三种状态，以表达该格内是否有物体。这种类型的地图可以直接用于各种导航算法，如 A^*、D^* 等，因此许多 SLAM 研究者偏好于此类地图。

2）拓扑地图（Topological Map）。拓扑地图是一个由顶点和边组成的图（Graph）：$G=\{V,E\}$，展示元素之间的连通性，表达紧凑，而忽略了细节信息。

3）语义地图（Semantic Map）。语义地图上的元素具有语义标签，从而使得地图的含义更加丰富，使智能机器人与人的交互更加自然。建立语义地图的关键在于地图元素的识别与分类，本质上也属于模式识别问题。该方向的研究工作刚刚起步，主要包括研究场景识别(Place Recognition)、场所分类(Place Classification)、场景解析(Place Parsing)等。

4)混合地图(Hybrid Map)。因上述地图表达方式各有优劣，所以有必要将它们有机结合、优势互补，构建混合地图。其核心思想是，在小范围内，用度量地图表达局部结构；在大范围内，用拓扑地图表达各个小地图之间的连通关系。

许多 VSLAM 算法使用度量地图描述三维地图的构建方法，为机器人的三维空间导航服务。目前常见的三维度量地图有点云地图(Point Cloud Map)、高程地图(Elevation Map)、多层表面地图(Multi-level Surface Map)和立体占有栅格地图(Volumetric Occupancy Map)[2]等，如图 3-23 所示。其中，点云地图存储了所有的空间点坐标，这对计算资源和存储资源消耗均较大，导致于机器人不易区分障碍和空闲的区域，不适用于机器人导航；高程地图只存储每一栅格的表面高度，数据量低而无法表示环境中的复杂结构，多适用于室外导航；多层表面地图的缺点与之类似；立体占有栅格地图是基于八叉树构建的，它类似于二维地图中的栅格地图，使用立方体的状态(空闲、占用、未知)来表示是否有障碍。立体占有栅格地图更适合于室内导航。

图 3-23　四种常用三维地图[2] (见彩插)

Octomap 是一种典型的基于八叉树的地图，它建立了体素(三维空间分割的最小单位)的占有概率模型，它的地图压缩方法极大地减少了地图对内存和硬盘的需求。Schauwecker 等人在 Octomap 的基础上提出了一种基于可见性模型和传感器深度误差模型的鲁棒 Octomap，并应用于基于双目立体相机的 VSLAM 中，有效克服了传感器深度误差对地图精度的影响。

2. VSLAM 研究现状

2002 年，牛津大学 Andrew Davison 采用里程计获取机器人位姿的先验信息，从双目视觉图像中提取 KLT(Kanade-Lucas-Tomasi)特征点，用 EKF 更新地图和机器人位姿，成功进行了一次小范围的 VSLAM 实验。2010 年，微软公司推出了性能良好和价格低廉的 Kinect 传感器，在机器人领域得到了广泛的应用，大量 SLAM 算法使用 Kinect 获取的图像数据流、深度数据流作为感知信息。基于 Kinect 获取的图像、深度数据流，使用 RGB-DSLAM 算法采用 SURF 特征点进行匹配，当发现存在闭环时采用 Hog-Man 算法进行全局优化。

2015 年以来，研究者将惯性测量单元(IMU)引入传感器本体，来获得传感器本体的三轴角速度和线加速度信息，但测量数据会随时间变化发生漂移，因此将其与视觉器件获取的信息互补使用，可以提高 SLAM 的鲁棒性。基于视觉和 IMU 信息的前端称为视觉惯性里程表(Visual Inertial Odometry，VIO)，这是 SLAM 研究一个新方向，目前已有采用该技术的商用传感器。

VSLAM 主要包括如下几类方法：

(1)基于特征点法的 SLAM 算法

基于特征点法的 SLAM 算法对获取的图像提取特征点，如 SIFT、SURF、ORB 等。其中，SIFT 特征具有很好的鲁棒性和准确性，但计算耗时较长；SURF 特征提高了特征检测的效率；ORB 特征解决了特征方向的计算，以及特征描述时旋转不变性和噪声敏感性问题，并使用 Hamming 距离实现快速匹配。得到提取的特征点后，采用描述子匹配的方式得到特征点对应关系，然后通过最小化图像间的重投影误差，得到图像间的位姿变换关系。如 SOFT 算法获得具有可靠信度的特征点对后，使用 5 点法估计帧间旋转，使用最小化重投影误差估计帧间平移。Buczko 提出使用自适应的重投影误差阈值来剔除异常匹配，使得算法在相机高速运动情况下仍能保持较高的准确度。

典型的基于特征点法的 SLAM 系统主要有 MonoSLAM[3] 和 ORB-SLAM2[4]。MonoSLAM 是 Davison 等人发明的第一个成功基于单目摄像头的纯视觉 SLAM 系统，该系统中特征点检测效果和机器人轨迹如图 3-24 所示，其中，右侧图的黄色轨迹为估计出的机器人轨迹，空间椭圆表示特征点位置的不确定性。左侧图的红色特征点为测量成功的点，黄色特征点为当前步骤未选择的测量点。这种方法将相机的位姿和稀疏的路标点位置作为状态变量进行优化，使用 EKF 更新状态变量，通过连续观测减小状态的不确定性。该方法使用了小场景中的稀疏路标点，且状态变量的维数限定在较小的范围内，因此能够达到实时性要求。

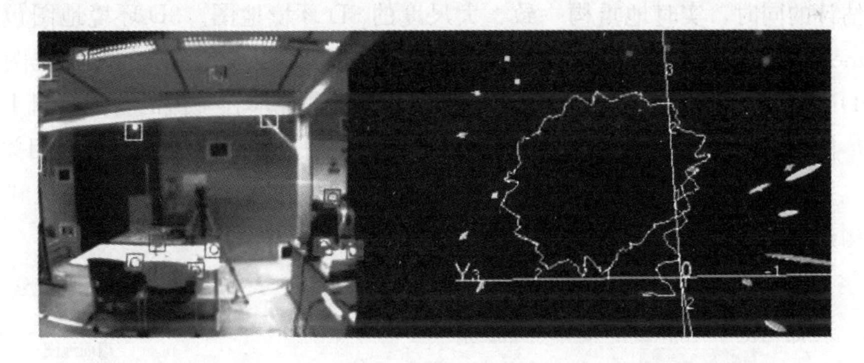

图 3-24　MonoSLAM[3] 系统中特征点检测效果和机器人轨迹(见彩插)

Mur-Artal 等人构建了 ORB-SLAM2 系统，其功能结构图如图 3-25 所示。该算法主要分为三个线程：跟踪线程、局部建图线程和闭环线程。ORB-SLAM2 选用了 ORB 特征来进行特征匹配和重定位，并且加入了循环回路的检测和闭合机制，以消除误差累积。该系统所有的优化环节通过优化框架 g2o(General Graphic Optimization，通用图优化)实现。

(2)基于直接法的 SLAM 算法

基于直接法的 SLAM 算法不依赖特征的提取和匹配，直接通过两帧之间的像素灰度值构建光度误差来求解相机运动(位姿变换)，所以无需提取图像特征，可以在特征缺失、图像模糊等场合下使用，有更好的鲁棒性。基于直接法的典型 SLAM 算法有 LSD-SLAM[5] 和 DSO[6]。

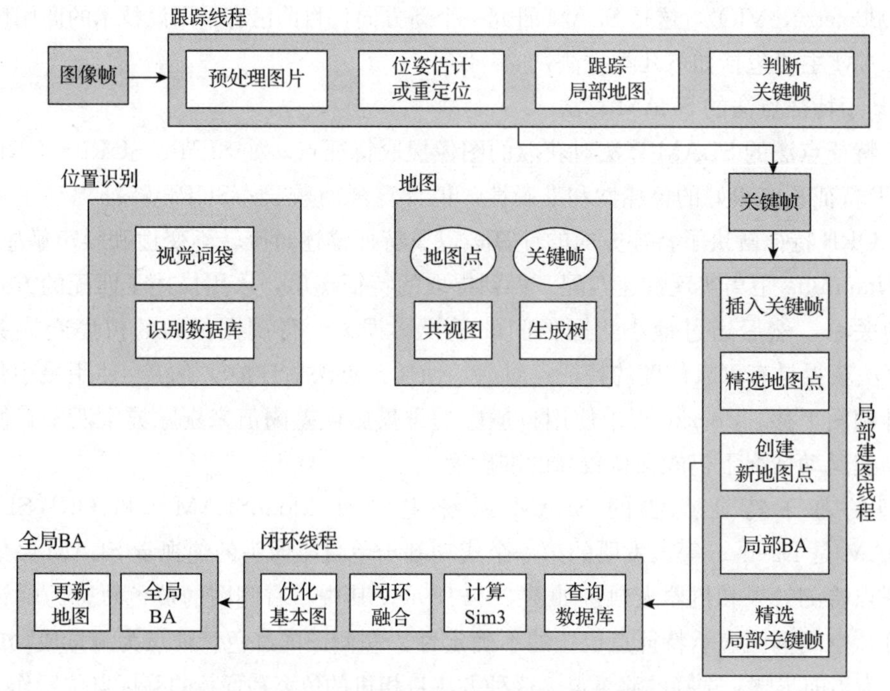

图 3-25 ORB-SLAM2[4] 系统的功能结构图

LSD-SLAM 使用直接图像配准方法和基于滤波的半稠密深度地图估计方法，在获得高精度位姿估计的同时，实时地重构一致、大尺度的 3D 环境地图。3D 环境地图包括关键帧（Key Frame，KF）的位姿图和对应的半稠密深度图，LSD-SLAM 系统的算法框图如图 3-26 所示。LSD-SLAM 系统能够在 CPU 上实时实现，甚至还能够在主流的智能手机上实现。在闭环方面，使用 FABMAP 进行闭环检测和闭环确认，用直接跟踪法求解所有相关关键帧的相似变换，完成闭环优化。此外，Engel 等人将单目摄像机扩展到立体摄像机和全向摄像机，分别构建了 Stereo LSD-SLAM 和 Omni LSD-SLAM。

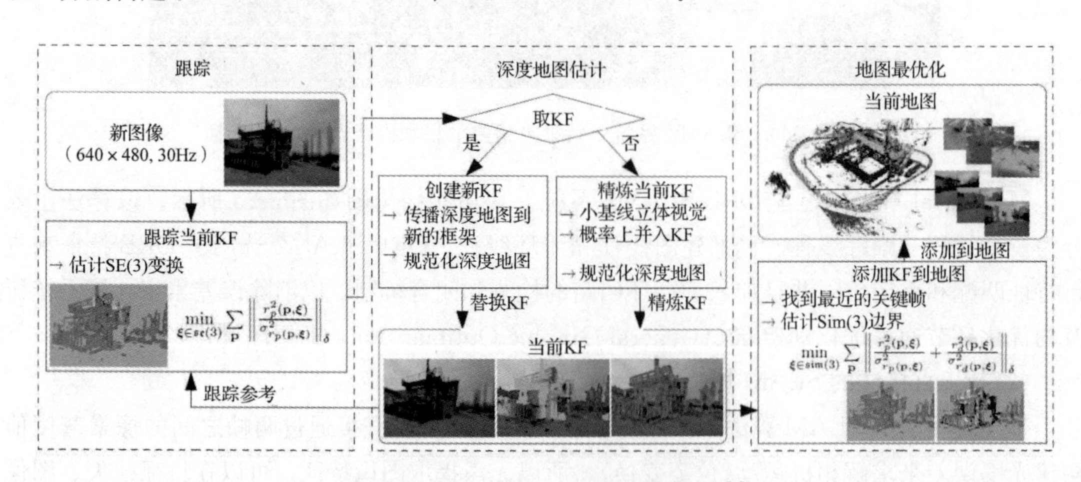

图 3-26 LSD-SLAM 系统的算法框图[5]

DSO 是一种基于稀疏点的直接法视觉里程计，不包含闭环检测、地图复用的功能，建立的稀疏地图如图 3-27 所示。该方法考虑了光度标定模型，并同时对相机内参、相机外参和逆深度值优化，具有较高的精确性。相比于 LSD-SLAM，该方法采用更加稀疏的图像像素点，具有更高的实时性。

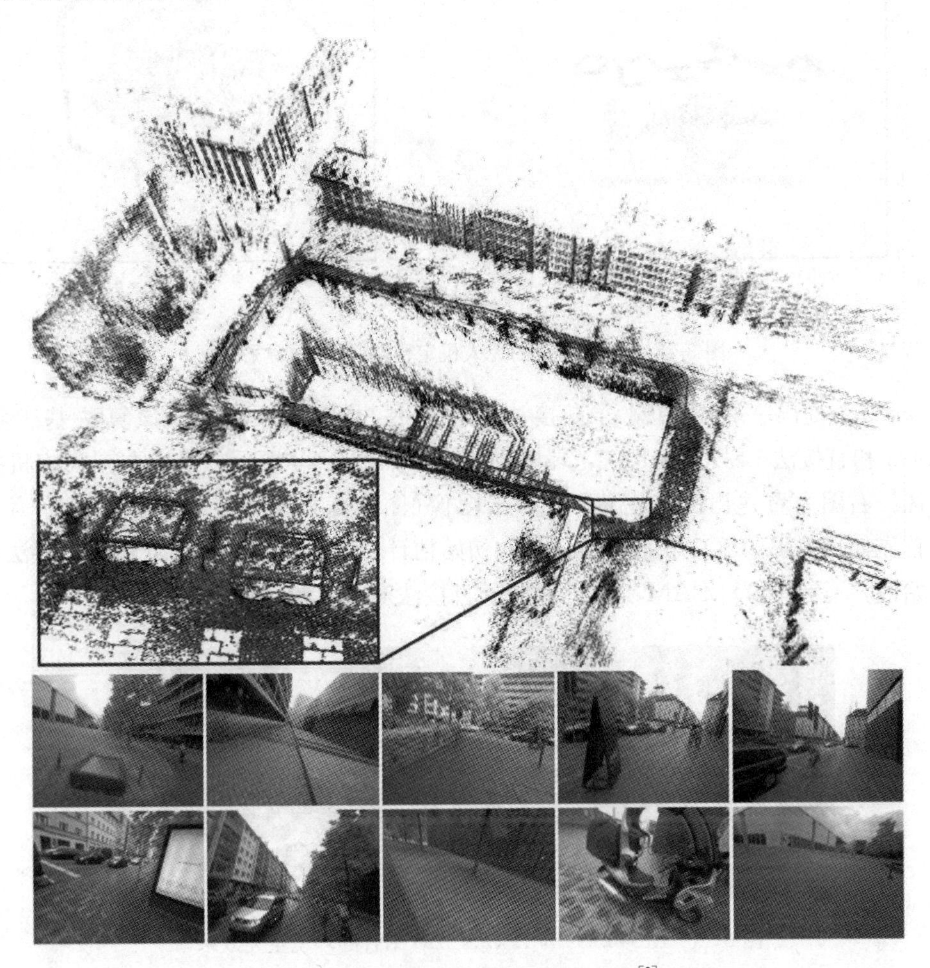

图 3-27　DSO 算法建立的稀疏地图[6]

(3)融合直接法与特征法的 SLAM 算法

SVO(Semi-direct Visual Odometry)是一种半直接的单目视觉里程计算法[7]。相比于 ORB-SLAM，它省去了闭环检测和重定位的功能，不追求建立、维护一个全局地图，更看重跟踪的效果，追求高计算速度、低 CPU 占用率。SVO 非常适合在计算资源有限的移动设备上使用。该方法在估计运动时不使用耗时严重的特征提取算法和鲁棒的匹配算法，也不像直接匹配法那样对整个图像直接匹配，而是通过对图像中的特征图像块进行匹配来获取相机位姿，因此称为“半直接”的方法。构建的地图可靠性高，提高了重复性纹理场景下定位的鲁棒性，常被应用于微型飞行器中，在 GPS 失效的环境下能够估计飞行器的状态。图 3-28 所示为真实环境下的无人机定位路径图，绿色实线为无人机的实际准确路径，蓝色实线为算法估计出的路径，两者非常接近。定性分析可见算法定位精度和可见度良好。

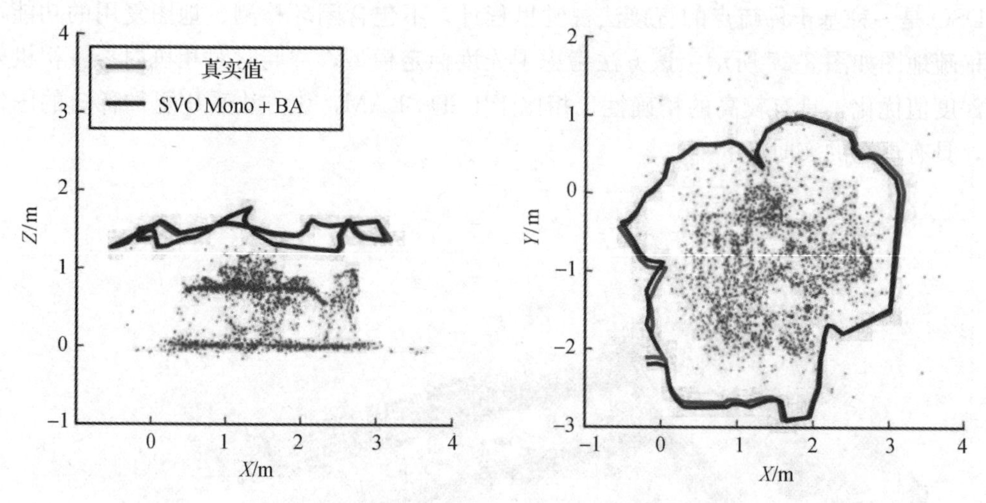

图 3-28 SVO 算法的无人机定位路径图[7](见彩插)

Krombach 提出一种简单融合直接法和特征法的 SLAM 算法，该算法基于特征法 LIBVISO2 和直接法 LSD-SLAM[8]，环境重建效果如图 3-29 所示，其中左图为相机拍摄的环境图像，右图为重建出的半密集 3D 点云图像(图像随机斑点处缺失数据，称为“半密集”)，首先使用 LIBVISO2 获取相机位姿的初始估计，然后将该初始估计作为直接法迭代优化的初始值，运行 LSD-SLAM 算法，克服了直接法对小基线运动的限制。

图 3-29 LIBVISO2 与 LSD-SLAM 结合的环境重建效果[8]

(4)融合视觉和惯性测量单元信息的 SLAM 算法

融合视觉和 IMU 信息的里程计称为 VIO。IMU 的作用是辅助实现两帧图像间的特征跟踪和在参数优化过程中提供约束项。IMU 信息和视觉信息的耦合方式分为松耦合方式和紧耦合方式。松耦合方式分别使用 IMU 信息和视觉信息估计相机运动，再将得到的两个运动姿态信息进行融合。松耦合的处理方式计算量较小，但没有考虑传感器测量信息的内在联系，导致精度受限。紧耦合方式利用 IMU 信息和相机姿态一起建立运动方程和观测方程，以实现状态变量的估计。相比松耦合方式，紧耦合方式具有参数精度高的优点，但算法计算量较大。VIO 主要有两种优化方法：滤波方法和非线性优化。滤波方法主要采用 EKF 方法，利用上一时刻状态估计当前时刻状态。非线性优化方法将滑动窗口内的状态变量作为优化变量，使用 GN(Gauss Newton)、LM(Levenberg Marquart)等算法求解变量，可以提高位姿估计精度，但通常计算量较大。VI ORB-SLAM 是在 ORB-SLAM 的基础上，融合了

IMU预积分算法，是一种基于非线性优化的紧耦合方法。该算法在重复场景下，能够利用之前得到的地图点优化相机位姿，得到准确的相机位姿和环境地图。

此外，语义SLAM算法是当前VSLAM研究的热点。语义信息能够辅助相机定位，提供环境先验知识，并能够为闭环检测提供约束，对VSLAM的推进具有重要作用。

3.4　常见触觉传感器

人的触觉还包括接触觉、压觉、冷热觉、滑动觉、痛觉等，这些感知能力对于人来说同样是非常重要的，某些方面是视觉所不能完全替代的，对于机器人同样如此。通过光学、磁、电容、超声等物理特性和相关化学特性，可以开发出种类繁多的机器人触觉传感器，本节介绍一些机器人用到的常见触觉传感器。

3.4.1　力传感器及其数据处理

力传感器的种类繁多，如电阻应变片压力传感器、半导体应变片压力传感器、压阻式压力传感器、电感式压力传感器、电容式压力传感器、谐振式压力传感器及电容式加速度传感器等。

通常机器人的力传感器分为以下三类：①关节力传感器，通常装在关节驱动器上，用于控制中的力反馈；②腕力传感器，装在末端执行器和机器人最后一个关节之间；③指力传感器，装在机器人手爪指关节(或手指)上。

力传感器利用材料应变来测量力和力矩，如何设计和制作反映力和力矩以及应变部分的形状结构是需要解决的重要问题。常见的力觉传感器连接方式有环式、垂直水平梁式、圆筒式、梁式等。如图3-30为美国Draper研究所提出的Waston腕力传感器环式竖梁式结构，环的外侧粘贴测量剪切变形的应变片，内侧粘贴测量拉伸—压缩变形的应变片。

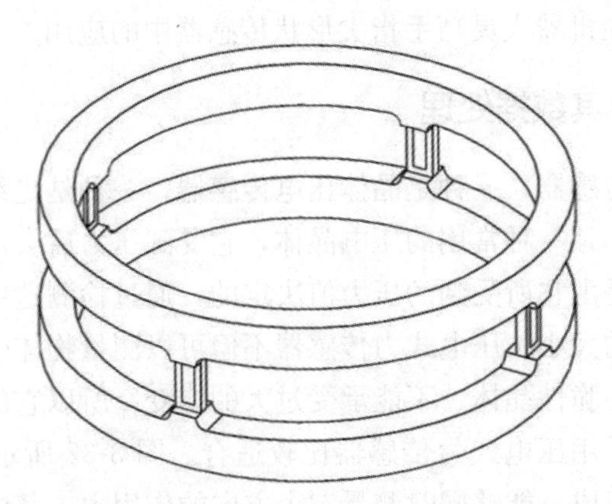

图3-30　Waston腕力传感器环式竖梁式结构

3.4.2　接触觉传感器及其数据处理

接触觉感知与其他物体的接触，在机器人中使用触觉传感器主要有三个作用：①通过触感反馈使操作动作程度适宜，如感知手指同对象物体之间的作用力，判定动作是否执行适当；②识别操作对象的属性，如大小、质量、硬度等，甚至是类别，有时可以代替视觉进行形状识别，特别是视觉无法使用的场合，该方式极为有用；③用以躲避危险、障碍物等，防止事故发生。

最简单也是最早使用的触觉传感器是微动开关。它工作范围宽，不受电、磁干扰，简单、易用、成本低。单个微动开关通常工作在开-关状态，可以用二位的方式表示接触。如果仅仅需要检测与对象物体的接触，这种二位微动开关能满足要求。

如果需要检测对象物体的形状时，就需要在接触面上高密度地安装敏感元件。导电合成橡胶是一种常用的触觉传感器敏感元件，它是在硅橡胶中添加导电颗粒或半导体材料构成的导电材料。这种材料价格低廉、使用方便、有柔性，可用于机器人多指灵巧手的手指表面。导电合成橡胶的接触面积和反向接触电阻都随外力大小而发生较大变化，利用这一原理制作的触觉传感器可实现在每平方厘米的面积内有 256 个触觉敏感单元，每个敏感单元可以测量的重量范围为 1～100g。

图 3-31 所示是一种采用 D 截面导电橡胶线的压阻触觉传感器，用相互垂直的两根导电橡胶线实现行、列交叉定位。当增加正压力时，D 截面导电橡胶发生变形，接触面积增大，接触电阻减小，从而实现触觉传感。

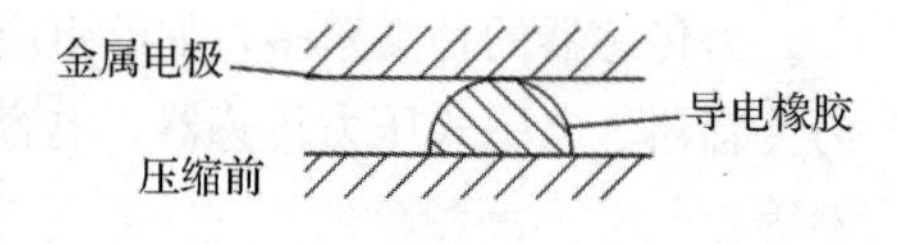

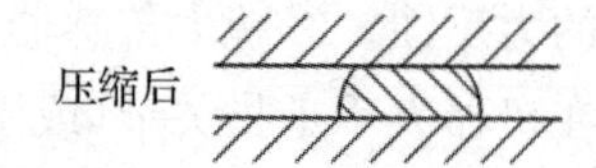

图 3-31 导电橡胶导电原理

另一类常用的触觉敏感元件是半导体应变计。半导体的压阻元件被用于构成触觉传感器阵列。利用半导体技术可在硅半导体上制作应变元件，甚至信号调节电路也可制作在同一硅片上。以半导体应变计为核心的硅触觉传感器有线性度好、滞后、蠕变小，以及易于多功能集成等优点，缺点是传感器容易发生过载，以及硅集成电路存在平面导电性，这些都限制了它在机器人灵巧手指尖形状传感器中的应用。

3.4.3 压觉传感器及其数据处理

有两类常用的压觉传感器，一种是晶体压电传感器，一种是光纤压觉传感器。某些晶体具有压电效应，石英晶体是一种常用的压电晶体，它受到压力后会产生一定的电信号。石英晶体输出的电信号强弱是由它所受到的压力值决定的，通过检测这些电信号的强弱，能够检测出被测物体所受到力的大小。压电式力传感器不但可以测量物体受到的压力，也可以测量拉力，但由于压电晶体为脆性晶体，不能承受过大的应变，所以它的测量范围较小，对不出现过大力度的机器人，采用压电式力传感器比较适合。图 3-32 所示为一种三分力压电传感器，它由三对石英晶片组成，能够同时测量三个方向的作用力。其中上、下两对晶片利用晶体的剪切效应，分别测量 x 方向和 y 方向的作用力，中间一对晶片利用晶体的纵向压电效应，测量 z 方向的作用力。

光纤压觉传感器单元基于全内反射破坏原理设计，如图 3-33 所示。发送光纤与接收光纤由一个直角棱镜连接，棱镜斜面与位移膜片间存在间隙(通常小于 0.5μm)。膜片的下表面镀有光吸收层。膜片受压力向下移动时，棱镜斜面与光吸收层间的气隙发生改变，从而局部破坏了棱镜斜边处界面内的全内反射条件，使部分光离开该界面进入吸收层并被吸收，导致接收光纤中的光强相应发生变化。

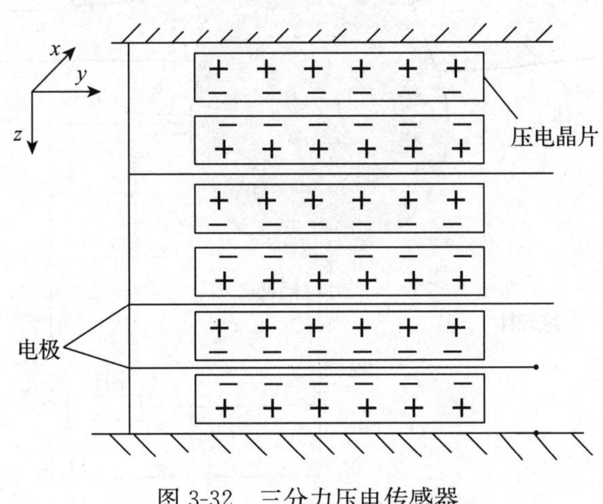

图 3-32　三分力压电传感器

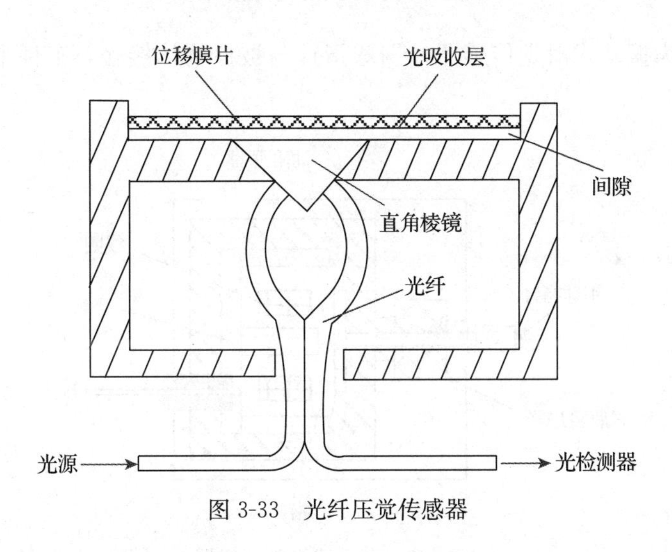

图 3-33　光纤压觉传感器

3.4.4　滑觉传感器及其数据处理

机器人在抓取未知属性的物体时，需要确定最佳握紧力。当握紧力不够时，要检测被握紧物体的滑动，利用该检测信号，在不损坏物体的前提下，给出最佳夹持力度，实现此功能的传感器称为滑觉传感器。

常见的滑觉传感器有滚动式(球式)和振动式两种。对于滚动式滑觉传感器，物体在传感器表面上滑动时，会与滚轮(滚环)接触，从而导致与滚轮接触的触针产生某种电信号，通过检测该信号确定滑动物理量。图 3-34 所示为一种球式滑觉传感器，由一个金属球和触针组成，金属球表面分成多个相间排列的导电和绝缘的方格，触针头部每次只能触及一个方格。滑动表面带动金属球转动，在触针上产生脉冲信号，脉冲信号的频率反映了滑移速度，脉冲信号的个数则反映了滑移距离。

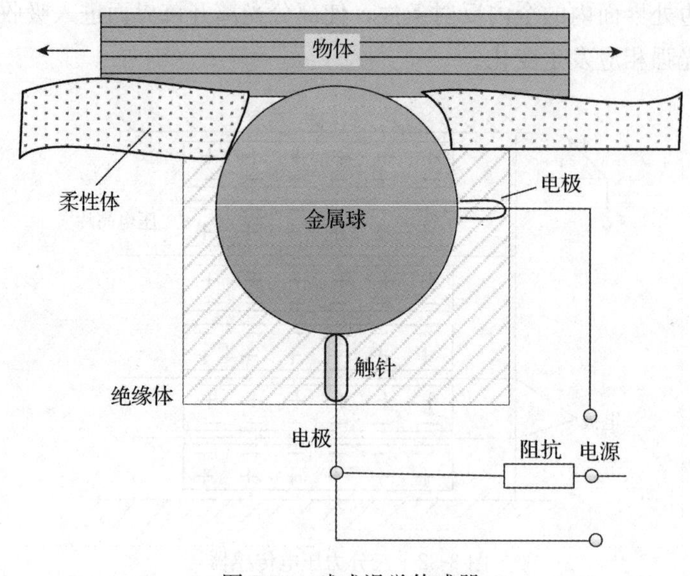

图 3-34 球式滑觉传感器

图 3-35 所示为振动式滑觉传感器，钢球指针与被抓物体接触，工件滑动将引起指针振动，线圈输出信号。

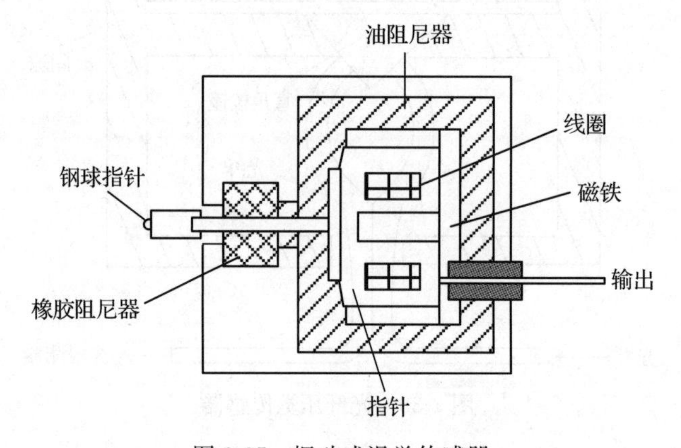

图 3-35 振动式滑觉传感器

3.5 其他传感器

3.5.1 听觉传感器及其数据处理

听觉是仅次于视觉的重要感觉通道。人耳能感受到的声波频率范围是 16Hz～20kHz，最敏感频率范围为 1k～3kHz。语音传感器可以视为听觉传感器。

语音是 20Hz～20kHz 的疏密波，语音传感器是机器人和用户之间的重要接口，它可以使机器人采集到人声，经过进一步处理，进而执行命令，完成某些操作。机器人上最常用的语音传感器就是传声器。常见的传声器包括动圈式传声器、MEMS传声器和驻极体电容传声器。其中，驻极体电容传声器尺寸小、功耗低、价格低廉、性能优异，许多具有声音交互功能的机器人，如本田ASIMO均采用这类传声器作为声音传感器。为实现更好的环境音去噪和环境声定位，近年来更多的机器人装备了传声器阵列。

3.5.2　味觉传感器及其数据处理

味道有酸、甜、苦、辣、咸五要素，复杂的味道都是由这五种要素组合而成的。海洋勘探机器人、食品分析机器人、烹饪机器人等都需要用味觉传感器进行成分分析。味觉传感器通常包括下列元件：①离子电极传感器，两种液体位于某一膜的两侧，利用所产生的电位差进行检测；②离子感应型FET，在栅极上面覆盖离子感应膜，根据漏电流检测指定离子浓度；③电导率传感器；④pH值传感器；⑤生物传感器，以酶、组织、细胞以及受体等作为识别鲜味物质的敏感元件，结合二级传感器检测敏感元件和配体之间的特异性反应。

3.5.3　嗅觉传感器及其数据处理

人们对嗅觉的研究从最早的化学分析方法发展到仪器分析方法，仿生嗅觉技术的物质识别能力越来越强，识别率也逐步提高。

机器嗅觉技术是一种模拟生物嗅觉工作原理的仿生检测技术，机器嗅觉系统通常由交叉敏感的化学传感器阵列和适当的计算机模式识别算法组成，可用于检测、分析和鉴别各种气味。

检测气体的浓度依赖于气体检测变送器，传感器是其核心部分，按照检测原理的不同，主要分为以下几类：①基于光学检测的传感器；②基于电化学检测的传感器；③基于声波检测的传感器等。

3.5.4　接近觉传感器及其数据处理

接近觉传感器是机器人用以探测自身与周围物体之间相对位置和距离的传感器，它在机器人工作过程中主要有如下三种作用：①在接触物体前得到必要的信息，为后续动作规划做准备；②发现障碍物时，给出提示，避免发生碰撞；③获取物体表面形状的信息。

根据感知距离，接近觉传感器可分为三类：感知近距离(毫米级)物体的感应式、气压式、电容式等；感知中距离(30cm以内)物体的红外光敏式；感知远距离(30cm以外)物体的超声式和激光式。前面介绍过的超声波和激光雷达也可以作为接近觉传感器使用。此外，视觉传感器也可作为接近觉传感器。下面介绍几种常用的接近觉传感器。

(1)磁力式接近觉传感器

图3-36所示为磁力式传感器结构原理。它由励磁线圈C_0和检测线圈C_1及C_2组成，C_1、C_2的圈数相同并连接成差动式。当它未接近物体时，由于构造上的对称性，输

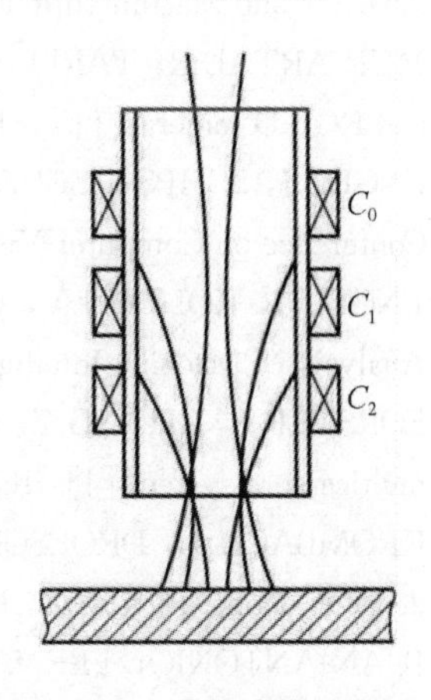

图3-36　磁力式传感器结构原理图

出为 0。当它接近物体(金属)时，由于金属产生涡流而使磁通发生变化，从而使检测线圈输出产生变化。磁力式接近觉传感器不受光、热、物体表面特征影响，可小型化与轻量化，但只能探测金属对象。

(2)红外式接近觉传感器

红外传感器发出的光的波长大约在几百纳米范围内，属于短波长的电磁波。同超声波传感器相似，红外传感器工作时处于发射/接收状态，接收时，传感器将接收到的红外辐射能转换为便于测量的电信号。通常，此类传感器由一个发射源发射红外线，并用至少一个光检测器测量反射回来的光量。由于测量红外光易受环境的影响，物体的温度、表面粗糙度、颜色、方向、周围的光线等都可能导致测量误差。此外，一般此类传感器功率都不高，其探测距离通常在 10～500cm。另外，红外传感器具有不受电磁波干扰、非噪声源等特点，而中、远红外线不受周围可见光的影响，昼夜都可进行测量。

3.6 习题

1. 为何超声波传感器既可以用于构建环境地图，也可以用于作为接近觉传感器?
2. 简述 TOF 测距的基本原理。
3. 简述单目相机在机器人感知应用中的优势和不足，以及如何避免不足之处。
4. 通过查找文献，列举近两年来出现的若干新型机器人感知传感器。

参考文献

[1] HO K L，NEWMAN P. Loop closure detection in SLAM by combining visual and spatial appearance [J]. Robotics and Autonomous Systems，2006，54(9)：740-749.

[2] WURM K M，HORNUNG A，BENNEWITZ M，et al. OctoMap：a probabilistic，flexible，and compact 3D map representation for robotic systems[C]//Proc of the ICRA Workshop on Best Practice in 3D Perception and Modeling for Mobile Manipulation. 2010.

[3] DAVISON A J，REID I D，MOLTON N D，et al. MonoSLAM[J]. IEEE Transactions on Pattern Analysis and Machine Intelligence，2007.

[4] MUR-ARTAL R，TARDÓS J D. ORB-SLAM2：an open-source SLAM system for monocular，stereo，and RGB-D cameras[J]. IEEE Transactions on Robotics，2017.

[5] ENGEL J，SCHPS T，CREMERS D. LSD-SLAM：large-scale direct monocular SLAM[C]//European Conference on Computer Vision. Springer，Cham，2014.

[6] ENGEL J，KOLTUN V，CREMERS D. Direct sparse odometry[J]. IEEE Transactions on Pattern Analysis & Machine Intelligence，2016：1-1.

[7] FORSTER C，ZHANG Z，GASSNER M，et al. SVO：semidirect visual odometry for monocular and multicamera systems[J]. IEEE Transactions on Robotics，2017，33(2)：249-265.

[8] KROMBACH N，DROESCHEL D，BEHNKE S. Combining feature-based and direct methods for semi-dense real-time stereo visual odometry[J]. Springer International Publishing，2016.

[9] JUAN-ANTONIO，FERNANDEZ-MADRIGAL，JOSE，等. 移动机器人同步定位与地图构建[M]. 北京：国防工业出版社，2017.

[10] 高翔，张涛. 视觉 SLAM 十四讲从理论到实践[M]. 北京：电子工业出版社，2017.
[11] 张国良. 移动机器人的 SLAM 与 VSLAM 方法[M]. 西安：西安交通大学出版社，2018.
[12] 王耀南，梁桥康，朱江，等. 机器人环境感知与控制技术[M]. 北京：化学工业出版社，2019.
[13] 郭彤颖，张辉. 机器人传感器及其信息融合技术[M]. 北京：化学工业出版社，2017.
[14] 陈雯柏，吴细宝，许晓飞，等. 智能机器人原理与实践[M]. 北京：清华大学出版社，2016.

第 4 章　静态目标检测与识别

本章主要介绍用于静态对象的自主感知技术，主要包括目标的检测和识别。当真实环境与前期假设情况不同时，机器人利用相关技术仍能对外界环境产生恰当的智能反应，这得益于算法泛化性能的不断进步。目标的检测和识别技术经过数十年发展，种类繁多且应用场合各异，受篇幅所限，本章只介绍适合机器人应用的较为经典的感知方法和相关内容。

一般而言，目标检测指通过搜索场景来探测、检测出指定类别对象的单个或多个实例，而目标识别指对多种目标对象进行类别分类或标记，对象类型可以是人、物体或者路标，以及这些类别的子类等。现有的很多算法在检测和识别方面的界限已变得愈发模糊，根据训练所用数据不同，既可以进行检测也可以进行识别，下文有侧重地介绍一些典型算法。

4.1　基于二维信息的物体检测与识别

4.1.1　基于度量数据的障碍物检测

某些物体和区域会给机器人运行带来风险，因此需要对障碍物进行检测。一般地，根据通行难度或对机器人运动的阻碍程度，对场景中的物体或区域进行分类和评估。机器人能否成功检测出环境中的障碍物，通常取决于环境的复杂程度。例如，检测出办公室里的一个圆柱形垃圾桶较为容易，因为垃圾桶的形状、颜色通常都与环境有明显区别；然而机器人在穿越草丛时，检测被杂草、落叶等遮蔽的石块等障碍物，难度会陡然上升。本节将介绍一些最基本的检测思路和方法。

首先，根据不同形式的判据，可以推断是否存在障碍物以及它的位置。障碍物检测所依据的主要线索包括：

1)相对于假设的偏差量。在机器人设计之初，一般需要对运行环境特性做出一定假设，这样利用测量出相对于假设的偏差量就能够精确地得到障碍物的位置。例如，假设环境地面是平坦的，那么所有被测量到的高于地面的对象都是障碍物。由此，既可以直接在传感器坐标系下拟合期望平面图像，也可以将传感器数据变换到场景坐标系中，进而在场景上拟合期望平面。这两种方式都可根据测量值与平坦地面模型的偏差来判断和定位障碍物。

2)空间占有概率。假设机器人周围环境是空旷的，当距离传感器的分辨率较低时(如超声波、雷达)，在二维和三维地图栅格中，可以采用空间占有概率的方式对多个传感器读数进行占用概率的积累计算。例如，当环境被看作二维时，距离传感器只对水平方向墙壁产生返回数据，此时，如果预测出机器人与环境数据之间以一定概率发生重叠，就可以认为它们发生了碰撞。在这种情况下，通常会用到贝叶斯、证据推理或其他相关技术。

3)颜色和纹理。大多数情况下，特别是装备了图像传感器时，颜色和纹理是识别障碍物的最直接方式。例如，割草机器人可以把探测到的任何与草坪绿色颜色不同的，且超过一定尺寸的对象判定为障碍物。应用颜色和纹理信息时，一般会使用二分类的分类器完成相关任务，还可通过对二分类器的拓展，处理更加复杂的情况。值得注意的是，在特定环境中，有些障碍物具有可探测的多种光学特征，如红外视觉更容易探测到活体植被。因此，颜色和纹理不只局限于可见光波段。

4)环境密度。激光雷达这类传感器可沿着激光束的精确指向进行测距，并统计返回数据的激光束与无数据(穿透)的激光束的相对比例，进而估计指向区域的密度。该方式常用于判断植被情况，当穿透与遮挡光束比值较高时，则传感器方向上很可能存在稀疏植被。除此之外，季节变化因素也应纳入估计方法中加以考虑。

5)表面斜率。在有些情况下，表面斜率也是需要关注的特性，例如对某一个通行区域，可以用平面来拟合其中的距离数据，进而估算该区域的整体表面斜率或者分块表面斜率，三维空间中的平面方程定义见式(4-1)：

$$\frac{a}{d}x+\frac{b}{d}y+\frac{c}{d}z=1 \tag{4-1}$$

式中，(a,b,c)表示该平面的法向量；d为平面到原点的最小距离。

若式中已知点数远大于方程求解所需的三个点，此时可以使用左广义逆来求解超定系统。

6)物体形状。利用立体视觉或其他深度传感器得到的数据，可判定物体形状是否会对机器人移动造成安全风险，如通过度量数据中的弧度和高度，可判断前方障碍物的形状(如减速带、小平台、不规则石块、滚木等)，进而判断是否可以越过或需要停止前进。

障碍物检测系统的主要衡量性能指标包括：系统的可靠性、实时性及处理某些意外情况的泛化能力。其中，对于障碍物探测系统的可靠性指标，最重要的是假阴性率和假阳性率。假阴性情况指，没有被探测到真实存在的障碍物，那么将有可能发生碰撞；假阳性情况指，会躲避被误探测到的障碍物。这种情况能否被接受主要取决于误测概率及结果的严重性。实际运用时，需要对这两种情况进行权衡。为了降低假阴性率，可以调整算法及算法参数，使得可以检测到更多的障碍物，但这种方式通常会增加假阳性率(如图4-1所示)。

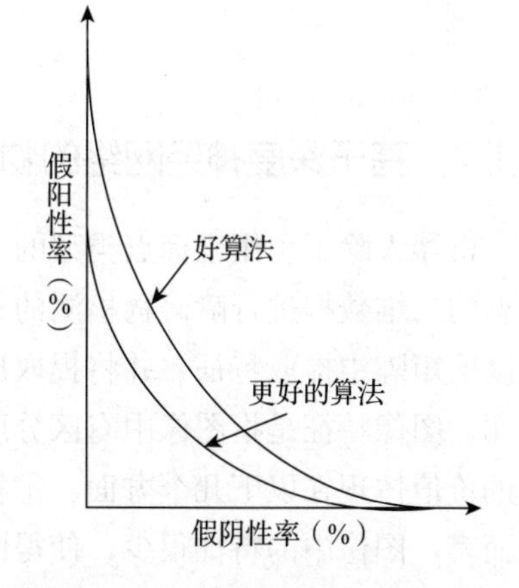

图4-1　假阳性率和假阴性率关系图

上述过程实际上会涉及一个障碍物检测系统的偏好问题，即这个系统的偏好是乐观的还是悲观的。偏好乐观的系统会倾向于假设未知区域是安全的，而偏好悲观的系统则恰恰相反。在这两种情况下，需要采用不确定性估计技术，良好的不确定性建模可以有效提高算法的基本性能。如果不能充分确定一个物体的密度、高度等属性，那么可以认为它是一个障碍物。通常障碍物检测的可靠性是关于检出障碍物最短距离的函数，距离越短则检测的可靠性越高，如果车辆在某个距离上检测到障碍物时必须停止运动，那么这种情况就对应着车辆的速度上限。有关检测方法的实时性要求比较容易理解，即必须在预留有效反应时间内完成检测，否则障碍检测将失去意义。对于处理某些意外情况的泛化能力，是指在有些情况下，障碍物的呈现超出了算法设计之初的假设范围，此时，障碍物的检出将会变得极其困难，这就需要相关检测算法具有良好的泛化能力，甚至能够利用在线数据反映出的情况或非障碍物上的数据发现可能存在的障碍。

下面在回顾一阶导数的基础上，详细介绍一种道路边缘障碍检测方法，该方法可以用于机器人快递小车、无人驾驶汽车等场合，避免车轮碰擦路牙。利用一阶导数可辨别定量数据的局部变化，如果某区域中的点属于某个信号或图像中的一维轮廓，就称其为边缘。

在实际应用中，信号处理通常指处理离散信号，因此求导算子采用有限差分算子的形式。一阶导数的中间差分离散形式定义见式(4-2)：

$$\frac{\mathrm{d}f}{\mathrm{d}t}=\frac{f(t+h)-f(t-h)}{2h}\sim f(t+h)-f(t-h) \tag{4-2}$$

显然，t 时刻的中间差分是相邻元素的加权和，权重分别为+1和−1，步长 h 可视为常数，可以省略。因此，可以用每个数据点的标量加权数组作为掩膜，计算当前点的一阶导数(如图 4-2 所示)。

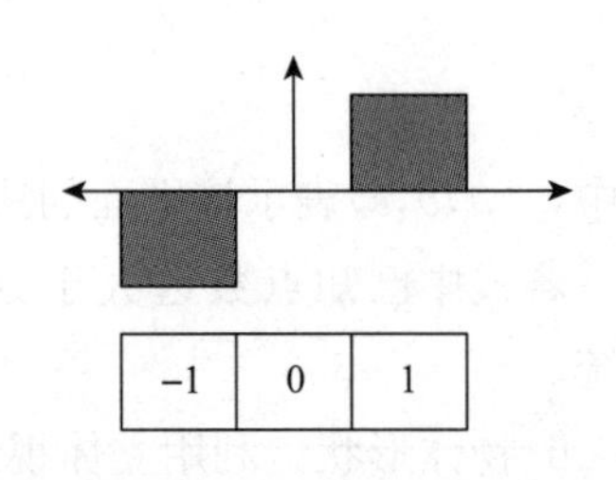

图 4-2 中心差分掩膜

图 4-3a 所示的一维测距数据，实际上是一个激光雷达测出的高度数据，中间较高位数据为道路数据，两边较低位数据为路边数据；图 4-3b 为一阶导数数据，显然，通过一阶导数可以明确界定出障碍路牙的位置，帮助机器人在行走过程中适当远离路牙。

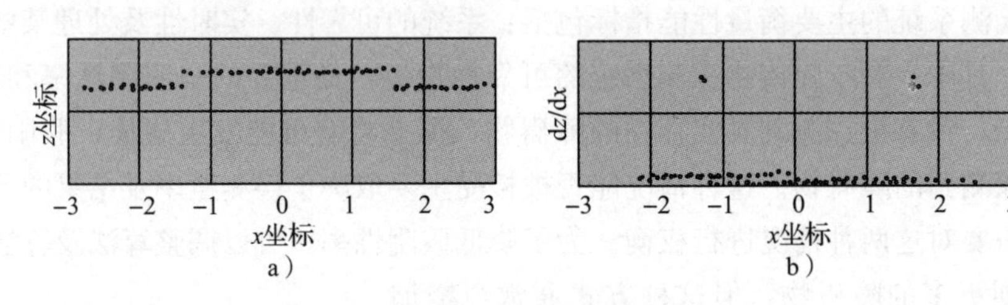

图 4-3 路牙检测数据

4.1.2 基于深度神经网络的物体检测

机器人除了利用坐标点类型的二维数据，更多的是利用图像类型的二维数据。利用图像类型的二维数据进行障碍物检测的方法受到广泛关注。该方法通常需要从量化为数字图像的灰度值矩阵中提取特征，并将提取出的特征作为一种语义实体来简要表达，最终实现障碍物检测。图像特征是指图像中有区分度且具有某种特殊性质的点、曲线或者区域。提取图像特征的价值体现在以下几个方面：①特征在连续图像中具有持久性，易于追踪；②相对像素数据而言，图像中的特征很少，使得图像特征提取过程是一个把场景提炼成少量有效数据的方式；③如果特征点的分布比较理想，则有利于完成三角测量和其他任务；④特征的区分度相对较高，可利用它们完成目标识别任务。当对图像进行几何推理时，我们主要关心特征在图像中的位置；当对图像进行分类和识别时，特征的属性(如长度、纹理、曲率、梯度、邻域特点等)则更重要。除此之外，图像边缘代表图像信号的不连续性位置，而区域通常都是某局部特征不发生任何变化的位置，这两者都与特征检测密切相关。基于度量信息的方法同样可以用于在图像数据中检测目标对象和物体，然而由于图像数据的复杂性，目前更多的是采用模式识别方法，特别是深度学习方法进行目标对象或物体的检测。通过深度神经网络还可对数据中反映出的对象进行类别测试。对于障碍物检测任务，如果已知物体的类别，并结合当前运行的场景类型，则可以判定它是否是一个障碍物。但这种任务中先验知识至关重要，否则就算检测出类别，机器人也不能推知是障碍物还是操作对象。

下面首先介绍深度学习的基本知识，在此基础上，介绍使用目前较为热门的SSD检测器来实现物体检测。

1. 深度学习概述

深度学习是机器学习研究中的一个新的领域，目标是建立可模拟人脑进行分析学习的规模神经网络，以模仿人脑的机制来解释、使用和分类数据，常用于处理图像、声音和文本。

20世纪80～90年代，神经网络很少受到关注，基本上是SVM和boosting算法的天下。当时神经网络的主要困难在于：比较容易过拟合、参数比较难调整、需要很多技巧、训练速度比较慢、在层次比较少(小于等于3)的情况下效果并不比其他方法有优势，但是Hinton坚持了下来，并和Bengio、Yann LeCun等人共同提出了一个实际可行的深度学习框架。现在深度学习已经成为计算机视觉、模式识别、语音识别、文本识别等领域的现象级算法，它几乎使所有任务的性能有了质的飞跃。

深度学习的研究源于人工神经网络的研究。与传统神经网络相比，深度学习网络是一种深层次的特殊神经网络。深度学习的概念由Hinton等人[1]于2006年提出，并基于深度置信网络(DBN)提出非监督贪心逐层训练算法，为解决深层结构相关的优化难题带来希望，随后提出多层自动编码器深层结构。此外LeCun等人[2]提出的卷积神经网络是第一个真正多层结构的学习算法，它利用空间相对关系减少了参数数目，以此提高训练性能。

深度学习的前身是机器学习中一种基于数据进行表征学习的方法，也称特征学习，即自动从数据中学习特征。如捕捉的一幅图像可以由多种方式表示，可表示为每个像素灰度值构成的矢量，或者表示成一系列边、特定形状的区域等，显然后者更抽象。深度学习通过组合低层特征，形成更加抽象的高层表示(高层特征或属性类别)，再进行数据分类等高层任务。深度学习的便利之处还在于，用非监督式或半监督式的特征学习和分层特征提取方式，替代了手工设计特征进行特征提取的方式，大大降低了相关应用难度。同传统机器学习方法一样，深度机器学习方法也有监督学习与无监督学习之分。

2. 深度神经网络的基本构成

深度神经网络由称为“感知器”的基本人工神经元构成。下面首先介绍感知器。

受到Warren MeCulloch和Walter Pits早期著作的启发，20世纪50～60年代科学家Frank Rosenblatt发明了“感知器”。现代的神经网络多使用一种称为Sigmoid型神经元的神经元模型。

以图 4-4 所示为例，介绍基本神经元模型的计算过程。一个最基本的经典感知器可以同时接收几个二进制输入 x_1、x_2……，并产生一个二进制输出。示例中的感知器有三个输入 x_1、x_2、x_3，通常输入可多可少；w_1、w_2、w_3 表示相应输入对于输出的重要性权重，均为实数；按这种方式输入的加权和 $\sum_j w_j x_j$ 小于或者大于某一阈值时，神经元的输出为 0 或者 1。和权重一样，阈值也是一个实数，它是神经元的参数。该过程的数学表达式定义见式(4-3)：

$$\text{output}=\begin{cases}0 & \text{if} \quad \sum_j w_j x_j \leqslant \text{threshold} \\ 1 & \text{if} \quad \sum_j w_j x_j > \text{threshold}\end{cases} \tag{4-3}$$

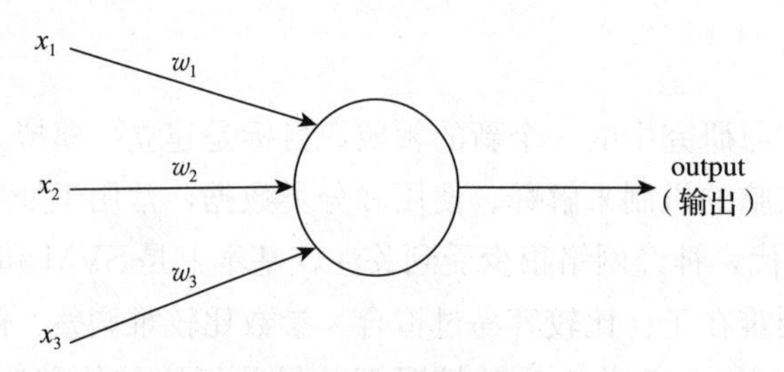

图 4-4 感知器模型

有了一个感知器后，可以将多个感知器构建在一起，其中一层可以放多个感知器，而且可以由多层进一步构造出神经网络，如图 4-5 所示。

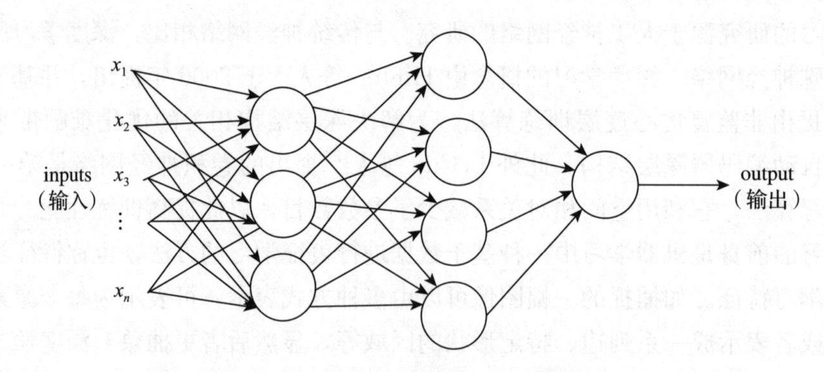

图 4-5 由感知器构成的神经网络

图 4-5 中的第一列感知器称为第一层感知器，它们通过输入加权做出了三个非常简单的决策(输出)；而第二层感知器，每一个都在权衡第一层的决策结果，并做出进一步决策，由此，第二层中的每个感知器比第一层做出更复杂和抽象的决策；以此类推，在第三层中的感知器甚至能进行更复杂的决策，这样，一个多层的感知器网络便完成了复杂的决策。需要注意的是，在上面的网络中感知器仍然是单输出的，每个感知器的多个输出箭头仅仅便于说明一个感知器的输出被用于其他感知器的输入。

对感知器的数学描述可进一步简化。第一个简化是把 $\sum_j w_j x_j$ 改写成点乘 $\boldsymbol{wx}=\sum_j w_j x_j$，

这里 $\boldsymbol{w}$ 和 $\boldsymbol{x}$ 对应权重和输入的矢量；第二个简化是把阈值移到不等式的另一边，并用感知器的偏置 $b=-\text{threshold}$ 代替，简化后的感知器的规则可以重写为：

$$\text{output}=\begin{cases}0, & \text{if} \quad \boldsymbol{wx}+b\leqslant 0\\ 1, & \text{if} \quad \boldsymbol{wx}+b>0\end{cases} \tag{4-4}$$

可以把偏置看作一种让感知器输出1(即激活感知器)有多难或者多容易的估计。对于一个具有非常大偏置的感知器来说，输出1是很容易的；但是如果偏置是一个非常小的负数，输出1则很困难。

通过对输入的取值、激活函数、输出取值约束的改变，可以得到更为复杂的神经元，通过神经元的多次叠加，我们可以构建越来越强大的网络。在这个过程中，涉及卷积、池化(Pooling)、训练数据增强(避免过度拟合)、Dropout技术(防止过度拟合现象)、网络的Ensemble使用以及其他相关技术，最终的结果能够接近人的表现。如在10000幅MNIST测试图像上(从未在训练中见过的图像)，有深度模型已可以做到将其中的9967幅正确分类，与人的表现无异。

通过此过程，我们知道深度学习的实质是通过构建具有很多隐藏层的机器学习模型，来学习得到更有用的特征，从而最终提升分类或预测的准确性。深度学习模型的规模需要海量的训练数据作为支撑，可以这样概括："深度模型"是手段，"特征学习"是目的，"海量数据"是保障。区别于传统的浅层学习，深度学习的不同之处在于：①强调了模型结构的深度，通常有5层、6层，甚至10多层的隐藏层节点；②明确突出了特征学习的重要性，换言之，通过逐层特征变换，将样本在原空间的特征表示变换到一个新特征空间，从而使分类或预测更加容易。与人工规则构造特征的方法相比，需要利用大数据来学习特征，才能够刻画数据的丰富内在信息。

3. 卷积神经网络(CNN)

下面以经典卷积神经网络为例，力求使读者初步掌握深度神经网络的大致思路，也为后续介绍基于深度网络的检测器做铺垫。为了便于初学者理解，后续例子尽量以具体实例介绍(例如图像分辨率固定为28×28)，读者可以对照本节实例，参考其他文献中给出的更一般公式，加深对一般情况的理解。

卷积神经网络采用了三种基本概念：局部感受野(Local Receptive Fields)、共享权重(Shared Weights)和池化(Pooling)。

首先介绍局部感受野。前述深度神经网络也称全连接神经网络，它的输入是纵向排列矢量，也可以看成是一列恒等于输入的神经元。但在一个卷积网络中，输入看作是一个28×28的方形排列的神经元，其值对应于用作输入的28×28的像素灰度矩阵。

随后，输入像素连接到后续一个隐藏神经元层，但是此时不会像全连接网络那样把每个输入像素连接到所有隐藏神经元。相反，只是把输入图像的局部区域(局部神经元)连接到下一层的某个神经元。从隐藏层看，其中的每个神经元会连接到输入神经元层的一小片区域，如一个5×5的区域对应于25个输入像素，这个输入图像的区域称为隐藏神经元的局部感受野，它是输入像素上的一个小窗口。每个连接对应需要学习的一个权值。而隐藏神经元同时也要学习一个总的偏置。因此，一个特定的隐藏神经元实际上是在学习分析它的局部感受野内的信息。

接下来，在整个输入图像上逐像素移动局部感受野。对于每个局部感受野，在隐藏层中都有一个对应的隐藏神经元，如此重复，构建起一个隐藏层。需要注意的是，如果输入图像分辨率为 28×28，局部感受野大小为 5×5，则构建的隐藏层包括 24×24 个神经元，因为输入图像边缘的左右和上下要分别留出 2 个像素给局部感受野。

需要注意的是，如果局部感受野每次可以移动超过一个像素，即不是逐像素移动，此时，称使用的跨距(stride)大于 1。如可以往右(或下)移动 2 个像素的局部感受野，这种情况下使用的 stride=2，一般情况下会使用固定跨距 1。

下面介绍共享权重和偏置。前面已经提到，每个隐藏神经元具有一个偏置和连接到它的 5×5 权重下的局部感受野，而对于 24×24 个隐藏神经元来说，为了简单起见，每一个神经元使用了相同的权重和偏置。

对第 j，k 个隐藏神经元，用数学公式表达其输出为：

$$\sigma(b+\sum\sum w_{l,m}a_{j+l,k+m}) \tag{4-5}$$

式中，$a_{j+l,k+m}$ 表示位置为$(j+l,\ k+m)$上的输入值；σ 为神经元的激活函数，也可以是前面提及的恒等映射函数，但是最常见的是 ReLU 和 Sigmoid 型的激活函数(其他的见图 4-6)；b 是共享的偏置值；$w_{l,m}$ 是一个共享的权重，为 5×5 数组。

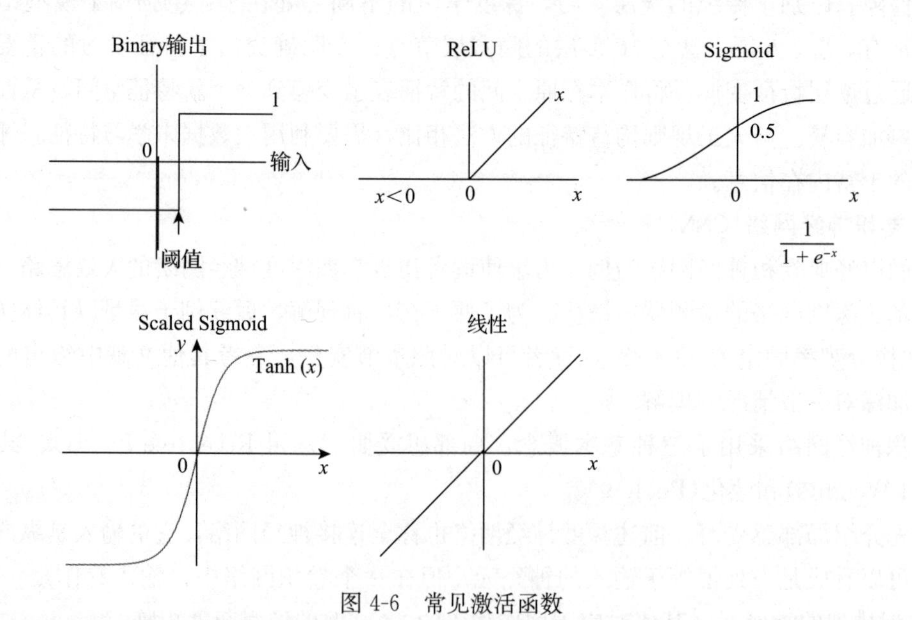

图 4-6 常见激活函数

共享权重的方式意味着每一个隐藏层的所有神经元检测的是同一种特征，而检测位置要遍历整个输入图像，或者说此时的隐藏层由同一种“性质”的神经元构成。因此，卷积网络能很好地适应图像的平移不变性，例如平移一幅猫的图像后，卷积网络仍然将其识别为猫。

通常把从输入层到隐藏层的映射称为一个特征映射，把定义特征映射的权重称为共享权重，把以这种方式定义特征映射的偏置称为共享偏置，一组共享权重、偏置连同激活函数经常被称为一个卷积核或者滤波器。

当前的这个卷积核只能提取一种类型的局部特征。为了完成图像识别，我们需要多于一个的特征映射，因此一个完整的卷积层由几个不同的特征映射组成，如图 4-7 所示。

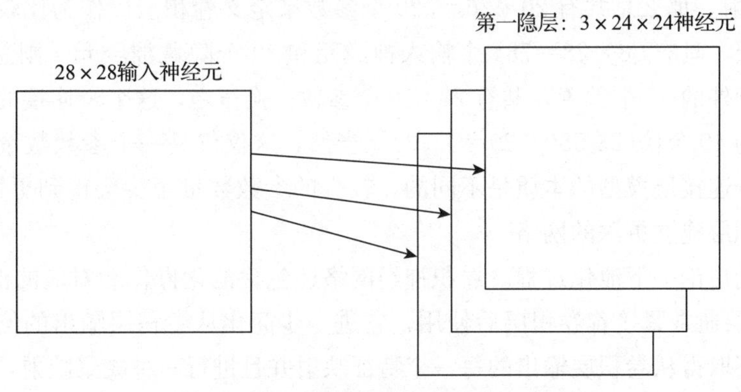

图 4-7　卷积神经网络特征映射示意图

从图 4-7 中可以看出有 3 个特征映射，将每个特征映射定义为一个 5×5 共享权重和一个共享偏置的集合，这样，该卷积神经网络对 3 种不同的特征进行检测。前述为了简单起见，只展示了 3 个特征映射，在实际中，卷积神经网络可能使用很多的特征映射(卷积核)。如一种早期识别 MNIST 数字的神经卷积网络 LeNet-5，使用了 6 个特征映射，每个关联到一个 5×5 的局部感受野，有的卷积神经网络会更多，20、32、40、64、128 个特征映射的卷积层很常见。下面给出一个实例，图 4-8 中 64 幅图像对应于 64 个不同的特征映射(或滤波器、卷积核)，每个映射对应于一幅 5×5 块的图像表示，对应于局部感受野中的 5×5 权重。浅色块意味着一个小权重，这样的特征映射对相应的输入像素有更小的响应；深色块意味着一个更大的权重，此种特征映射对相应的输入像素有更大的响应。图像显示出了卷积层做出响应的特征类型，可以看出，许多特征有清晰的亮和暗的子区域，这表示卷积神经网络实际上正在学习和空间结构相关的信息，从表面上看，学习到的信息似乎类似于传统的图像滤波器。

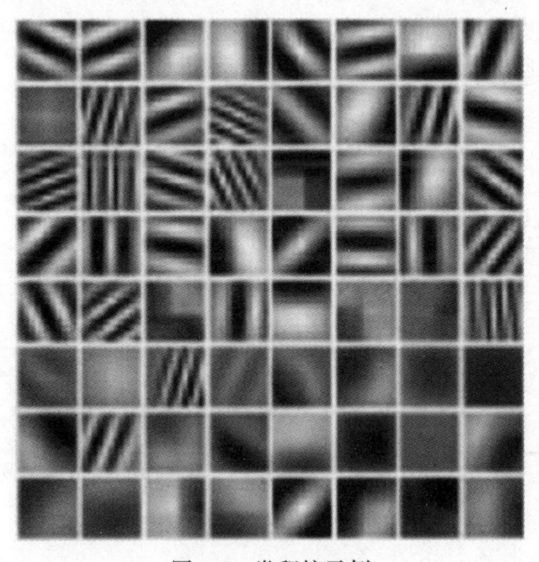

图 4-8　卷积核示例

共享权重和偏置的一个优势是大大减少了卷积网络的参数数量。对于每个特征映射我们需要 5×5=25 个共享权重，加上一个共享偏置，所以每个特征映射只需要 26 个参数。如果有 20 个特征映射，那么总共有 20×26=520 个参数来定义卷积层。作为比较，假设有一个全连接的第一层，具有 28×28=784 个输入神经元和 30 个隐藏神经元，则总共有 784×30 个权重，加上额外的 30 个偏置，共有 23 550 个参数。换言之，这个全连接的层的参数是前述卷积层参数的 40 余倍(23 550/520=45.3)。当然，这仅仅是一个参数数量的比较，实际上卷积模型和全连接层模型的本质是不同的。较少的参数数量至少会得到更快的训练速度，有助于使用卷积层建立更深的网络。

最后，我们讨论一下池化过程。卷积神经网络还包含池化操作和对应的池化层(Pooling Layers)。池化层通常紧接着卷积层后使用，它进一步简化从卷积层输出的信息。更具体地说，一个池化层取得从卷积层输出的每一个特征映射并且进行一种凝聚映射，如池化层的每个单元可以概括前一层的一个 2×2 的区域，常见的池化处理方法如图 4-9 所示，一个池化单元输出其 2×2 输入区域的最大激活值，该方法也被称为最大值池化(Max Pooling)方法。

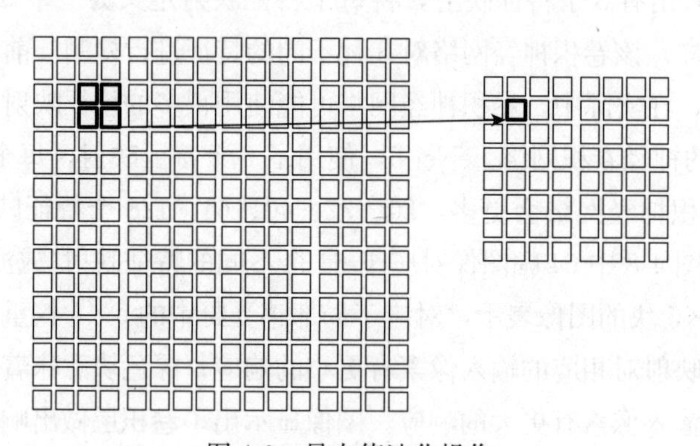

图 4-9　最大值池化操作

如果卷积层有 24×24 个神经元输出，池化后将得到 12×12 个神经元。上面提到卷积层通常包含多于一个特征映射，因此实际上最大值池化将分别应用于每一个特征映射。对于三个特征映射，组合在一起的卷积层和最大值池化层如图 4-10 所示。

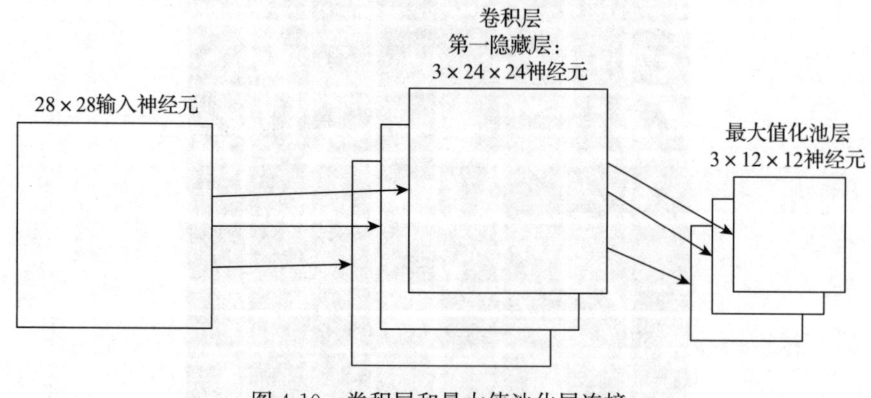

图 4-10　卷积层和最大值池化层连接

可以把最大值池化看作网络查询是否有一个给定的特征存在于某个地方，并忽略具体的绝对位置信息。直觉上，一旦一个特征被发现，相比于自身确切位置，它相对于其他特征的位置更加重要。这样做的一个好处是可以降低需要保留的特征数，有助于减少后续层所需的参数数目。

最大值池化并不是唯一的池化方法，另一个常用的方法是 L2 池化(L2 pooling)，即取 2×2 区域中激活值的平方和的平方根，其直观上和最大值池化是相似的，是一种凝聚从卷积层输出的信息的方式，两种方法都被广泛应用于实践中。当然，还有其他池化方法，如平均池化。如果正在尝试优化性能，可以使用验证数据来比较不同池化的效果，并选择一个性能最佳的方法。

现在对前述内容进行综合，再进一步迭代重复构建出一个完整的卷积神经网络。这个卷积神经网络从 28×28 个输入神经元开始，对应于图像的像素值；再通过一个卷积层，使用 3 个特征映射，每个特征映射的局部感受野都是 5×5，结果得到 3×24×24 隐藏层特征神经元；下一步再通过应用 2×2 区域的最大值池化操作，构建一个最大值池化层，遍及前述 3 个特征映射，结果得到一个 3×12×12 的隐藏特征神经元层；以此类推，最后连接一个全连接层，这一层将最大值池化层的每一个神经元连接到一个输出神经元，形成全连接网络，输出神经元可以指定为最终的分类类别，输出神经元的数量等于分类数量。至此，基本的卷积神经网络已构建完成。

4. SSD 检测器

近年来，目标检测已经取得了重要进展，主流的目标检测算法分为两步法和一步法。两步法先通过启发式方法或者 CNN(常用 RPN，Region Proposal Network，区域推荐网络)产生一系列稀疏的候选框，然后对这些候选框进行分类与回归，典型的如 R-CNN 算法。一步法(如 Yolo[3] 和 SSD[4])的主要思路是均匀地在图片的不同位置进行密集采样，采样时可以采用不同尺度和长宽比，然后利用 CNN 提取特征后直接进行分类与回归，整个过程只需要一步。这两类的目标检测算法性能如图 4-11 所示，可以看到它们在准确度和速度上存在差异。

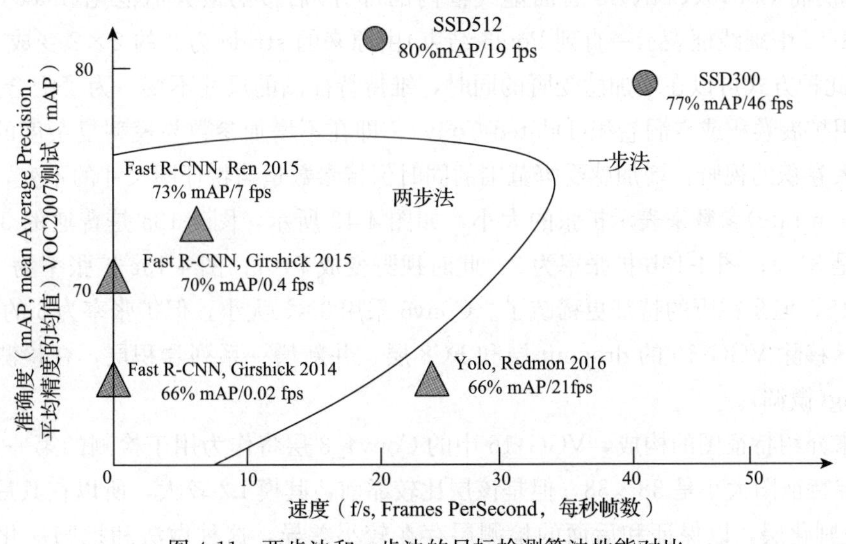

图 4-11　两步法和一步法的目标检测算法性能对比

SSD 算法的英文全称是 Single Shot multi-box Detector，Single Shot 指明了 SSD 算法属于一步法，multi-box 指明了 SSD 是多框预测。从图 4-11 可以发现，SSD 算法在准确度和速度(除了 SSD512)上都比 Yolo 2016 要好很多，相比 Yolo，SSD 采用 CNN 直接进行检测，而不是像 Yolo 那样在全连接层之后做检测。SSD 有两个优势，一是 SSD 提取了不同尺度的特征图来做检测，大尺度特征图(较靠前的特征图)可以用来检测小物体，而小尺度特征图(较靠后的特征图)用来检测大物体；二是 SSD 采用了不同尺度和长宽比的先验框(Priorboxes)。Yolo 2016 算法的缺点是难以检测小目标，且定位不准，SSD 在一定程度上克服了这些缺点。下面我们详细讲解 SSD 算法的原理。

首先介绍 SSD 检测器的网络结构。SSD 采用 VGG-16 作为基础模型，然后在 VGG-16 的基础上新增了卷积层来获得更多的特征图以用于检测。SSD 的网络结构如图 4-12 所示，可以明显看到 SSD 利用了多尺度的特征图做检测，模型的输入图片大小是 300×300(还可以是 512×512，其与低分辨率时的网络结构没有差别，只是最后新增一个卷积层，本文不再赘述)。

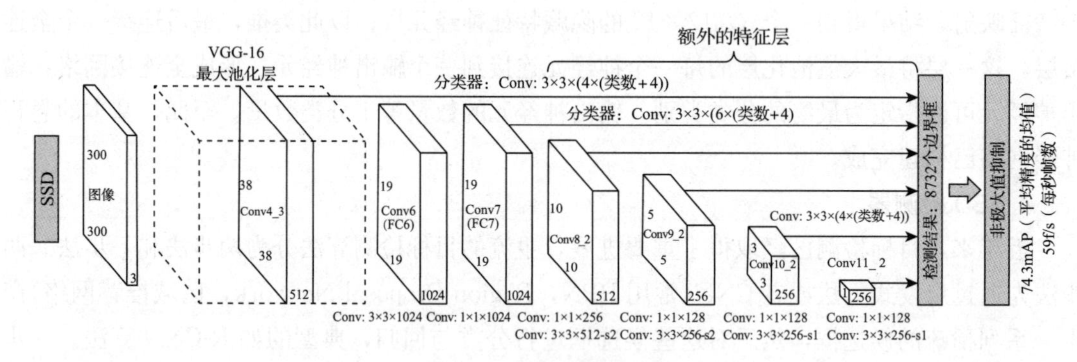

图 4-12 SSD 网络结构

SSD 分别将 VGG-16 的全连接层 FC6 和 FC7 转换成 3×3 卷积层 Conv6 和 1×1 卷积层 Conv7，同时将 Conv5(Conv4-3 后面虚线框内的部分)后接的最大值池化(max pooling)层 Pool5(图 4-12 中虚线框表示一直到 Pool5 结束)由原来的 stride 为 2 的 2×2 变成 stride 为 1 的 3×3，此种方式可以在增加感受野的同时，维持特征图的尺寸不变。为了配合这种改变，Conv6 采用扩展卷积或空洞卷积(Dilated Conv)，即在不增加参数与模型复杂度的条件下指数级地扩大卷积的视野，增加感受野范围的同时保持参数量与特征图尺寸的不变，并使用扩张率(dilation rate)参数来表示扩张的大小，如图 4-13 所示，图 4-13a 是普通的 3×3 卷积，其视野就是 3×3；图 4-13b 扩张率为 2，此时视野变成 7×7；图 4-13c 扩张率为 4，视野扩大为 15×15，但是视野的特征更稀疏了。Conv6 采用 3×3 大小，但扩张率为 6 的扩展卷积。

然后，移除 VGG-16 的 dropout 层和 FC8 层，并新增一系列卷积层，在检测数据集上做 finetuing(微调)。

接下来介绍特征图的构成，VGG-16 中的 Conv4_3 层将作为用于检测的第一个特征图。Conv4_3 层特征图大小是 38×38，但是该层比较靠前，其模 L2 较大，所以在其后面增加了一个 L2 正则化层，以保证和后面的检测层存在较小差异，这种做法和批归一化层不太一样，其仅仅是对每个像素点在通道维度做归一化，而批归一化层是在(batch_size，width，height)三个维度上做归一化。归一化后一般设置一个可训练的放缩变量 γ。从后面新增的卷积层中提取 Conv7、Conv8_2、Conv9_2、Conv10_2、Conv11_2 作为检测所用的特征图，加上 Conv4_3 层，共提取了 6 个特征图，其大小分别是(38×38×512)、(19×19×1024)、(10×10×512)、(5×5×256)、(3×3×256)、(1×1×256)。

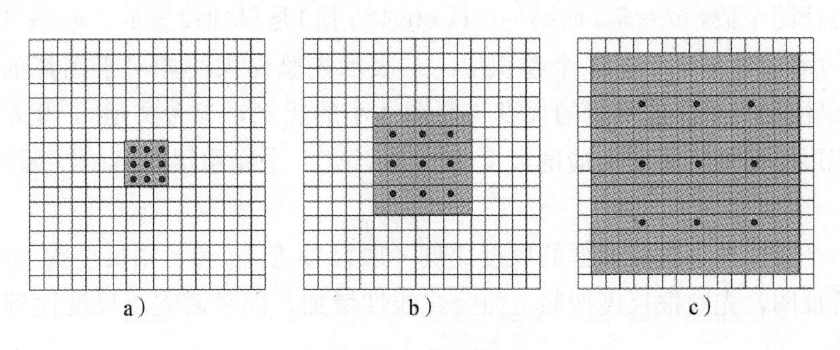

图 4-13　扩展卷积

按此种方式，SSD 得到了 6 个大小与深浅不同的特征层。在 6 个不同尺度上都设立预选框 PriorBox，其中浅层的特征图检测小物体，深层的特征图检测大物体，在浅层特征图上设立较小的 PriorBox 来负责检测小物体，在深层特征图上设立较大的 PriorBox 来负责检测大物体。SSD 先验性地提供了以该坐标为中心的 4 个或 6 个不同大小的 PriorBox(如图 4-14 所示)，利用特征图的特征去预测 4 个或 6 个 PriorBox 的类别与位置偏移量。上述 6 个不同层次特征图上的每一个点分别对应 4 个、6 个、6 个、6 个、4 个、4 个 PriorBox，可以看到不同特征图设置的先验框数目有所不同，而同一个特征图上每个单元设置的先验框是相同的，其数目指的是一个单元的先验框数目。如 Conv8 得到的特征图大小为 10×10×512，每个点对应 6 个 PriorBox，一共有 600 个 PriorBox。待检测目标类别为 9 类，则每个点上 3×3 卷积后得到的类别特征维度为 6×9=54，位置特征维度为 6×4=24。位置描述为(c_x, c_y, w, h)，分别表示边界框的中心坐标以及宽高。某个特征图上的一个点对应于原图上的坐标点，两者之间有固定的转换关系。

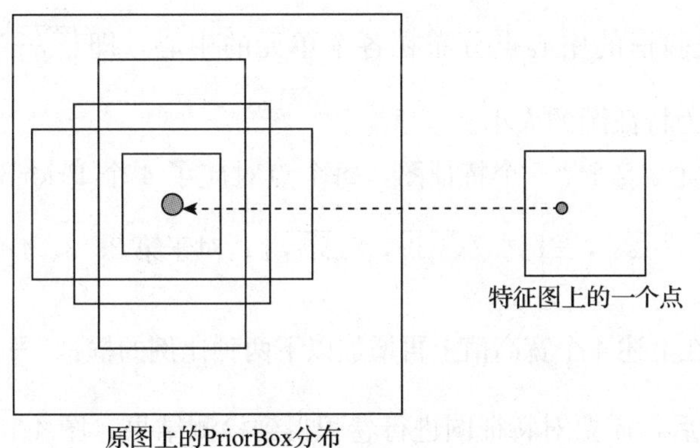

图 4-14　PriorBox 分布

先验框的参数包括尺度(或者说大小)和长宽比。先验框的尺度遵守一个线性递增规则：随着特征图尺寸减小，先验框尺度按比例增加，SSD采用式(4-6)来计算每一个特征图对应的PriorBox的尺度 s_k：

$$s_k = s_{\min} + \frac{s_{\max} - s_{\min}}{m-1}(k-1), \quad k \in [1,m] \tag{4-6}$$

式中，m 指特征图个数，$m=5$，而第一层(Conv4_3层)是单独设置的。$k=1,2,3,4,5,6$ 分别对应SSD的第4,7,8,9,10,11个卷积层。s_k 表示先验框大小相对于图片的比例，$s_{\min}$ 和 $s_{\max}$ 分别表示最浅层与最深层对应的尺度与原图大小的比例，参考文献[1]里取0.2和0.9，即第4个卷积层得到的特征图对应的尺度为0.2，第11个卷积层得到的特征图对应的尺度为0.9。

对于第一个特征图，其先验框的尺度比例一般设置为 $s_{\min}/2$，则尺度为 $300\times0.1=30$，对于后面的特征图，先验框尺度按照上面公式线性增加，但是需先将尺度比例扩大100倍，此时的步长为：

$$\left\lfloor \frac{s_{\max}\times100 - s_{\min}\times100}{m-1} \right\rfloor = 17 \tag{4-7}$$

这样各个特征图的 s_k 为20,37,54,71,88，将这些比例除以100，然后再乘以图片大小，可以得到各个特征图的尺度为60,111,162,213,264。综上，可以得到各个特征图的先验框尺度30,60,111,162,213,264。

对于长宽比，一般选取 $a_r \in \{1,2,3,1/2,1/3\}$，对于特定的长宽比，按式(4-8)计算先验框的宽度与高度(后面的 s_k 均指的是先验框实际尺度，而不是尺度比例)：

$$w_k^a = s_k\sqrt{a_r}, \quad h_k^a = s_k/\sqrt{a_r} \tag{4-8}$$

默认情况下，每个特征图会有一个 $a_r=1$ 且尺度为 s_k 的先验框，除此之外，还会设置一个尺度为 $s_k'=\sqrt{s_k s_k+1}$ 且 $a_r=1$ 的先验框，这样每个特征图都设置了两个长宽比为1但大小不同的正方形先验框。注意最后一个特征图需要参考一个虚拟 $s_{m+1}=300\times105/100=315$ 来计算 s_m'。因此，每个特征图一共有6个先验框 $a_r \in \{1,2,3,1/2,1/3,1'\}$，但是在实现时，Conv4_3、Conv10_2和Conv11_2层仅使用4个先验框，它们不使用长宽比为3，1/3的先验框。每个单元的先验框的中心点分布在各个单元的中心，即 $\left(\frac{i+0.5}{|f_k|},\frac{j+0.5}{|f_k|}\right)$，其中 i，$j\in[0,|f_k|]$，$|f_k|$ 为特征图的大小。

具体地，对于1个、5个、6个特征图，每个点对应了4个PriorBox，因此其宽高分别为 $\{s_k,s_k\}$，$\left\{\frac{s_k}{\sqrt{2}},\sqrt{2}s_k\right\}$，$\left\{\sqrt{2}s_k,\frac{s_k}{\sqrt{2}}\right\}$，$\left\{\sqrt{s_k s_{k+1}},\sqrt{s_k s_{k+1}}\right\}$；对于第2、3、4个特征图，每个点对应了6个PriorBox，则在上述4个宽高值上再增加以下两种比例的框：$\left\{\frac{s_k}{\sqrt{3}},\sqrt{3}s_k\right\}$，$\left\{\sqrt{3}s_k,\frac{s_k}{\sqrt{3}}\right\}$。

得到了特征图之后，需要对特征图进行卷积得到检测结果，图4-15给出了一个 5×5 大小的特征图的检测过程。其中Priorbox是得到先验框，前面已经介绍了生成规则。检测值包含两个部分：类别置信度和边界框位置，各采用一次 3×3 卷积来完成。令 n_k 为该特征图所采用的先验框数目，那么类别置信度需要的卷积核数量为 $n_k\times c$，而边界框位置需要的卷积核数量为 $n_k\times 4$。由于每个先验框都会预测一个边界框，所以 SSD 一共可以预测 $38\times38\times4+19\times19\times6+10\times10\times6+5\times5\times6+3\times3\times4+1\times1\times4=8732$ 个边界框，可以发现，SSD 本质上是密集采样。

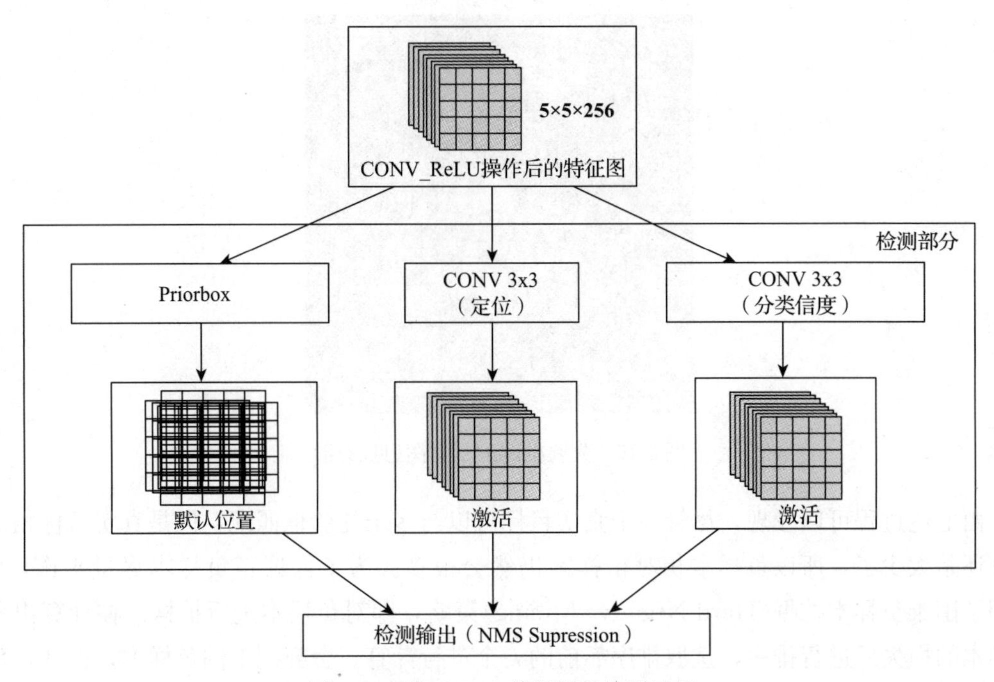

图 4-15　基于 5×5 特征图的检测过程

下面介绍 SSD 的训练过程。SSD 采用 VGG-16 做基础模型，VGG-16 是使用 ILSVRC CLS-LOC 数据集经过预训练的网络。首先进行先验框匹配(如图 4-16 所示)。在训练过程中，先要确定训练图片中的真实目标与哪个先验框来进行匹配，与之匹配的先验框所对应的边界框将负责对它进行预测。SSD 的先验框与真实目标的匹配原则主要有两点。首先，对于图片中每个真实目标，找到与其 IoU 最大的先验框，该先验框与其匹配，这样可以保证每个真实目标一定与某个先验框匹配。通常称与真实目标匹配的先验框为正样本，反之，若一个先验框没有与任何真实目标进行匹配，那么该先验框只能与背景匹配，称为负样本。一个图片中真实目标是非常少的，但先验框很多，如果仅按上述原则匹配，绝大多数先验框会是负样本。正负样本极其不平衡时，会导致样本不均衡问题，因此需要再给出第二个原则：对于剩余的未匹配先验框，若某个真实目标的 IoU 大于某个阈值(一般是 0.5)，那么该先验框也与这个真实目标进行匹配。这意味着某个真实目标可能与多个先验框匹配对应，这样做是合理的；但是不允许一个先验框匹配多个真实目标，一个先验框只能匹配一个真实目标，如果多个真实目标与某个先验框 IoU 大于阈值，那么先验框只取与 IoU 最大的那个真实目标进行匹配。除此之外，读者可以思考一下这种情况，如果某个真实目标所对应最大 IoU 小于阈值，并且所匹配的先验框却与另外一个真实目标的 IoU 大于阈值，那么该先验框应该匹配谁？答案应该是前者，因为首先要确保某个真实目标一定有一个先验框与之匹配。这种情况基本上是不存在的，因为先验框很多，某个真实目标的最大 IoU 很容易就满足大于阈值，所以只实施第二个原则就可以了。图 4-16 为先验框匹配示意图，其中绿色的 GT 是真实目标，红色为先验框，FP 表示负样本，TP 表示正样本。

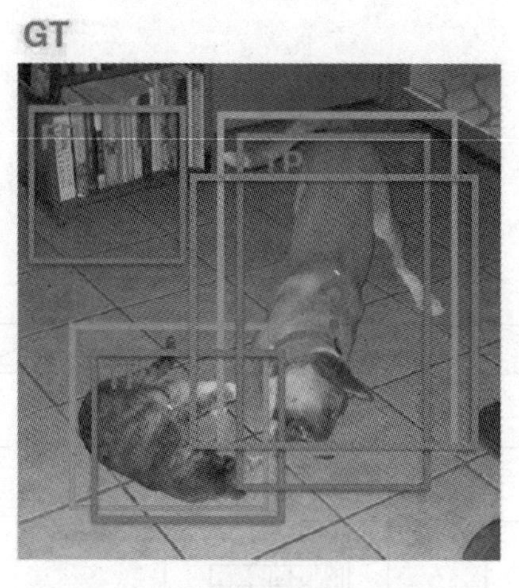

图 4-16　先验框匹配示意图(见彩插)

由上述过程可以发现，尽管一个真实目标可以与多个先验框匹配，但是真实目标相对先验框还是太少了，所以负样本相对正样本仍然会很多。为了保证正负样本尽量平衡，SSD 采用了困难负样本挖掘(Hard Negative Mining)策略，即对负样本进行抽样。在计算出所有负样本的损失后进行排序，选取排序靠前的 k 个进行计算，舍弃剩下的负样本，保证正负样本比例接近 1∶3。

下面介绍损失函数的计算过程，训练样本确定了，然后就是损失函数了。损失函数定义为位置误差(locatization loss，loc)与置信度误差(confidence loss，conf)的加权和：

$$L(x,c,l,g)=\frac{1}{N}(L_{\text{conf}}(x,c)+\alpha L_{\text{loc}}(x,l,g)) \tag{4-9}$$

式中，N 是先验框的正样本数量；这里，令 $x_{ij}^{p}\in\{1,0\}$ 为一个指示参数，当 $x_{ij}^{p}=1$ 时表示第 i 个先验框与第 j 个真实目标匹配，并且真实目标的类别为 p；c 为类别置信度预测值；l 为先验框的所对应边界框的位置预测值；而 g 是真实目标的位置参数。对于位置误差的计算，其采用 Smooth $L1$ loss，定义见式(4-10)～式(4-13)：

$$L_{\text{loc}}(x,l,g)=\sum_{i\in\text{Pos}}^{N}\sum_{m\in\{cx,cy,w,h\}}x_{ij}^{p}\,\text{smooth}_{L1}(l_i^m-\hat{g}_j^m) \tag{4-10}$$

$$\hat{g}_j^{cx}=(g_j^{cx}-d_i^{cx})/d_i^{w}\quad \hat{g}_j^{cy}=(g_j^{cy}-d_i^{cy})/d_i^{h} \tag{4-11}$$

$$\hat{g}_j^{w}=\lg\left(\frac{g_j^{w}}{d_i^{w}}\right)\quad \hat{g}_j^{h}=\lg\left(\frac{g_j^{h}}{d_i^{h}}\right) \tag{4-12}$$

$$\text{smooth}_{L1}(x)=\begin{cases}0.5x^2 & \text{if}\ |x|<1\\ |x|-0.5 & \text{otherwise}\end{cases} \tag{4-13}$$

由于 x_{ij}^{p} 的存在，所以位置误差仅针对正样本进行计算。值得注意的是，要先对真实目

标的 g 进行编码得到 $\hat{g}$，因为预测值 l 也是编码值，若设置 variance_encoded_in_target = True，编码时要加上方差 variance：

$$\hat{g}_j^{cx} = (g_j^{cx} - d_i^{cx})/d_i^w/\text{variance}[0],\quad \hat{g}_j^{cy} = (g_j^{cy} - d_i^{cy})/d_i^h/\text{variance}[1] \tag{4-14}$$

$$\hat{g}_j^w = \lg(g_j^w/d_i^w)\text{variance}[2],\quad \hat{g}_j^h = \lg(g_j^h/d_i^h)/\text{variance}[3] \tag{4-15}$$

对于置信度误差计算，其采用归一化指数函数基础上的交叉熵损失函数：

$$L_{\text{conf}}(x,c) = -\sum_{i \in \text{Pos}}^{N} x_{ij}^p \lg(\hat{c}_i^p) - \sum_{i \in \text{Neg}} \lg(\hat{c}_i^o) \tag{4-16}$$

式中，$\hat{c}_i^p = \dfrac{\exp(c_i^p)}{\sum_p \exp(c_i^p)}$。

权重系数 α 通过由交叉验证确定，此处设置为 1。

除了上述过程，我们还要考虑对已有数据进行数据增强(Data Augmentation)。数据增强可以提升 SSD 的性能，主要采用水平翻转/镜像、亮度随机调整、对比度随机调整、色相随机调整、饱和度随机调整、顺序随机调整、添加随机的光照噪声、随机扩展、随机裁剪和固定缩放去均值(全随机)等多种增强方式。图 4-17 所示为数据增强的实例，图中蓝色框和红色框分别为猫和狗。

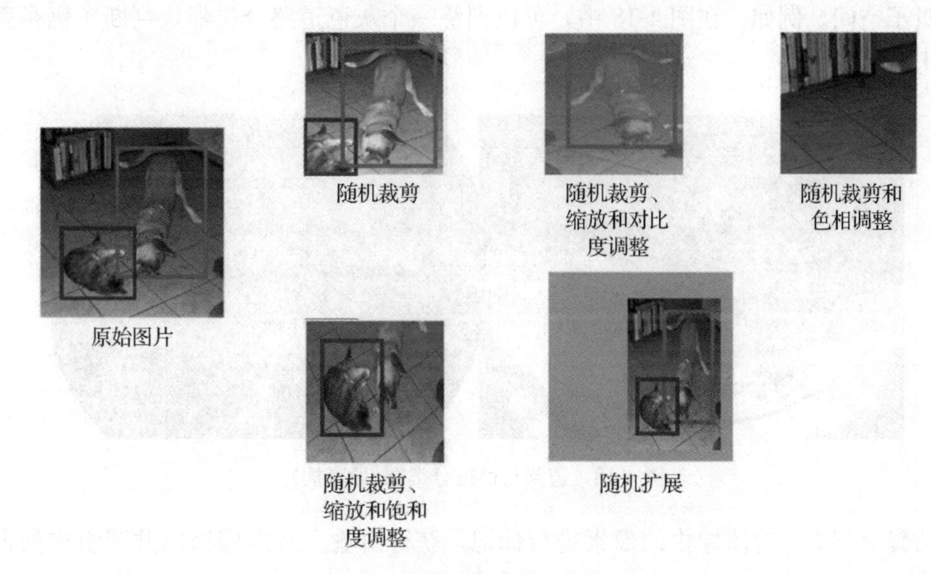

图 4-17　数据增强实例(见彩插)

其他的训练细节如学习速率的选择等详见参考文献[4]，篇幅所限不再赘述。

下面介绍 SSD 的预测过程。预测过程比较简单，对于每个预测框，首先根据类别置信度确定类别(置信度最大者)与置信度值，并过滤掉属于背景的预测框；然后根据置信度阈值(如 0.5)过滤掉阈值较低的预测框，并对留下的预测框进行解码，再根据先验框得到真实的位置参数；解码后一般还需要进行裁剪，防止预测框位置超出图片；再根据置信度降序排列，然后仅保留排序靠前的 k 个(如 400)预测框；最后利用非极大值抑制算法，过滤掉那些重叠度较大的预测框，得到剩余的预测框就作为检测结果输出。

4.1.3 基于传统特征的物体分类识别

分类是指把物体归入特定类别，并对其进行标记，适用于移动机器人的分类实例有道路、植被、动物、人造物、人、危险情景等。像素级分类是指把图像中的每一个像素关联到某一类，一般情况下，简单的分类问题假设所有类别间不存在交集。

构建一个分类器包括训练和测试(即学习确定模型后，在实际环境中运行)两个阶段。在训练阶段，需要对已标注的数据实例进行处理，以获得将测试数据正确划分到指定类别的最佳模型或者规则；在测试阶段，则依据前期训练规则或模型，将分类器应用于机器人在线获取的新数据，并给其分配标签。

接下来将介绍两种简单实用的方法，用于实现简单分类。

传统基于特征的方法中，认为每个像素都会与某种属性或特征相关，这些属性或特征由人工设计和指定。这些特征可以是像素的红、绿、蓝三原色的值，或者是根据像素邻域计算得到的其他抽象、高级属性，也可以由更加复杂的运算得到，如通过频域分析计算得到。通常，可以用一个多维矢量来表示特征。

分类可以基于如下假设：在特征矢量构成的空间中，不同类别对应着不同的特征矢量或特征矢量子空间。例如，在图 4-18 中，可以训练一个灰色道路分类器，判断车辆是否行驶在路面上。

图 4-18　道路与植被分类图(见彩插)

在监督学习中，对图像中的像素进行标记，获得由输入和期望输出共同组成的训练实例。这些实例数据被用于确定类的特性，如图 4-19 所示，每个训练实例分属不同类别，这些实例可以用来训练分类器。一种直观且简单的像素分类方法是计算特定像素相对于每个类别均值的马氏距离(协方差矩阵是单位矢量，各维度独立同分布时变为欧式距离)，然后选择与其最接近的类作为分类器输出。

马氏距离的定义见式(4-17)：

$$d^2=(\boldsymbol{x}-\boldsymbol{m})^{\mathrm{T}}\boldsymbol{\Sigma}^{-1}(\boldsymbol{x}-\boldsymbol{m}) \tag{4-17}$$

式中，$\boldsymbol{x}$ 为关于新像素某种描述的特征矢量；$\boldsymbol{m}$ 是属于某一类的已知样本的特征矢量均值；$\boldsymbol{\Sigma}$ 指该类样本的协方差矩阵。该距离是相对于均值的偏差，对应均值则根据各方向的标准偏差进行了归一化处理。

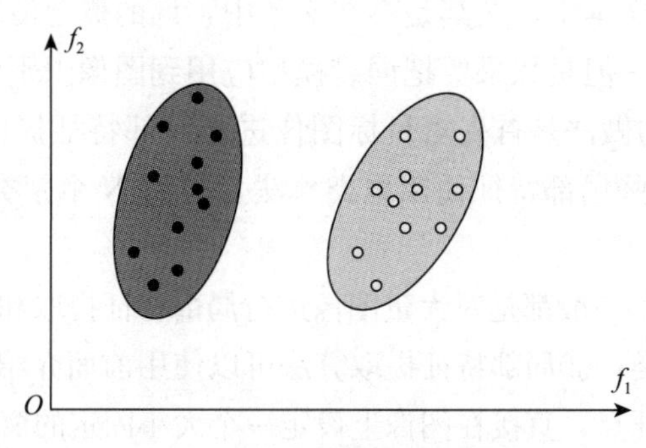

图 4-19　特征被聚集到不同类

马氏距离的计算涉及矩阵与矢量相乘，也就是需要对每个类别计算矢量点积。如果计算量太大，可以使用 Fisher 线性判别法。

Fisher 线性判别法是将给定的训练数据样本投影到一条直线上，让同类样本的投影点尽可能近，不同类样本的投影点尽可能远，这样就区分开了两类样本，该方法的关键是找到这样的直线。

令 $C_i(i=1,2)$ 表示两个点集，$\underline{m}_1$、$\underline{m}_2$ 分别代表两个点集的均值，令 $\boldsymbol{S}_w$ 表示样本的类内散度矩阵，如式(4-18)所示，它是全部数据分散程度的度量。

$$\boldsymbol{S}_w = \sum_{i=1,2;\ j\in C_i} (\underline{x}_j - \underline{m}_i)(\underline{x}_j - \underline{m}_i)^{\mathrm{T}} \tag{4-18}$$

定义式(4-19)矩阵 $\boldsymbol{S}_B$，该矩阵的秩表示类间散度，可以衡量不同类之间的分离程度。

$$\boldsymbol{S}_B = (\underline{m}_1 - \underline{m}_2)(\underline{m}_1 - \underline{m}_2)^{\mathrm{T}} \tag{4-19}$$

$\underline{w}^*$ 表示能够使式(4-20)目标函数最大化的方向，这是一个求解广义特征值的问题，其解的定义见式(4-21)。

$$J(\underline{w}) = \frac{\underline{\boldsymbol{w}}^{\mathrm{T}}\boldsymbol{S}_B\underline{\boldsymbol{w}}}{\underline{\boldsymbol{w}}^{\mathrm{T}}\boldsymbol{S}_w\underline{\boldsymbol{w}}} \tag{4-20}$$

$$\underline{w}^* = \boldsymbol{S}_w^{-1}(\underline{m}_1 - \underline{m}_2) \tag{4-21}$$

由此，便求得特征空间中对两个类进行最佳区分的直线方向 $\underline{w}^*$。

现在，为了对某像素进行分类，需要计算该数据点的如下线性变换：

$$g(\underline{x}) = \underline{w}^* \underline{x} + w_0 \tag{4-22}$$

式中，w_0 为决策偏置。

为了便于决策，希望在投影之后有一个明确的数值界限，例如取 0，投影结果大于 0 是一类，投影结果小于 0 是一类，而这个由决策函数 $g(\underline{x})$的偏置 w_0 决定，一般 w_0 取两类均值矢量的中心点$\frac{1}{2}(\underline{m}_1-\underline{m}_2)$。

第二种分类方法是词袋模型(Bag of Words，BoW)，最初被用于文本信息检索领域，后又曾在物体识别领域得到广泛应用。2004 年 Csurka 和 Dance 等人[5]基于词袋模型提出了一种图像的分类方法，该方法现在被称为视觉词袋模型(Bag of Visual Words，BoVW)。视觉词袋模型最关键的两个步骤是词典的构建和词的累积，下面分别对其进行阐述。

首先是词典构建。在文本中，尤其是英文文本中，词的概念清晰明了，被空格隔开的一个个短字符串对应一个词。但是如果要把词袋模型应用到图像识别中，则需要首先定义什么是图像中的“词”，普遍的做法是首先对目标图像进行局部特征提取和局部特征描述，得到若干局部特征，然后对这些局部特征使用聚类算法，得到 N 个聚类中心，这 N 个聚类中心就作为“词”。

有以下几个注意点：①一般都是对大量图像进行局部特征提取和局部特征描述，将得到的大量局部特征一起进行聚类；②局部特征提取算法可以使用前面介绍过的 SIFT、SURF、ORB 等，或者也可以不提取特征点，直接在图像上设定一个大小固定的窗口，然后进行滑动。

图 4-20 所示为视觉词袋模型的词典构建过程。

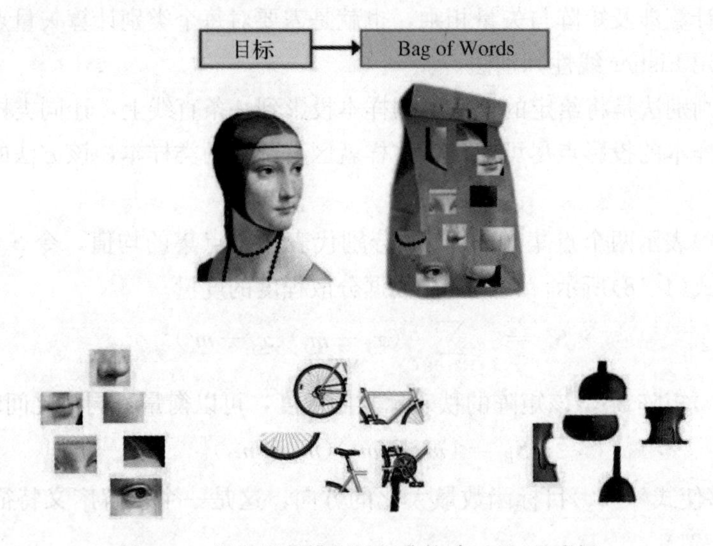

图 4-20 视觉词袋模型的词典构建过程(见彩插)

接下来进行词的累积。利用构建的词典为每张图像计算特征矢量。首先，对目标图像进行局部特征提取和局部特征描述，这和词典构建步骤一样，并且使用的算法必须和词典构建时使用的算法一致；得到目标图像的局部特征之后，给每一个局部特征赋于一个词，具体做法是计算局部特征与每个词的距离，它离谁最近，就属于哪个词，这个过程可以看作是一种量化，通过这个方法，就能将目标图像中的每一个局部特征转换为词编号，然后统计该图像中各词的数量即可；最后，得到每一幅目标图像的特征矢量，也可以称为直方图，如图 4-21 所示。

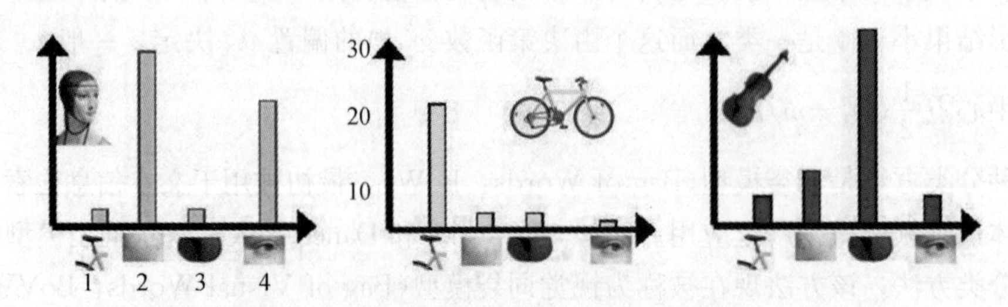

图 4-21 不同类别图像的直方图表示(见彩插)

得到目标图像的词描述后，进行空间金字塔匹配。可以从前述过程明显看出，词袋模型丢失了位置信息。为了解决这个问题，有学者提出了空间金字塔匹配算法(Spatial Pyramid Matching)。

总体上说，空间金字塔匹配考虑图像中的空间信息，将图像分成若干块(子区域)，分别统计每一子块的特征，最后将所有块的特征拼接起来，形成完整的特征。在分块的细节上，采用了一种多尺度的分块方法，即分块的粒度逐步变细，呈现出一种层次金字塔的结构。每层中不同的点可以看作不同的特征，每一个局部特征量化到一个“词”。显然，每层中点的个数可以视为各种关键点或区域特征在该层次图像出现的频率，统计每种特征在不同层次图像中的分布情况，便可以得到一个关于特征的金字塔。

图 4-22 所示为三层金字塔构造示例。具体地，空间金字塔匹配对图像进行划分时，$L=0$ 表示没有划分，全图就是一个区域，此时和词袋模型一样；$L=1$ 表示将图像划分为 2×2 个区域，依此类推，一般划分 2～3 个层次。

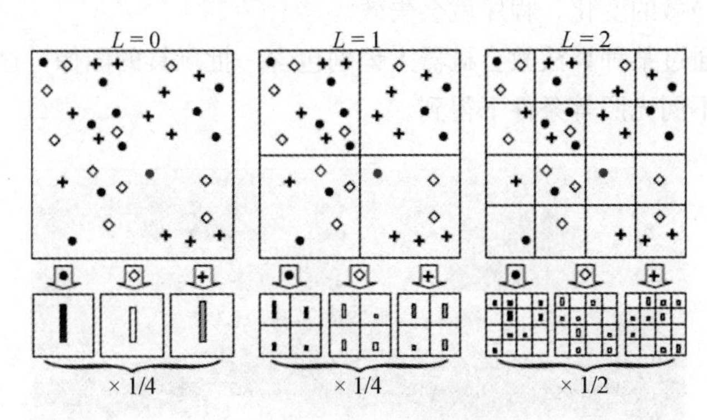

图 4-22　三层金字塔构造

空间金字塔匹配算法的步骤如下：

1)假设存在两个图像的特征点集 X 和 Y，特征维数为 d，将特征空间划分为不同的层次 0、1、……、L，逐个层次上划分出 0、4、16……个方块，则每一层 $D=2^{dl}$ 个方块。

2)两个点集中的点如果落入同一个方块就称这两个点匹配。在一个层次中匹配的总数定义见式(4-23)：

$$I^l = I(H_X^l, H_Y^l) = \sum_{i=1}^{D} \min(X_i, Y_i) \tag{4-23}$$

式中，l 为层次数，X 和 Y 分别是两个点集中落入第 i 个方块的点的数目。

3)统计各个尺度下匹配的总数 I^l(就等于直方图相交)。细粒度的方块由大粒度的方块包含，目的是不重复计算。每个尺度的有效匹配数定义为总匹配数的增量：

$$I^l - I^{l+1} \tag{4-24}$$

4)不同的尺度下的匹配应赋予不同权重，显然大尺度的权重小，而小尺度的权重大，因此权重定义为$\frac{1}{2^{L-l}}$。

5)最终，两点集匹配的程度定义见式(4-25)：

$$k^L(X,Y) = I^L + \sum_{l=0}^{L-1} \frac{1}{2^L - 1}(I^l - I^{l-1}) = \frac{1}{2^L}I^0 + \sum_{l=1}^{L} \frac{1}{2^{L-l+1}}I^l \tag{4-25}$$

4.1.4 基于CNN的物体识别

前述章节已经介绍过了CNN的基本原理，下面介绍如何将一个CNN实际应用于物体识别任务。事实上，前面介绍的SSD也能直接用于物体识别任务，本节介绍一种更简单的实现方式。

在实际情况中，待识别的各种物体可能会被随意摆放，而且距离观察者会有不同的距离。机器视觉算法能够很容易地识别简单的形状(如正方形)或者简单的色块，但是识别像飞机模型、串珠玩具这样复杂的物体就没有那么容易，如图4-23所示场景，矩形框表示玩具识别难度大。最直接的一个想法是，写一个程序来对一张图像的像素、颜色、分布等或它们的组合做各种分析，但是这将是一个极其困难的过程，不仅得到的结果鲁棒性极差，而且只要颜色或者光线有轻微的变化，程序就会失效。

换一种思路，通过某种算法教会机器人识别包含一批玩具的图像，这些图像可以从不同角度拍摄，或者在不同光照等条件下得到。

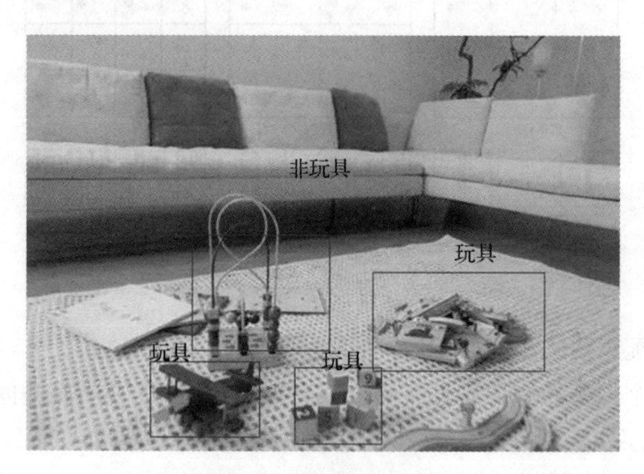

图4-23　复杂场景识别

图像识别结果首先要给出哪些物体是玩具(它们是什么)，有时还要确定它们在场景中的位置(它们在哪里)，如图4-23所示中的方框表示。为了方便起见，下面的处理过程不再对玩具进行定位。

物体识别算法应当不受或少受下述因素影响：①图像尺寸，即要保证算法的“尺度不变性”；②照片拍摄角度，即要保证算法的“旋转不变性”；③光线变化，即要保证算法的“光照不变性”。这些都是一个机器视觉系统非常需要的特性，一个视觉系统不能只能识别出和原始照片中角度、距离、环境完全一样的玩具。不随尺寸、角度、距离和光线而改变的特性有哪些呢？我们从几个不同角度观察一下普通家庭中的物体，比如椅子、桌子，显然物体边缘和拐角特征不会轻易发生变化，而像长度、颜色、高度等特征可能会发生巨大变化。如果把家具识别简化为对边缘和拐角特征的识别，也可以完成识别任务，传统方法中由很多基于这种思路实现识别，但是这是一个有些过度简化的方法。因此，我们尝试训练一个人工神经网络，让该网络在一大堆图像特性中(这些特性对特定物体来说可能是特有的，也不限于仅仅是边缘特征)自己断定哪些是可以利用的，哪些是不适合当前物体识别的。这些特征一般通过卷积得到，因此称为卷积特征，相应的网络称为卷积神经网络。下面，我们将使用提前拍摄好的一组照片，来训练视觉系统进行玩具识别，机器人将基于它从训练照片组里学到的东西来进行物体识别。

视觉系统按照如下流程实现识别任务：

1)准备一组训练用的照片，分为有玩具和没玩具的照片。把摄像头安装到机器人上，然后通过远程操作接口驱动它四处移动，大约每移动 20～40cm 拍摄一次照片。这个过程至少要做两遍，一遍是房间里有玩具；另一遍是房间里没有玩具。每一遍拍摄不少于 200 张照片，越多越好。如果房间在上午、下午和晚上光照情况相差特别大，则还需要在各种自然光照情况下以及晚上人造光照明情况下各拍一套照片，这样做的好处是为算法提供多样的数据，使之能够适应多种环境光线。

2)对有玩具的照片标注玩具区域，然后放入玩具图像文件夹；对没有玩具的照片进行标注，然后放入非玩具图像文件夹。标注时可以使用一个称为 LabelImg 的程序，可以从 github 上下载，该程序为被标注的物体创建一个 ImageNet 数据格式的边框。ImageNet 是一个使用广泛的数据库，包含 1000 种标注过的物体。标注过程对用户来说很直观，只要在图像中所有玩具周围画一个方框，程序会依次展示每张图像。添加完边框后，会弹出标注对话框，为每个有玩具的地方标注出“toy”；同样，还要在每一个不是玩具的物体周围加边框，并将它们标记为“not_toy”。该标注过程比较耗时，完成后需要把生成的 XML 文件转换为 csv(comma separated values)文件，作为分类器训练程序的输入。

3)两个文件夹里面的照片均分为两组：一组用来训练网络，另外一组用来测试网络，测试网络性能的图片集合称为测试集。严格意义上说，此处划分出的测试集实际上是验证集，用来进一步指导调整网络的超参数(Hyperparameter)，真正的测试集只能由机器人在环境中运行时得到。

4)构建两个网络运行程序：一个对网络进行训练，一个调用训练过的网络，用于寻找玩具。

5)训练前，对每张训练图像用随机比例进行缩放、旋转、反转(也称镜像)等变换，也称数据增强。按此种方式，训练图像集将增加若干倍，如图 4-24 所示。然后，将所有图像缩放到同一尺寸上。

6)构建卷积神经网络(CNN)，包括一个卷积层、一个最大池化层、另一个卷积层、另一个最大池化层、一个全连接层和一个输出层。这种类型的 CNN 被称为 LeNet。使用随机权值对网络进行初始化，使用 Keras/Tensorflow 框架来实现这个网络。Keras 框架封装了大量算法细节，较为简单，如果仅从应用便利性和开发快捷性角度出发，为快速构建网络，笔者推荐读者使用该框架。Keras 是几个神经网络软件包的简化或者封装好的前端框架，这些软件包有 TensorFlow、CNTK 以及 Theano，未来可能会包括更多。

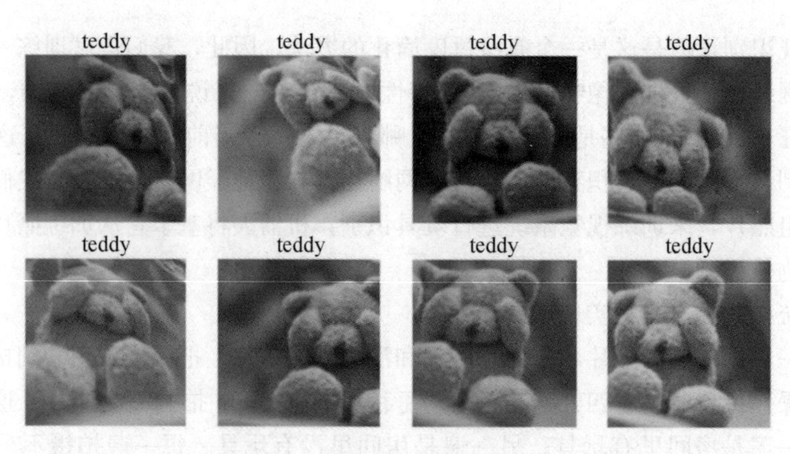

图 4-24 对图像进行数据增强示例

首先是构建一个序列网络框架来包含各层。序列网络是神经网络中使用最多的拓扑结构，组成网络的每一层都会和它上面以及下面的层连接，而且不会再和其他层有连接，此处我们构建一个 5 层的网络(除去输出层)。第一层是卷积层，使用 20 个卷积和一个 5×5 卷积核，因此，该层有 20 个特征地图(Feature Map)，每个特征地图通过一种卷积核提取输入的一种特征，并对应于一组神经元，其数量与当前图层分辨率相同。为了匹配卷积尺寸，需要指定图像边缘如何填充，为图像的 4 条边增加两列像素，这样就不会超出范围。接下来，要为这个层添加激活函数，这里使用 ReLU 函数，这个函数输出所有大于零的值，小于或等于零时，均输出零。第二层是最大池化层，设置为 2×2，并使用 2×2 的步幅。它将 4 个像素转换为 1 个像素输出，输出值为 4 个像素中的最大值，该值会保留图像的突出特性。通过该层将图像的大小减少到原始尺寸的 1/4，让下一层来识别图像中更加抽象的特征。第三层是另一个卷积层，它使用缩减了尺寸后的图像作为输入。这个卷积层数量设为 40，为第一个卷积层的两倍，并使用 5×5 的内核。在这一层，仍然使用 ReLU 激活函数。在这个卷积层之后添加一个 2×2 的最大池化层，这与第一个卷积层的做法相同。

接下来把数据“拉直”成一维数组，然后加上一个全连接层作为第五层。最后一层是输出层，它只有两个神经元，一个用于输出玩具标识，另一个用于输出非玩具标识，对应于要识别的两类物体。此处使用 Softmax 激活函数，把每一个分类的输出转化为一个介于 0 和 1 之间的数并分别输出，使得所有输出的和等于 1。因为输出只有两个类别，可以使用 Sigmoid 函数，但考虑到后续扩展性，如果后面要添加更多类别，使用 Softmax 激活函数更为方便。每类输出的是两个数字，一个是图像中包含玩具的预测概率，另一个是不包含玩具的预测概率。在 Softmax 函数作用下，两个输出值相加为 1，如是玩具的可能性如果是 0.9 的话，那么不是玩具的可能性就是 0.1。

7)把一组做过标注的图像输入网络，会得到一个“正确”或者“错误”的输出，根据期望结果和实际结果之间的误差函数，即损失函数来修正网络权重，对多组(batches)图像重复上述操作。损失函数在构建该网络的最后两步定义，并且需要选择一个训练优化器，每一步迭代，一张有或者没有玩具的图像作为输入提供给网络，该图像带有真实标签，而网络分析图像后会产生两个数字，即是玩具的概率和不是玩具的概率，误差将度量真实标签值和预测值之间的差异。如果图像的真实标签是有玩具，即有玩具标签为1.0，而预测值是0.9，那么误差值是0.1；如果图像的真实标签是没有玩具，即有玩具标签为0.0，但是网络仍旧得到了一个预测值0.9，那么误差就是0.9。因为使用了多个数据进行网络训练，所以必须要使用某种方法来把这些误差值分配给网络中的神经元。首先选择二元交叉熵来计算产生的损失值，在处理这类只有两个类别的问题时，它已经被证明有良好表现；其次，在训练中使用一种合适的优化器，笔者推荐使用ADAM优化器，它是一个改进版本的随机梯度下降(Stochastic Gradient Descent，SGD)方法，可以调整几层神经元的权重，使得网络输出值趋向于真实值。

8)使用测试组图像对网络进行测试。测试图像为在训练过程中没有出现过的同类玩具的照片。通过这组图像，识别网络的性能表现是否达到要求，一般的指标是正确率。如果达到要求，就停止训练；否则，需要改变超参数，继续使用训练图像进行网络训练。

9)一旦得到满意的结果，就可以停止训练，并保存最后的网络模型，这样就得到了经过训练的卷积神经网络。

10)在线运行，执行玩具识别任务。部署训练过的网络，加载它并使用机器人实际获取的图像来寻找玩具：对每一张捕捉图像进行划分，检测每个划分上包含玩具的概率值，根据概率判断出哪个划分里面包含有玩具。当然，实际部署过程要更加复杂，最大的困难在于训练好的网络规模一般很大，不容易部署到仅有限资源的机器人上，第一种方式是采用云一端结合，另一种方式是对训练好的网络进行压缩，常用压缩方法包括剪枝、蒸馏等。

最后需要指出的是，上述网络构建思路基于Keras框架，读者也可以使用其他深度学习框架来实现，但在构造过程中需要注意更多细节，比如指定具体的反向传播途径。读者可自行实现这个简单的物体识别任务。

4.2　基于三维信息的物体检测与识别

一般情况下，生活中的物体仅指代一种物件。然而，本节涉及的物体是广义意义上的物体(Object)，即客观存在的某种静态对象，这与日常生活用语中的物体不大相同。

4.2.1　可行区域检测

激光雷达测量精准，再加上制造成本不断降低，因此大多数移动机器人均以它作为标准的外部感知传感器。对于室内环境，考虑到地面平整，环境结构化较好，以及成本原因，一般采用单线2D激光雷达；对于室外较复杂的环境，必须采用多线激光雷达(一般大于16线)。采用激光点云数据不仅能够构建栅格地图，还能够完成更复杂的环境感知任务，如地面检测分割、车道线检测、目标识别等。

1. 激光点云特点

激光雷达提供的原始数据包括激光发射器到障碍物的距离R、激光线水平偏转角度α、激光线与水平面的俯仰角w、激光反射强度和采样时间。按图4-25所示的方式，能够求得

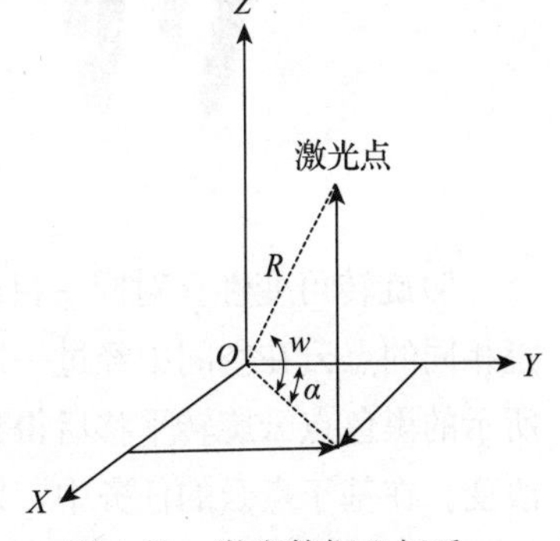

图4-25　激光数据坐标系

激光测量点在三维空间坐标(坐标系原点设置于激光雷达传感器中心)。换算公式定义见式(4-26):

$$
\begin{cases}
x = R \times \cos w \times \sin\alpha \\
y = R \times \cos w \times \cos\alpha \\
z = R \times \sin w
\end{cases}
\tag{4-26}
$$

不同型号的激光雷达线束数量和采样频率存在差异，每帧采集的激光点数量从几百到几十万不等，这些点的集合构成了空间点云(Point Cloud)，激光点云数据一般具有以下特征:

1)精确性。一般而言，激光点的精度能够达到2cm。

2)稀疏性。相对于场景的尺度来讲，激光雷达的采样点覆盖具有明显的稀疏性，即点数量比较少，点与点的间距比较大。

3)无序性。激光雷达的原始点云是无序的，相同的点云能够由两个完全不同的矩阵表示，如图4-26所示。

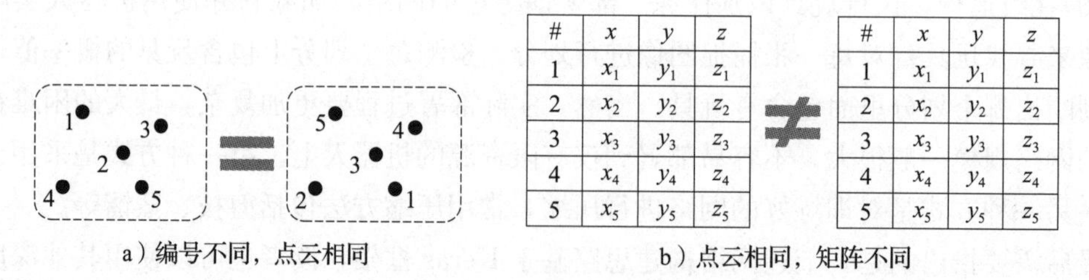

#	x	y	z
1	x_1	y_1	z_1
2	x_2	y_2	z_2
3	x_3	y_3	z_3
4	x_4	y_4	z_4
5	x_5	y_5	z_5

#	x	y	z
1	x_1	y_1	z_1
2	x_2	y_2	z_2
3	x_3	y_3	z_3
4	x_4	y_4	z_4
5	x_5	y_5	z_5

图4-26 点云的无序性

4)点与点之间的关联性。点云中的点来自具有连续距离度量的物理空间，这意味着点与点之间不是孤立的，某些点之间存在空间关系，并可以由此产生对局部特征的良好描述。如图4-27所示的椅子点云、杯子点云、飞机点云等，这些物体表面均存在着连续面和局部稳定的几何特征，因此用肉眼就可以辨别出点云描述的对象。

图4-27 物体点云

5)旋转可变性。对同一目标，激光雷达从不同的角度获取的点云数据存在较大差异，即使是相同的点云在空间中经过一定的刚性变化(旋转或平移)，坐标也会发生较大变化，如图4-28所示的黑色点云旋转平移后得到红色点云，尽管基本形状轮廓没有变化，但点云坐标都发生了改变。在基于点云的任务中，期望最终输出的结果能够对点云本身的几何变换具有鲁棒性，即点云做变换后或者以不同传感器视点捕捉相同对象的点云时不会影响模型的结果。

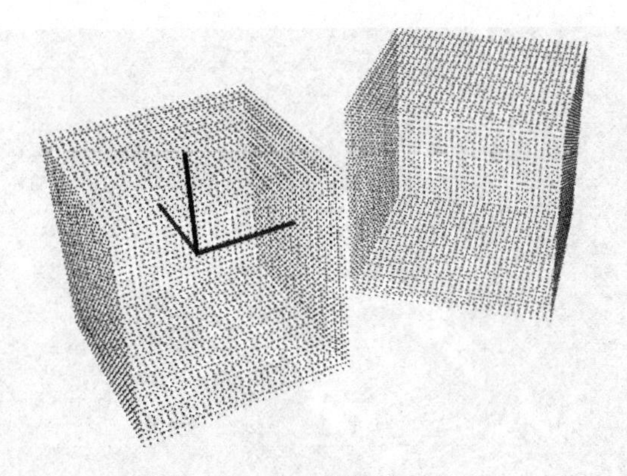

图 4-28 点云旋转(见彩插)

在点云的处理和应用开发上，最常用的工具是 PCL(Point Cloud Labrary)，它是一种用于处理 2D/3D 图像和点云的大型开源项目，可以进行点云的读写和多种高级处理，如多种点云滤波、特征估计、表面重构、配准、点云可视化、多组点云模型拼合和整体点云分割等功能，还支持跨平台，能够在 Windows、Linux、MacOS、iOS、Android 上部署。PCL 由很多小的库文件组成，适合应用在计算资源或者内存有限的场合。

2. 基于激光点云的路面检测和分割

移动机器人通常需要快速识别可行驶区域，对于地面移动机器人来说，就是要识别无障碍的路面。除此之外，原始激光点云数据中包含的地面点会对后续的目标识别造成很大的干扰，所以，在完成目标检测和识别任务时往往需要从激光点云中对路面检测并分割出来，以降低复杂度。但是由于激光雷达点云数据通常是稀疏和不均匀的，因此从点云中提取路面特征存在困难，且无法确保分割出的路面就是移动机器人可行驶的区域。

传统的基于激光点云的路面分割方法可分为基于几何特征的方法和平面模型优化的方法。除此之外，近年有学者引入深度学习中的卷积网络完成路面分割，下面着重介绍传统的方法。

基于几何特征的方法是根据地面点与非地面点的几何特征不同，进行路面分割，常用的有高度阈值法、法向量法、栅格高度差法和平均高度法等。

高度阈值法按照校准后的点云高度进行分割，根据设定的阈值将点云分为地面点和障碍物点，如图 4-29 所示的绿色点和线代表地面，白色点代表障碍物点，该方法中点云校准是核心环节，因为激光雷达在采集数据时，经常会出现 z 轴与地面法向量不平行的情况。如移动机器人在行驶过程中会因为路面不平整而出现起伏，激光雷达被连带着发生俯仰、横滚和偏转角变化，又如车辆经常在转弯时由于速度引起侧倾，这都使得激光雷达的坐标系 z 轴不能与地面法线严格平行，如果不进行校准，地面判断将出现错误。

法向量法假设地面点的法向量为竖直的，即竖直法向量的值为 1，其余方向的法向量值为 0。法向量方法的步骤如下：首先计算激光点的法向量值，然后按照设定的法向量值进行分类，如图 4-30 所示。按照法向量方法的假设，进行路面分割前同样要对点云进行校正，当激光雷达的竖直倾斜角度过大时，地面点的法向量不能满足假设条件，导致不能正确分割路面。值得注意的是，法向量不能有效区分平行路面的障碍物平面点，因此需要进一步筛选该步得到的结果，一般可以用聚类方法剔除小面积平面点。

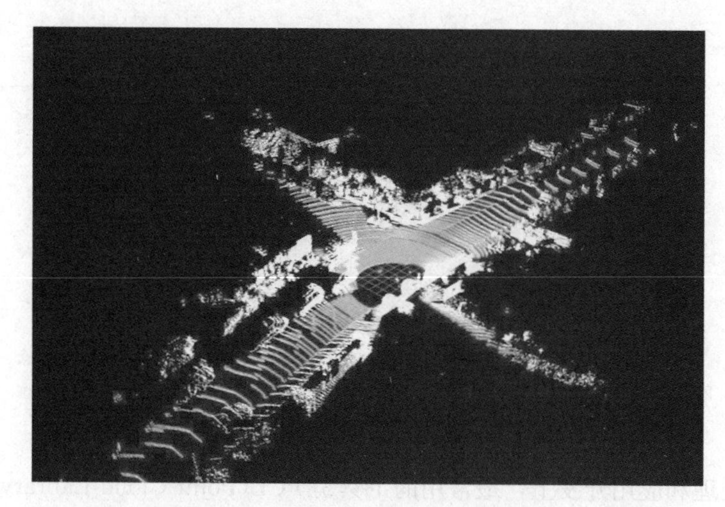

图 4-29 高度阈值法路面分割(见彩插)

图 4-30 法向量法路面分割(见彩插)

栅格高度差法首先按照栅格尺寸生成垂向栅格，可由二维栅格地图直接生成，也可由基于八叉树的三维栅格地图(Octomap)沿地面垂直线生成；随后计算每个栅格最低点与最高点的高度差，将高度差与预设高度差阈值比较大小，根据结果对栅格进行分类；最后，按照栅格的分类对栅格内激光点进行分类，如图 4-31 所示。

平均高度法一般会结合其他路面分割方法使用，用于对前述方法提取的路面进一步进行提纯。此方法假设预处理分割后的点中绝大部分为路面点，从而可将平均高度作为进一步滤波的基准。此方法的步骤如下：首先预处理检测得到的粗略路面点，然后计算当前路面点的平均高度，最后以平均高度值进一步剔除高于该高度值的杂点，获得更加纯净的路面点，如图 4-32 所示。平均高度法作为其他方法的补充，可对分割出的点中的一些悬浮物点进行进一步滤波。

基于平面模型的路面分割是根据最优化方法找到点云中的平面，实际上是做平面拟合。常用的方法有最小二乘法(Least Squares)和随机采样一致性算法(Random Sample Consensus，RANSAC)。

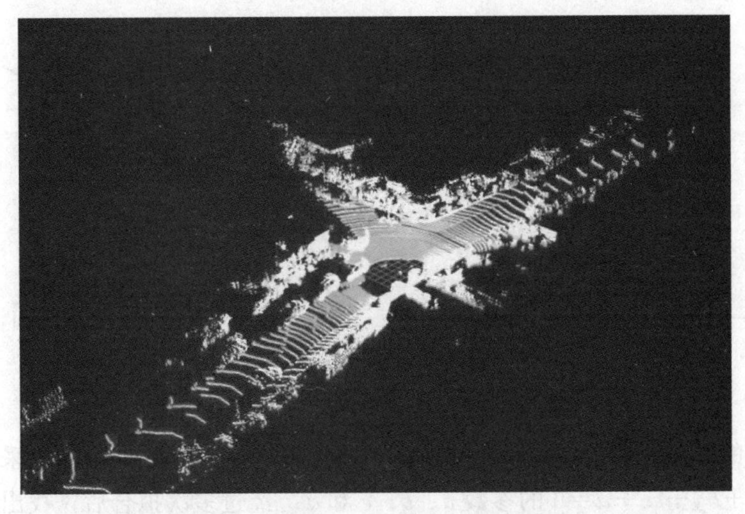

图 4-31　栅格高度差法路面分割(见彩插)

图 4-32　平均高度法路面分割(见彩插)

最小二乘法是求解未知参数，使得理论值与观测值之差的平方和达到最小，误差公式定义如式(4-27)：

$$E=\sum_{i=1}^{n}(y_i-\hat{y})^2 \tag{4-27}$$

式中，E 为误差；y_i 为观测值；$\hat{y}$ 为理论值。

最小二乘法在噪声较少的情况下拟合效果较好，如图 4-33a 所示，点代表待拟合的数据点，线代表最小二乘法拟合的直线，能够看出图中数据点较集中即误差较小，此时拟合线可以较好地描述所有点。当数据误差太大，噪声较多时，最小二乘法将失效，如图 4-33b 所示，点代表待拟合的数据点，线代表最小二乘法拟合的直线，能够看出周围离散的噪声使得拟合线明显偏离了真实值。此时，需要寻求更加鲁棒的平面拟合方法，RANSAC 就是其中之一。

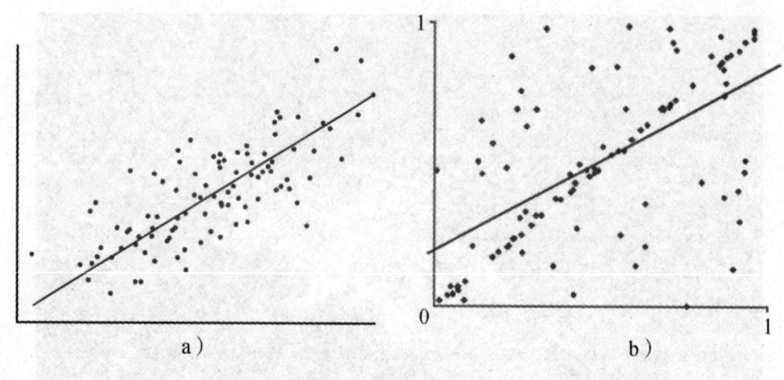

图 4-33 最小二乘法拟合

RANSAC 的思想是为了找到点云的平面，通过多次在观测数据中随机采样，不停地改变平面方程 $ax+by+cz+d=0$ 的参数 a、b、c 和 d。经过多次拟合后，找出一组参数能使得这个模型以一定概率拟合最多的点，如图 4-34 所示。RANSAC 算法的输入是一组含有大量噪声或离群点的观测数据和一个用于解释观测数据的参数化模型。

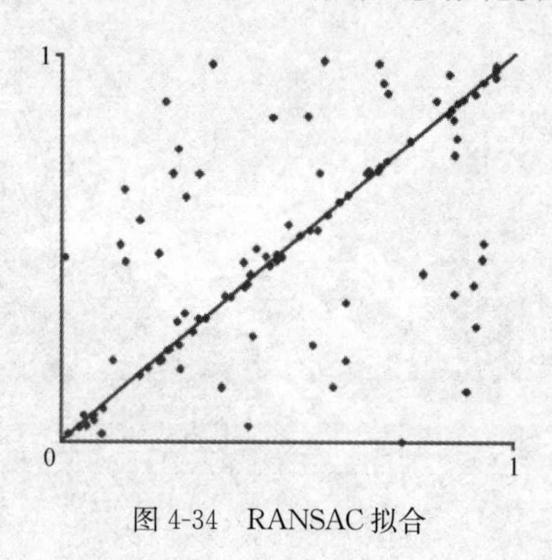

图 4-34 RANSAC 拟合

RANSAC 算法的具体步骤如下：

1)从观测数据中随机选择一个子集，估计出适合这个子集的参数化模型。

2)用这个模型测试其他数据，通过计算损失函数，取得符合这个模型的点的集合，称为一致性集合(consensus set)。

3)如果足够多的数据都被归类于一致性集合，就说明这个估计的模型是正确的；如果这个集合中的数据太少，就说明模型不合适，将其舍弃，返回第一步。

4)最后，利用一致性集合中的数据，用最小二乘法重新估计模型。

在模型确定以及最大迭代次数允许的情况下，RANSAC 总是能找到最优解，经过测试发现，对于包含 80%误差的数据集，RANSAC 的效果远优于直接的最小二乘法。

由上能够发现，最小二乘法较为保守，从整体误差最小的角度考虑，尽量不丢掉一个数据；而 RANSAC 算法较为激进，假设数据具有某种一致的性质，为了达到目的，会适当割舍一些现有数据。

3. 基于激光点云的车道线检测

常见的激光雷达检测车道线的方法有四种。

1)基于回波宽度法。按照激光雷达回波宽度对路面和车道线进行分类。

2)基于反射强度法。按照激光雷达反射强度信息形成的灰度图，或者利用反射强度信息与高程信息配合，筛选出车道线。

3)基于高精度地图法。使用高精度地图与自主定位配合检测车道线。

4)推算法。根据激光雷达可以获取路沿高度信息或物理反射信息不同的特性，先检测出路沿。若道路宽度已知，按照距离再推算出车道线位置。对于某些路沿与路面高度相差非常小(如低于 3cm)的道路，不能使用此种方法。

第一种方法可使用 4 线或单线激光雷达，而后三种方法一般需要多线激光雷达，最少也需要 16 线激光雷达。

基于激光雷达回波宽度法进行车道线检测时，很多场合都使用了 IBEO 激光雷达。已知激光脉冲在传播过程中遇到距激光发射源不同距离的障碍物时会发生多次反射，只要回波信号被接收并且回波信号的间距满足一定的条件，就能够被记录并获得该次反射测得的距离。一束激光脉冲在传播过程中会被多次反射，每次反射回的距离不同，光敏系统按一定时间间隔接收并解析从不同距离反射回来的激光脉冲，这样就能够通过一束激光测得两次以上的距离值。

IBEO 激光雷达具有特殊的三次回波测量技术，每束激光脉冲将返回三个回波。反射率作为物体的固有属性，受物体材质、颜色和密度等的影响，可以很好地反映物体特征。物体反射率决定了 IBEO 回波脉冲宽度特性，所以能够根据回波脉冲宽度的差异对目标进行区分。路面和车道线的属性有明显差异，因此能够通过回波脉冲宽度的差异对目标进行区分。如图 4-35 所示，W 表示回波脉冲宽度，d 表示扫描目标的距离，A、B、C 三次回波分别有不同的脉冲宽度，且回波距离也各不相同，根据目标物体固有的相关脉冲宽度，可区分出哪个才是真正的目标。三次回波返回的信息可以更加可靠地还原被测物体，同时可以精确分析物体属性，并识别雨、雾、雪等不相关物体。

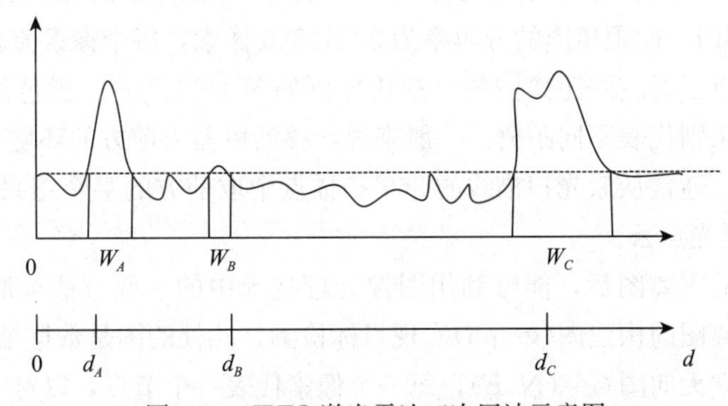

图 4-35 IBEO 激光雷达三次回波示意图

在各种方法的求解过程中均需要找到能对路面和车道线分类的阈值。对于车道线检测，最大的干扰是路面，一般可使用最小类内方差算法找到路面与车道线的分割阈值；然后，通过误差分析剔除干扰信息，提取出多个车道线特征点；最后，将车道线特征点拟合成车道线。最小类内方差是一种自适应阈值的求取方法。因为方差度量的是数值分布是否均匀，此方法是根据方差评估和调整分类阈值，从而实现激光数据的自适应分类。首先，使用一个初始阈值将整体数据分成两类，按照每类的方差评估分类是否最优，两个类的内部方差和越小，每一类内部的差别就越小，那么两个类之间的差别就越大；然后，不断调整阈值，直到类内方差和最小，则说明此阈值就是划分两类的最佳阈值。

4.2.2 目标物体检测与识别

利用激光点云还能够完成目标的检测与识别，现在大多认为该方法是传统图像识别的补充，能够在图像识别失效情况下辅助系统进行目标识别。基于激光点云的目标检测是指从采集的激光点云数据中经过数据预处理，删除掉复杂的地形场景中的大量路面点，利用目标分割等算法找出可能存在的感兴趣区域(Region Of Interest，ROI)，从而锁定目标区域。基于激光点云的目标识别是将检测到的目标经过数据分析或处理，获得该目标确切的类别，如行人、车辆、植被、建筑物等。在深度学习流行之前，主要采用传统的方法对点云进行分类和检测，且重点主要放在对数据本身特性的理解上，随着深度学习广泛应用在各个领域，点云的目标检测和识别也逐步转向了深度学习，且逐步实现了端到端的目标检测与识别。

1. 目标物体检测

早期，大多数激光点云目标检测方法都是围绕传统的点云处理展开的，一般包括基于数学形态学的目标检测方法、基于特征的目标检测方法和基于图像处理的目标检测方法。基于数学形态学的目标检测方法主要是对点云数据完成形态学目标检测；基于特征的目标检测方法是先获取目标高度、曲率、边缘阴影等特征，然后完成条件筛选，最后通过聚类或重组的方法获得目标；而基于图像处理的目标检测方法是将激光点云数据转换成图像，如点云网格化成高度图像、按照点云的距离值转换成类似前视图的距离图(range image)等，然后通过图像处理算法实现目标检测。

下面举例说明基于图像处理的目标检测方法。以32线激光雷达的数据为例，设水平角分辨率为0.2°，每条激光线束构成图像的一行像素，则构建的距离图宽为360/0.2＝1800PPI，高为32PPI，即距离图的分辨率为32×1800像素，每个像素值表示对应点到激光中心原点的距离。点云对应的距离图的可视化样例如图4-36所示，黑色部分是缺少对应的点云信息，其他线条则代表不同距离。一般来说，移动机器人前方的环境与路径规划、行为决策等相关，所以，通常从激光扫描线的360°扫描点中取前方的某个感兴趣角度值(如前方的180°或120°)的激光点云。

获得激光点云的距离图后，能够利用图像处理技术中的一些方法检测出目标。除此之外，也能够根据距离图的构建图(graph)实现目标检测，此处的图是数据结构中的图概念。

在距离图中建立无向图$G=(N,E)$，每一个像素代表一个节点，以每一个节点为中心在距离图二维平面上以一定距离搜索其他节点，如果两个节点在三维空间中满足某些条件，则建立一条边，边的权重是两个点在三维空间中的距离。建好的无向图按照基于图的分割算法即可得到聚类结果，使用这种方法建图的速度非常快。

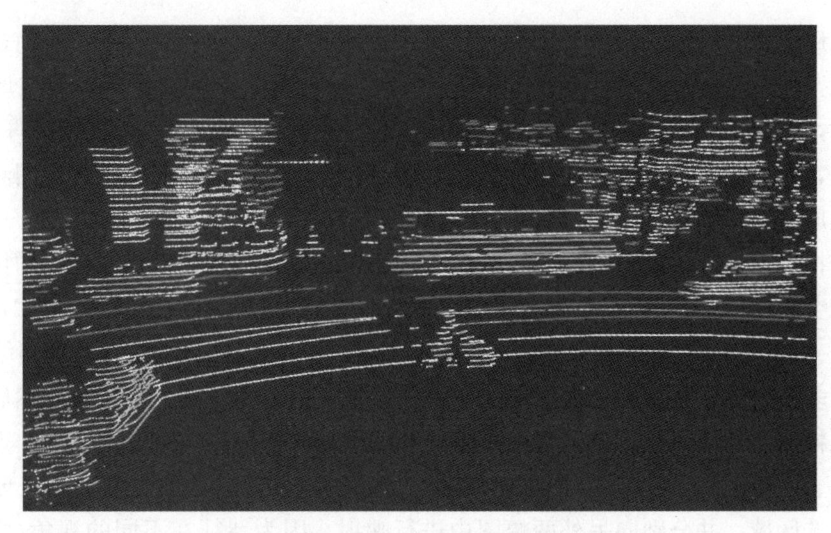

图 4-36　激光点云距离图（行人）（见彩插）

2. 目标物体识别

对于服务机器人的大多数任务，仅检测出目标是不够的，还需要识别出目标的类别。如服务机器人不仅需要准确地识别出其服务对象——人，还要识别出可用物体，从而完成服务任务和决策行为。随着基于视觉传感器的目标识别算法易受环境因素影响的缺陷日益凸显，以及激光雷达成本的降低，越来越多的研究者开始致力于基于激光雷达的目标识别算法的研究。其中，应用较广泛的目标识别算法可分为两大类，基于几何模型匹配的目标识别方法和基于特征描述的目标识别方法。

基于几何模型匹配的目标识别方法需要自行构建匹配模型库，然后将待识别的目标与模型库中的目标相比较，找出最相似的模型作为该目标的类别。严格意义上，称之为目标重认（Recognition），核心技术在于模型相似性匹配。

与几何模型匹配的方法不同，基于特征描述的方法主要研究如何构建待测目标的有效特征，然后再通过机器学习中的各种分类器对目标进行分类。这些特征包括方向、高度、反射强度、曲率等，还有将点云映射成图像，然后根据图像特征进一步分类。

目前，在基于激光点云的目标检测和识别中最常用的算法是基于深度学习的算法，其效果远优于传统学习算法，其中很多算法都采用了与图片目标检测与识别相似的算法框架。早期的激光点云上的目标检测和图片上的目标检测算法并不相同，因为激光点云数据与图片数据具有迥然不同的特性，如图片中存在近大远小的问题，而点云上没有这些问题；又如点云均以稀疏形式出现，而图片数据是密集的。图像处理中常用的 HOG、LBP 和 ACF 等算法并不能直接应用于点云数据中，对于点云数据中的目标检测和识别，常见的基于深度学习的算法有基于投影的方法、基于体素的方法、基于原始激光点云的方法、基于视觉和激光雷达数据融合的方法。

（1）基于投影的方法

基于投影的方法是将点云数据沿某个方向投影，将 3D 点云转换为 2D 视图，然后在投影的 2D 图像上采用深度神经网络实现目标检测和识别，再反变换获得 3D 目标。

一般常用的视图有前视图(Front View，FV)和鸟瞰图(Bird View，BV)。前视图构建方法是将三维空间中的点投影到以激光为中心的圆柱形表面上，然后展开该圆柱形为二维图片；鸟瞰图，又称俯视图，它将点云的 z 轴信息转换成以点云 x 轴和 y 轴形成的 2D 图像中的像素信息，鸟瞰图保持了物体的物理尺寸，从而具有较小的尺寸方差，前视图和传统图像不具备该性质。

然而，投影方法会丢失点云中的一些信息，所以不能处理目标遮挡或堆叠的情况，有研究者采用多个视图融合的方法弥补上述信息损失。较为著名的方法有 MV3D-Net 算法[6]，其框架如图 4-37 所示。MV3D-Net 是一个多视角(muli-view)的 3D 物体识别网络，将激光点云投影到多个视图，并且采用前置摄像头获得图像，提取相应的视图特征，然后融合这些特征来实现精确的物体识别。该网络采用多模态的数据作为输入，有以下三种：点云投影生成的鸟瞰图、前视图和二维 RGB 图像，然后，分别对三种输入提取特征，从点云鸟瞰图特征中计算候选区域，并分别向另外两幅图中进行映射。因为特征在不同的视角/模态通常有不同的分辨率，所以通过感兴趣区域(ROI)池化，为每一个模态获得相同长度的特征矢量。把整合后的数据经过基于区域的网络进行融合，最后采用分类和回归网络获得目标类别及目标位置。

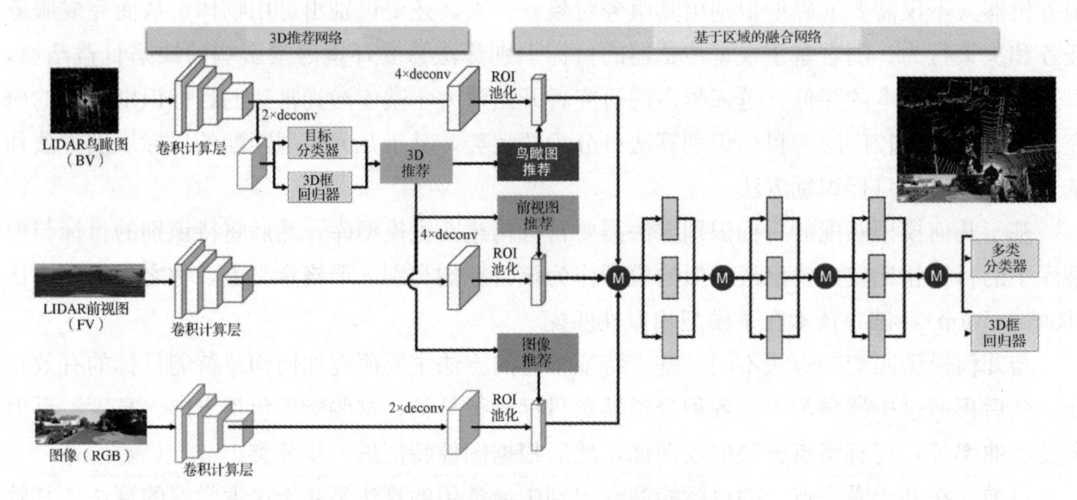

图 4-37 MV3D-Net 算法框架[6]

(2)基于体素网格的方法

体素(Voxel)，概念上类似二维空间的最小单位像素，是三维空间分割的最小单元，与像素不同的是体素尺寸可以人为指定。在激光点云中可运用体素建立 3D 网格，进一步完成点云的目标识别。一般会视具体情况来选取体素的大小，用体素对点云进行量化获得体素网格。VoxelNet[7]是一种基于体素网格目标识别的经典模型，如图 4-38 所示。

VoxelNet 的网络结构主要包含以下三个功能模块：特征学习网络、卷积中间层、区域推荐网络。其中，特征学习网络主要包括体素分割、聚合、随机采样、堆叠式体素特征编码、稀疏张量表示等步骤。

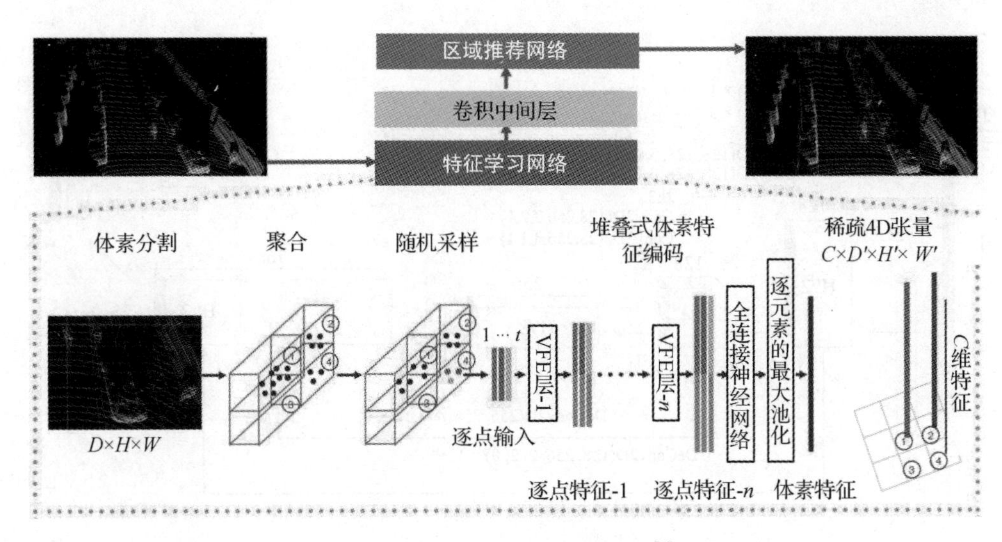

图 4-38 VoxelNet 的网络结构[7]

体素分块是点云操作里最常见的处理，对于输入点云，使用相同尺寸的立方体对其进行划分，这里使用一个深度、高度和宽度分别为(D,H,W)的大立方体表示输入点云，每个体素的宽为(v_D,v_H,v_W)，则整个数据的三维体素化的结果是在各个坐标上生成的体素格的个数为$(D/v_D,H/v_H,W/v_W)$。例如，如果点云中的点在三维空间满足$(x,y,z)\in([-100,100],[-100,100],[-1,3])$，当设定体素的尺寸为(1,1,1)时，可将空间划分为 $200\times200\times4=160000$ 个体素。接下来根据上步分出来的体素格将点云完成分组。随机采样指对于每一个体素格，随机采样固定数目的点，以减少扫描点的数量，提高计算速度和精确度。多个体素特征编码层是特征学习的主要网络结构，该编码过程由一系列卷积神经网络(CNN)层组成，使每个体素都获得长度相同的特征，将这些特征根据体素的空间排列方式堆叠在一起，形成一个 4 维的特征图。

区域推荐网络实际上是目标检测网络中一种常用的网络，如图 4-39 所示，该网络包含三个全卷积层块(block)，每个块的第一层通过步长为 2 的卷积将特征图采样为一半，之后是三个步长为 1 的卷积层，每个卷积层都包含 BN(批标准化)层和 ReLU(非线性)操作。将每一个块的输出都采样到一个固定的尺寸，并串联构造高分辨率的特征图。最后，该特征图通过两种二维卷积输出到期望的学习目标。

VoxelINet 在实际应用中存在以下两个问题：①因为所有的体素都共享同样的参数和同样的层，当体素数量很大时，会影响计算效率或准确度；②三维卷积的计算复杂度高，使得算法需要高性能或专用的计算硬件，以满足实时性要求。

(3)基于原始激光点云的方法

基于原始激光点云的目标检测方法指的是直接在原始点云上进行操作，而无须转换成其他的数据格式。最早实现这种思路的是 PointNet[8]，它是一个轻量级的网络 T-Net，解决了点云的旋转性问题以及通过最大池化解决了点云的无序性问题，所以能够直接将点云输入到神经网络中，并完成了点云的分割任务。自 PointNet 提出以来，基于原始激光点云的目标识别方法层出不穷。

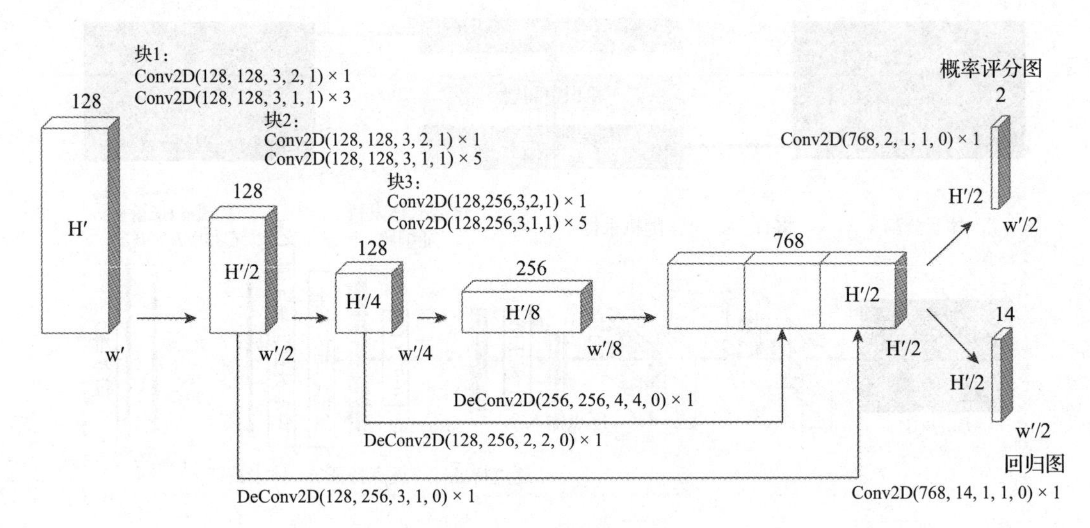

图 4-39 区域推荐网络

激光点云的主要特性是无序性。PointNet 通过多次 T-Net 和多层感知器(MultiLayer Perceptron, MLP)为点云(大小为 n)中每一个点计算 1024 维度的特征，然后，利用一个与点云顺序无关的最大池化操作将这些特征组合起来获得属于全体点云的特征(global feature)，这个特征能够直接用于识别任务。而将 1024 维的全局特征与 64 维的每个点特征组合在一起形成新的 1088 维的特征，能够用于点云分割任务，如图 4-40 所示。

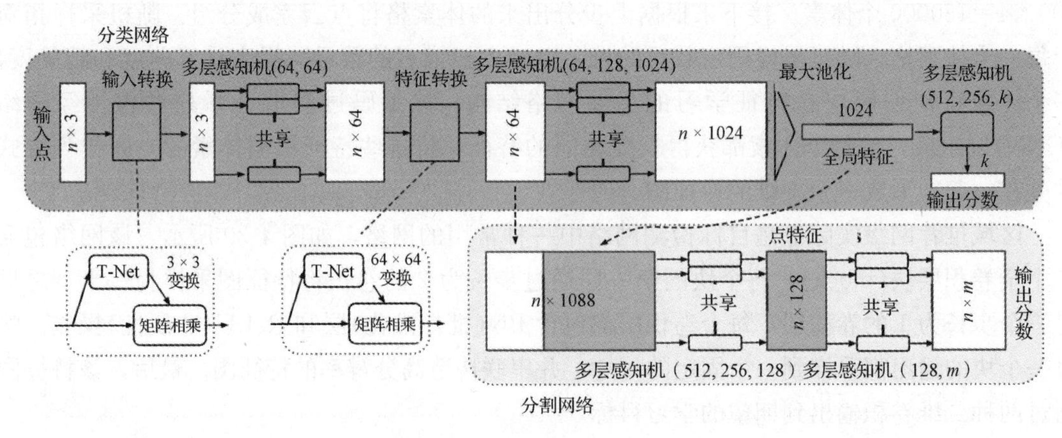

图 4-40 PointNet 网络[8]

PointNet 在计算点的特征时共享一组参数，和 VoxelNet 很类似，所以也有与之相同的问题。除此之外，PointNet 主要提取了所有点云的全局特征，而没有提取描述点与点之间关系的特征。与基于深度学习的图像检测方法相比，PointNet 中没有类似卷积的操作。

随后，其改进版 PointNet++尝试通过使用聚类的方法建立点与点之间的拓扑结构，并在不同粒度的聚类中心实现特征的学习。PointNet++对点云数据进行了局部划分以及局部特征提取，增强了算法的泛化能力，最终，PointNet++得到的是以点表达的语义分割信息。

(4)基于视觉和激光雷达数据融合的方法

近几年出现了很多视觉和激光雷达数据融合的方法。虽然激光雷达等深度传感器的数据稀疏且分辨率低，但数据可靠性高，而摄像头获取的图像分辨率高，但获取的深度数据可靠性差，因此将两类数据相融合可取长补短，获得更好的效果。目前，在目标检测任务中将摄像头和激光雷达融合的方法有很多，除了前述提到的MV3D Net，还有MVX-Net、MLOD、AVOD、RoarNet和F-PointNets等。其中，多模式MVX-Net采用VoxelNet体系结构，将RGB和点云模式相结合，完成精确的3D目标检测。

无论是基于传统的点云数据处理，还是基于深度学习的三维目标检测和识别，都需要复杂的3D搜索计算。随着点云分辨率的增长，计算复杂度直线上升，即便有高性能计算处理器和并行分布式计算技术的支持，在大型场景下也很难进行实时的目标检测和识别。当前该领域的高效求解技术仍亟待研究。

4.3　基于触觉信息的物体感知技术

4.3.1　滑移检测

从某种意义上说，人的手代表了人类的进化水准，最令人印象深刻的是手的灵巧性。除此之外，触觉感知也是人手一个很关键的能力。利用不同种类的感受单元提供的感觉，可以识别被触摸物体的大量属性，如粗糙度、形状、尺寸、重量、硬度、湿度、温度等。基于这些属性，人的手在抓握物体时可以调节每个手指的作用力，达到多种抓握目的。特别地，在感觉信息支持下，如当接触条件发生异常改变时，手会执行一些基本动作，避免发生滑动。手指和物体间突然地相对滑动，可以由特定的感受器迅速检测，这些感受器实际上将机械信息转换为电信号，而这些信号又由支配手部的周围神经收集，然后迅速传递到大脑。在力调整方面，不到100ms就能够精准响应。

将手所具备的技能复刻到人工系统仍然存在较大难度，目前人工触觉仍然不如人工视觉可靠和发达。工业机器人手臂或者执行器很少依赖触觉数据，因为人工触觉传感器有许多缺点，如滞后、非线性、高功耗和温度敏感性等。尽管嵌入人体皮肤的人体触觉感受器也存在滞后性和非线性，但显然人体对这些感受器的利用更加有效。常规机器人可以处理已知的预定义物体，也可以测量接触力，但它们无法在意外情况下纠正抓取。除此之外，常规机器人传感器不提供其他触觉特性，如形状、粗糙度和温度等。

像滑动这样的动态事件的检测通常需要利用不同传感原理的专用传感单元(当然也可以使用多轴力传感器，通常相当笨重)。为机器人末端执行器配备滑动传感器有一定困难，因为如果直接装备到力传感器上，负载可能会成为问题，电源和信号电缆的布线，以及嵌入在机械手结构中的传感器，都有可能引起其他问题。除此之外，实时功能算法设计的复杂性也会增加。

滑移检测的主要方法有基于摩擦系数和多轴力的方法、基于振动的方法以及其他物理量间接测量方法。

1. **滑觉的生理学基础**

人的触觉由多种感觉组成。人体皮肤通常受到各种刺激，可能是机械的、热的甚至是电的，当它被传递到皮肤时，根据刺激的性质，一种或多种类型的受体会激活，它们负责将刺激转换为电信号，即尖峰电位序列；然后这些电位由传入神经收集，再将它们传递到大脑。从相关受体(即机械感受器)传递机械刺激的纤维最为快速(有髓鞘神经纤维)，它们具有高灵敏度，即使是非常微弱的机械扰动(例如轻触)也可能引发它们的反应，因此，机械感受器也被称为低阈值感受器。

表 4-1 总结了嵌入人体皮肤的四种人体机械感受器的主要特征。Ⅰ和Ⅱ的快速适应(FA，根据感受野的大小区分)仅对动态刺激有反应，特别地，FA Ⅱ单元对加速度和快速瞬变表现出高灵敏度，类似的特性使它们成为最合适的感受器来感知手和被抓物体之间的相对运动，同时也因为它们对较高频率的振动更敏感(从 50Hz 到 500Hz 时，在 200Hz～300Hz 之间有一个显著的峰值)。当刺激频率超过 100Hz 时，位移只有 1μm 可以促使 FA Ⅱ单元的激活；对于频率低于 40Hz 和高于 5Hz 的皮肤振动，FA Ⅰ单元会产生强烈的激活。它们对皮肤的压痕特别敏感，当稳定的抓握突然受到负载的干扰时，FA Ⅰ会参与抓握调整，除此之外，FA Ⅰ 单元还在确定滑移方向方面发挥作用。

表 4-1　人体机械感受器的基本特性

名称	感受器类型	感受野尺寸/mm^2	编码对象
触觉小体(meissner corpuscle)	Ⅰ(快速)	12.6	高频振动(<50Hz)和加速度
环层小体(pacinian corpuscle)	Ⅱ(快速)	101	高频振动(>50Hz)
梅克尔触盘(merkel disk)	Ⅰ(慢速)	11	静态负载、皮肤挤压
鲁菲尼氏小体(ruffini ending)	Ⅱ(慢速)	59	皮肤拉伸、拉伸方向

慢适应(SA)受体也提供滑动方向信息，该受体在静压期间连续激活，但也具有动态灵敏度。相关证据表明，SA Ⅱ装置对皮肤拉伸有反应并具有明显的方向敏感性，因为在一个方向或相反方向进行拉伸时，放电率往往会增加/减少。SA Ⅱ可以被视为实际的生理拉伸传感器，尽管它们对高频振动的敏感性低，但它们的功能可以在剪切应力经常变化的任务(例如工具操作)中干预作用力调整。

与精细触觉和滑动相关的感觉通过脊柱-中央丘系(Dorsal Column-Median Lemniscal，DCML)通路上升到初级感觉皮层(S1)，在传递到中枢神经系统(CNS)之前，触觉信号需要通过机械感受器在皮肤处进行转导，然后通过周围神经发送。一旦 S1 接收到信号，它们就会被处理，然后在相关的身体区域发生反应，这种反应时间小于 100ms。与滑动补偿的即时反应有关的传出信号很可能是无意识产生的，它们可能是由 CNS 使用的预测策略产生，进而来执行高级操作。事实上，人能够在记忆中存储有关物体属性(例如重量)的信息，并使用这些信息成功抬起物体，最终调整接触条件以保持稳定地抓握。当然，这个过程也借助于视觉线索，这在了解对象属性时至关重要。尽管如此，触觉输入决定了预期感觉输入与实际感觉输入之间的差距，如果后者与前者不对应，则存储的信息将被更新。

2. **基于摩擦系数的方法**

很明显，抓握稳定性关键取决于摩擦力，因此，摩擦知识启发了多种防滑方法。以下介绍的方法主要基于摩擦力的估计，这是一种标准，可以通过多轴力分量或特定传感器来实现。即使感知不到摩擦，也可以使用更多的力传感器避免打滑。

滑动检测的一个基本参数是静摩擦系数。人体的触觉感受器可以感知抓握动作期间的摩擦变化，从而使中枢神经系统能够对变化进行反应，以调整抓握力。施加的力很大程度上取决于物体的重量和静摩擦系数 μ_s，其定义见式(4-28)：

$$\mu_s = \boldsymbol{F}_t / \boldsymbol{F}_n \tag{4-28}$$

式中，$\boldsymbol{F}_t$ 和 $\boldsymbol{F}_n$ 分别是切向力和法向力。

如果两个相互接触的物体开始相互移动，则摩擦系数会使用一个新值 μ_d，该值通常低于 μ_s，常称为动摩擦系数。式(4-28)是一个极限条件，为确保稳定地抓握物体，$\boldsymbol{F}_t/\boldsymbol{F}_n$ 的比值应低于 μ_s(库仑模型)。

防止滑动的最直接方法是监控表面与物体界面处的力比，这可以通过测量切向载荷和法向载荷并计算它们的比率来实现，因此需要一个三轴力传感器。这种方法可以通过更多的传感技术来实现，如压阻式和电容式。第一种技术利用施加作用力产生的电阻变化；而第二种技术基于电容，其值取决于几何特性、电气特性(如介电常数)和压力引起的压缩。可以利用电阻变化来测量三轴力，这涉及大规模制造工艺和材料，包括有机系统和微机电系统(MEMS)；即使传感单元被塑料材料(如硅胶皮)覆盖，电容传感器也允许重建剪切力。这两种技术都广泛应用于触觉传感器的构造，第一种技术通常是首选。

还可以利用其他方式进行摩擦系数估计，可以使用为此任务专门设计的传感器，如安装在双指机械手的手指上的离合器片传感器。静摩擦系数是直流电机施加在磁盘上的扭矩和磁盘半径的函数。

当然，还有一些方法完全避免了计算静摩擦系数。当对象属性是先验已知的结构化环境时，则不需要复杂的算法来估计被操纵对象的表面特征；除此之外，还可以通过分析来自多个力传感器的信息来检测滑动事件，这增强了感知系统的鲁棒性，但可能会使系统本身复杂化。

3. **基于振动的方法**

在20世纪60年代后半期开始考虑将滑动测量添加到人造手中。可以将压电晶体集成到机械手指中，检测由滑动引起的振动，利用振动-滑移关系的方法主要有基于压电的方法、基于频率和时频变换技术的方法以及基于滤波器的方法。

在机器人手感研究的早期阶段，就开始考虑将压电材料用于滑动检测。基于压电的物理原理相当直观，当压电材料受到机械刺激(如压力)时，它会在其相反的表面上产生电荷，这会产生一个电场，其电压与施加的压力相关，由此模仿人机械感受器将机械刺激转换为电压信号的过程，这使得压电材料特别适用于实现人工触觉传感器。由于其较大的频率响应，使得压电触觉传感器更容易作为动态传感器工作，它们对高频(甚至高于5kHz)的敏感性优于FA Ⅱ，因此，基于压电的触觉传感器特别适用于滑动检测。聚偏二氟乙烯(PVDF，也称为PVF2)薄膜作为动态传感器，是人工滑动传感器中使用最多的压电聚合物，它还被用于制造合成脊状手指皮肤，其中每个脊嵌入两个 PVDF 条带。PVDF 条带的滤波和微分输出都被用作人工神经网络(ANN)的输入，人工神经网络决定被触摸的物体是否在滑动。PVDF 在假肢中的应用也越来越多。当滑动运动在其表面引起振动时，PVDF 响应的幅度会增加，如图 4-41 所示阈值可以应用于压电传感器的电压输出，超过阈值(虚线)的峰值与滑动有关。其他用于构造滑动传感器的一些压电材料，最常见的是锆钛酸铅(PZT)，属于陶瓷领域。

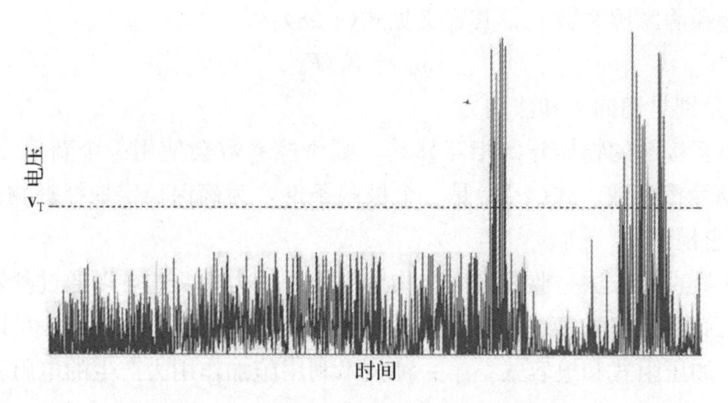

图 4-41 PVDF 传感器输出的压电平均值

考虑到滑移振动通常因高频信号发生，因此，可以根据频谱特征分析相关信号，采用变换技术实现滑动检测。当触觉信号显示高频时，可以提取出初期或严重滑移的迹象。研究触觉中的频域信号来测量滑动的想法可以追溯到 20 世纪 90 年代，当时最流行的技术之一是基于快速傅里叶变换(FFT)进行相关数据的分析(如图 4-42 所示)，但短时傅里叶变换(STFT)能够获得有关触觉信号的时频信息，可以看成是通过预定义的窗口函数移位的 FFT，也常常被使用。

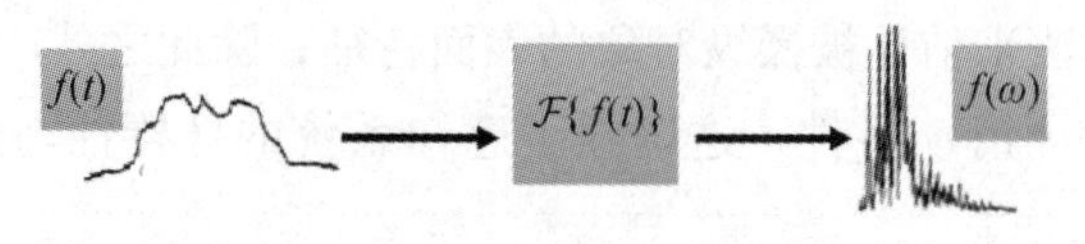

图 4-42 FFT 计算过程

最近，另一种工具——离散小波变换(DWT)引起了研究人员的关注。这种变换方法通过一系列低通(LP)和高通(HP)滤波器将原始信号分解为一组子带，分别产生所谓的粗略系数和细节系数。为避免冗余，这两个系数在每个级别被二倍降采样，这具有扩大时间窗口的效果，从而缩小频率分辨率。DWT 适用于使用加速度数据以检测初期滑动和总滑动，如加速度计位于假肢指尖上，并在与物体发生相对运动时产生的高频输出。DWT 派生的技术是平稳小波变换(SWT)，SWT 的工作原理与 DWT 类似，只是没有下采样。

下面我们介绍一些利用滤波器的方法。前面提到过以高频振动作为滑动指标的概念。在过去的十几年中，出现了另一种提取这种振动的方法，包括用专门设计的功能或电路过滤触觉信号。此方法详细定义了截止频率和滤波器阶数，以增强特定频带内的信号分量。构思滤波器的最直接思路是惩罚低频，高通(HP)过滤器比较适合这项任务，且带通(BP)滤波器也适用，因为它们允许只选择特定的频率范围，从而可以选择非常细微的带宽，以便从频谱辨别有意义的频率。由于这个特性，此方法更多地被选择用于HP滤波器。最近，滤波器网络也受到广泛关注。

4. 基于其他物理量的间接测量方法

滑移可以从与特殊物理现象相关的物理量中推断出来，必须使用适当的传感器进行测量。在前面的章节中提到了基于压电的传感器，因为它们代表了滑动检测的综合解决方案，并且强烈依赖于振动。下面介绍其他也能用于间接感测滑觉的物理量。

第一种，利用光学传感器。光学传感器作为滑动传感器的研究始于20世纪80年代后期。有的方法使用RAM相机捕获单个像素组，能够减少计算时间、存储内存和噪声(考虑到平均多个像素的过滤效果)，在此类输出中出现某种差异时识别滑移。为此，相机收集了带有反射层的光弹性元件反射的光，物体在该反射层上滑动。有的工作尽管也使用了光弹性，但是发射的光撞击光弹性层没有被反射，而是被具有修改强度的接收器捕获。这都源于这样一个事实，即当外部载荷施加到光弹性材料上时，光按照所谓的主应力的方向被分成一些分量。

接收到的光的强度可以表示为主应力的函数，而主应力又是法向载荷和切向载荷的函数，因此，所述强度会由于物体滑动而改变，因为物体滑动会导致这种应力的变化。不利的方面是，如果在物体滑动期间主应力保持恒定，则无法通过光的强度观察到滑动情况。

第二种，利用速度和加速度。滑动实际上是一种运动，其检测可以与速度的检测相关联。可以采用小型激光多普勒测速仪(LDV)来实现速度检测，其主要部件是激光二极管(LD)、光探测器(PD)和微镜。从LD发射并被微镜(由金制成)反射的两束激光束被滑动物体散射，然后被PD收集，通过观察PD电压中峰值频率的最终变化，推断出被测物体的运动速度，LDV可捕获速度从$10\mu m/s \sim 2cm/s$。

不仅速度，加速度也可被用于测量滑移，基本原理如下：一种泡沫上面覆盖着橡胶皮，橡胶皮上有小突起，可在滑动时增强振动，这种振动激活了放置在皮肤内侧接触区域的加速度计，由此形成了一种滑动传感器，可以将其安装在机器人手指上。传感器输出的RMS用作滑动信号，在过滤和放大原始加速度后获得。此外，还有利用热、磁效应的其他方法，如热传感器，当两个表面之间发生滑动时，会释放一定量的对流热量，可以将其标记为滑动指数，但这种方法使用较少；还可以用磁性触觉传感器来感知力和滑动，创建磁力传感器的一种方法是将可变形介质与刚性介质组装在一起，一个在其中心放置了一个永磁体，而另一个则嵌入了四个芯片电感器，由施加在感应器中的可变形介质感应由电压上的压力而产生的磁体位移。电压取决于磁通量的变化，而磁通量又可以表示为三维空间变化函数，因此，适当整合磁通量可以重建三轴力。每个电感器中的电压V_i与磁通量B_{zi}的垂直分量相关联，定义见式(4-29)：

$$\begin{aligned} V_i &= -M\delta B_{zi}/\delta t \\ &= -M\delta\left(a\sqrt{(x_i+\Delta x)^2+(y_i+\Delta y)^2}+b\right)/\delta t \end{aligned} \tag{4-29}$$

式中，$M=NA$是线圈数N与第i个电感器的线圈面积A的乘积，而x和y表示永磁体相

对于由 x_i、y_i 表示的电感器位置的位移，常数 a 和 b 取决于沿法线方向的位移。在线性轨道上进行的实验测试中，滑移可以被识别为四个感应电压(每个电感一个)中的一个快速、明显的峰值。

另外，有些气动装置也可以进行滑动检测，感兴趣的读者可以自行查阅相关参考文献。

近十年间，人工神经网络通过利用触觉传感器收集的信息，如调整手指力或位置，大量参与到判断是否进行抓取参数调整的任务中。人工神经网络输入来自传感器的数据并提供最终滑动信号。人工神经网络需要一个训练阶段来确定其神经元的权重，这些通常至少分布在两层(有时只有一层)中，网络以某种黑匣子的方式产生一个与输入相关联的输出。有些研究向人工神经网络直接提供未经处理的触觉数据，利用 16 个力值训练人工神经网络，人工神经网络的输出被定义为滑动系数 S。这些力的值是从尽可能多的薄片压电(PVDF)传感器收集，这些传感器组织在一个具有 8 个传感器对的线性阵列中，每对传感器组可以用一个传感单元测量法向应力，用另一个传感单元测量切向应力。滑动系数近似于 $T/\mu N$ 之比，T、N、μ 分别表示切向力、法向力和摩擦系数。因此，当人工神经网络的输出 S 接近单位值时，滑动被判断为处于临界状态。网络采用反向传播(BP)算法进行训练，这种方式较为常见。

Hebbian 网络(HN)在滑动检测中也有应用。如可以为一只机械手配备感应指尖和视觉传感器。前者有六个应变计随机分布在指尖内；后者是位于手上方的 CCD 相机。HN 有两层，一层用于来自量具的触觉输入，一层用于相机。开始时，HN 可以将滑动识别为指尖和接触物体之间的位移变化，换言之，此时滑动只能够通过相机观察。在给定数量的学习训练之后，仅依靠触觉传感器就可以发现滑移。

学习方法不仅仅有简单的人工神经网络，还有长短期记忆(LSTM)网络，该网络提供了一个有价值的解决方案，它具有出色的时空相关性的感知能力。除此之外，可以采用高斯过程(GP)回归来训练机器人平台的控制以避免滑动，还有其他学习范式，如支持向量机和随机森林分类器、隐马尔可夫模型，都被用来执行滑动预测。学习方法保证了在不同物体和表面上均具有稳定抓取力和高精度的滑动预测，这种方法的不便之处也很明显，即需要大量的触觉数据来训练学习算法。

4.3.2 物体触觉识别

触觉传感是通过触摸物体表面得到物体的不同表面属性，这些属性包括温度、硬度、摩擦、压力、顺应性等。触觉传感器对表面做出响应，提供有关物体的此类属性信息。触觉研究的一个重要方面是将触觉数据解释为对表面特性检测和物体识别有意义的信息。Lederman 和 Klatzky 在 2009 年指出，仅通过触觉就可以收集物理对象的刚性和温度等信息，这对智能系统与环境之间的学习和交互具有重要意义[9]。

抓握活动的主要部分是考虑接触和力量，而这些接触和力量不能仅通过视觉来监测，基于视觉检测到的物体进行机器人抓取实现效率并不高，还需要利用触觉传感的方法来改进机器人的抓取。触觉传感器是用于表面识别的重要反馈源，能够促进假手形成有效抓握。由于嵌入在机器人平台上的大多数触觉传感器都是基于生物原理，因此在基于生物影响的推理框架中对感知—动作周期进行建模会有更好的抓取结果，诸如本体论和贝叶斯推理之类的知识表示方案，可以在开发这种使用触觉进行物体识别的基本常识推理方面发挥重要作用。

人通过触觉识别物体的活动可以通过以下两个简单的步骤来实现，首先，我们触摸物体，指尖的机械感受器感知表面信息；然后，在分析了握住物体和通过表面感应防止滑动所需的压力后，我们的手进行动觉运动，形成物体的轮廓，并了解形状，最终产生适当的抓握。

在人工平台中模拟以上两个步骤是成功进行抓握的基本要求，即局部属性感知——获取局部属性信息和全局轮廓感知——获取物体形状信息。

1. **局部属性感知**

物体的局部属性感知始于第一次触摸其表面并识别表面的属性。可以从压力系数、摩擦系数、粗糙度等中提取表面特征信息，许多工作提出了不同的方法来捕获这些表面特性。Edwards[10]等人收集了声学特征，使用传声器捕捉摩擦产生的声音，并通过快速傅里叶变换(FFT)将它们映射到频域；Kroemer 等人[11]实施最大协方差分析(MCA)来分析 FFT 后处理的数据。但是，由于基于摩擦的声音通常伴随着噪声，这些方法可能会增加有效噪声校正机制和高质量声音捕获设备的负担。

表面粗糙度是触觉传感的一个重要因素。可以通过嵌入式传感器平台的探索性移动确定对象如何与环境交互，粗糙表面比光滑表面具有更高的摩擦系数。

如前所述，滑动检测在表面传感中至关重要。滑动可以被认为是两个表面在彼此接触时的相对运动，保持物体避免滑动所需的最佳力的大小是滑动检测的重要因素，滑动检测通常很关键，因为触觉传感阵列必须区分接触的两个表面的相对运动和施加在表面上的切向力。

计算与物体接触时的表面压力分布是触觉表面识别的另一个影响因素。压力传感可以通过电容式、压阻式和压电式传感器来完成，但压力传感在用于表面识别时存在一个问题，即它必须与滑动检测和顺应性相结合，以便物体不会脱离抓握，并且压力不会增加到超过物体阻力的阈值。

顺应性是与表面的触觉特性识别有关的另一个重要因素。与顺应性相反的是刚度，这是表面在变形之前可以抵抗的施加力的极限。基于顺应性的表面分类仍然很困难，因为同一对象的不同实例在大多数情况下可能具有不同的顺应性，这通常发生在物体在不同行业和工厂生产或制造时，具有无法识别且表面特性不同的情况。

2. **全局轮廓感知**

全局轮廓感知的关键是识别或估计接触物体的形状并产生正确的抓握。全局轮廓感知的有效解决方案还可以促使物体的形状类型分类和点云生成的顺利进行，这是机器人智能灵巧手的重要功能。

大多数形状识别方法都基于视觉的方法。但是，基于视觉的形状检测在光线不足的环境中可能效果不佳，并且有时手会在视觉传感器的感应范围内充当障碍物，从而干扰视觉算法。因此，使用触觉和动觉信息预测形状是另一种解决方法，也更有挑战性。最近，Spiers 等人[12]试图通过实施机器学习和参数方案的混合方法来识别对象类别，并在单个功能抓取过程中把握稳定性，如随机森林分类器用于基于训练集对象的高级分类，然后使用参数方案来获得低水平的信息，如刚度和尺寸属性。Luo 等人[13]提出了一种名为迭代最近标记点(iCLAP)的新算法，以触觉和动觉数据识别物体。使用 3D 触觉对象接触点云生成 4D 数据点云，并使用 Bag of Words 框架为每个触觉特征分配标签编号，并对 20 个真实世界对象进行了分类，结果表明识别性能远优于单一传感方法。

综上所述，已经存在大量的方法来识别物体触觉属性的局部和全局信息。可以发现，比起使用单一方法，触觉和动觉特征的结合对于基于触觉的物体识别更加有效。

3. 用于物体识别的知识表示(KR)

传感器输入作为常识知识的基本组成部分至关重要。对于人来说，通过抓握和触觉观察，来自人体感觉细胞的数据由人脑处理，进而创建出物体的结构和轮廓。而技术上的挑战在于通过现有的知识表示模式来对人脑的这种体感推理能力进行模拟建模，并使用它来识别已知物体，如图 4-43 所示。

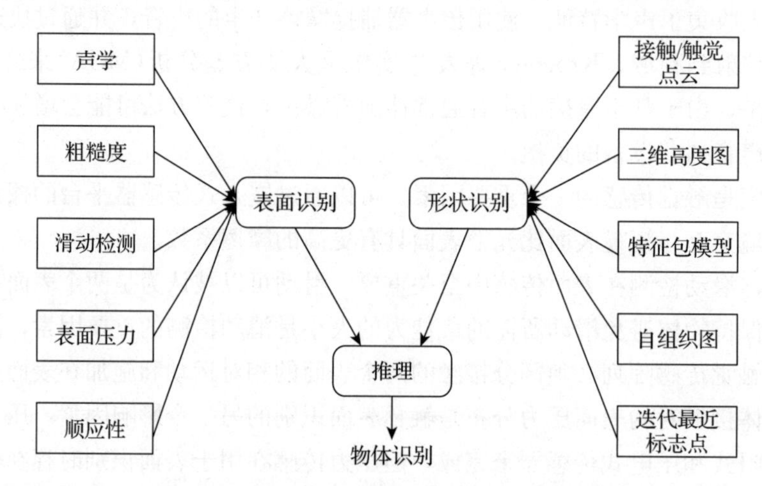

图 4-43 基于表面和形状信息推理的物体识别

触觉感知建模的主要目标是收集基于触觉的知识(如形状、表面纹理等)，并将其用于分类任务。Gordon 讨论了触觉感知模型对制定获取触觉信息的感觉运动程序的重要性，他认为触觉感知建模可以分两个阶段完成：感知，即将触觉信息映射到连接的感知；行动，即计划执行器的运动策略。由于大多数带有触觉传感器的机器人平台都基于仿生感知，因此他进一步建议实施仿生感觉模型，以在面向执行器的控制策略中获得更好的性能。Birukou 提出了一种用于设计面向生物启发的感官应用的知识表示模型的方法，该方法对于从低级数据处理中抽象出高级推理过程至关重要。这项工作提出了三个实体来实现传感器模型：①传感信息，包括传感器产生输入的地址和传感器产生的信号；②现实世界的物体(属性和方法的集合)；③导致一个或多个物体属性发生变化的动作。提出的方法对所有类型的传感器均可以使用，可用于任何机器人平台的表示。

本体是一种广泛使用的知识表示方案，用于对智能领域建模。本体是共享概念化的形式上的、显式的规范，其中概念化是抽象模型，显式意味着元素必须不同，形式上的意味着信息必须是机器可读的。Antonu 和 Harmelen 指出，特定领域知识库中的逻辑推理可以来自

OWL(Ontology Web Language)本体，触觉对象识别的本体方法仍然较少，大多数本体是通过Protege本体编辑器构建的。Protege是一个本体开发平台，可以将本体导出为资源描述框架(RDF)、OWL和可扩展标记语言(XML)格式，Protege的输出可以集成到问题解决者中，用来设计一系列逻辑系统。

设计触觉感知本体的第一步需要形式化解释触觉域的词汇表。为了设计用于触觉推理的本体，该领域必须包括涉及感知、数据处理和环境操纵中的所有实体，在这种情况下，这些实体可以是物体的表面或者所考虑的传感器和执行器。本体应该包括实体分类的精确解释、实体-物体如何与类相关联、所涉及的实体-过程是什么(在传感、数据处理或操作期间)、类和退出时的限制之间的关系。

4.4　习题

1. 列举障碍物检测的几种主要线索。
2. 查找相关文献，阐述Yolo框架的原理，比较与SSD的异同之处。
3. 简述BoW的主要步骤以及优缺点。
4. 简述点云数据的特点。
5. 查找相关文献，阐述VoxelNet三维物体检测网络的基本原理。

参考文献

[1] HINTON G E, SALAKHUTDINOV R R. Reducing the dimensionality of data with neural networks [J]. Science, 2006, 313.

[2] LECUN Y, BOTTOU L, BENGIO Y, et al. Gradient-based learning applied to document recognition [J]. Proceedings of the IEEE, 1998, 86(11): 2278-2324.

[3] REDMON J, DIVVALA S, GIRSHICK R, et al. You only look once: unified, real-time object detection [C]//2016 IEEE Conference on Computer Vision and Pattern Recognition (CVPR). Las Vegas, NV, USA, 2016: 779-788.

[4] LIU W, ANGUELOV D, ERHAN D, et al. SSD: single shot multibox detector[J]. 2015.

[5] CSURKA G, DANCE C R, FAN L, et al. Visual categorization with bags of keypoints[J]. Workshop on statistical learning in computer vision eccv, 2004, 30.

[6] CHEN X, MA H, WAN J, et al. Multi-view 3D object detection network for autonomous driving[C]//2017 IEEE Conference on Computer Vision and Pattern Recognition (CVPR). IEEE, 2017.

[7] ZHOU Y, TUZEL O. VoxelNet: end-to-end learning for point cloud based 3D object detection[C]//2018 IEEE/CVF Conference on Computer Vision and Pattern Recognition (CVPR). IEEE, 2018.

[8] QI C R, SU H, MO K, et al. PointNet: deep learning on point sets for 3D classification and segmentation [C]//2017 IEEE Conference on Computer Vision and Pattern Recognition (CVPR). IEEE, 2017.

[9] LEDERMAN S J, KLATZKY R L. Haptic perception: a tutorial[J]. Attention, Perception, & Psychophysics, 2009, 71: 1439-1459.

[10] EDWARDS J, LAWRY J, ROSSITER J, C. Melhuish. Extracting textural features from tactile sensors[J]. Bioinspiration & biomimetics, 2008, 3: 035002-035014.

[11] KROEMER O, LAMPERT C H, PETERS J. Learning dynamic tactile sensing with robust vision-

based training[J]. IEEE Transactions on Robotics，2011，27(3)：545-557.

[12] SPIERS A J，LIAROKAPIS M V，CALLI B，et al. Single-grasp object classification and feature extraction with simple robot hands and tactile sensors[J]. IEEE Trans Haptics，2016，9(2)：207-220.

[13] LUO S，MOU W，ALTHOEFER K，et al. Iterative closest labeled point for tactile object shape recognition[C]//IEEE/RSJ International Conference on Intelligent Robots & Systems. IEEE，2016.

[14] KELLY A. 机器人学译丛移动机器人学[M]. 王巍，崔维娜，等译. 北京：机械工业出版社，2020.

[15] 张毅. 移动机器人技术及其应用[M]. 北京：电子工业出版社，2007.

[16] 柳杨. 数字图像物体识别理论详解与实战[M]. 北京：北京邮电大学出版社，2018.

[17] GOVERS F X. 机器人人工智能[M]. 时永安，译. 北京：电子工业出版社，2020.

[18] 陈白帆，宋德臻. 移动机器人[M]. 北京：清华大学出版社，2021.

[19] ROMEO R A，ZOLLO L. Methods and sensors for slip detection in robotics：a survey[J]. IEEE Access，2020，PP(99)：1-1.

[20] AB A，NMK B，TA C. Object recognition based on surface detection-a review[J]. Procedia Computer Science，2018，133：63-74.

第 5 章　动态目标检测与识别

对于出现在机器人环境中的移动障碍物一般可以利用激光雷达进行检测。除此之外，对于众多服务机器人而言，必须考虑与机器人共存的人的因素对其行为产生的影响。因此，对于动态人的检测变得至关重要。目前，对于一些工业机器人系统，为了保证工作时的安全，也逐步为其增加对于动态人的感知能力。本章先介绍对一般动态障碍物的检测方法，然后再重点介绍对动态人的检测。

5.1　动态障碍物的检测

由激光雷达的特点可以发现，激光光束为发散的射线状，并且扫描点的间距随距离的增加而扩大，因此对于距离较远的障碍块在栅格地图中就是一些离散的障碍栅格，并且距离机器人越远，障碍栅格的间距就越大。在一般机器人导航系统中，激光雷达的角度分辨率可设为 0.5°，在此种分辨率下，激光雷达与目标距离为 1.5m 时扫描间距约为 10cm，在 20m 时扫描间距约为 17.5cm。

通过激光雷达数据建立栅格地图。其中障碍物所在栅格是连通的。通过对连通栅格块内部的搜索，可以确定探测到障碍块扫描点的集合 W，设有 n 个扫描点，由式(5-1)、式(5-2)可求出该障碍块中心的估计位置：

$$X=\frac{1}{n}\sum_{i=1}^{n}X_{o_i} \tag{5-1}$$

$$Y=\frac{1}{n}\sum_{i=1}^{n}Y_{o_i} \tag{5-2}$$

式中，X_{o_i}、Y_{o_i} 分别为 W 中的扫描点在世界坐标中的坐标；X、Y 分别为障碍物的估计坐标。

由于每次扫描到的障碍物是不完整信息，所以该估计坐标只能反映障碍物的大致位置。同时为了便于分析，取障碍物的外切圆代替障碍物。

激光雷达每个周期只能采集到当前周期局部环境信息，因此对于动态环境的检测必须分析采样的多个周期。因此，取多个周期的检测窗口中的环境信息，分析并建立障碍物链表。链表中每个节点都记录如下信息：障碍物的估计位置、外切圆半径、障碍物的标志位、障碍物运动的速度及方向，其中标志位对应该障碍物的类型有静态障碍物、动态障碍物和未知障碍物。

基本分析算法如下：

步骤 1：读取探测到的检测窗口的实时环境信息，建立并保存该检测窗口的栅格地图。对栅格地图中的障碍物进行扩张，计算出各障碍物的估计坐标和外切圆半径，以此建立 T 周期的障碍物链表。

步骤 2：读取下一个周期检测窗口的实时环境信息，建立 $T+1$ 周期的障碍物链表(同步骤 1)。

步骤 3：搜索 $T+1$ 周期障碍物链表，并和 T 周期障碍物链表进行配对，匹配标准是两个障碍物节点的估计坐标之间的距离小于阈值 λ。每对配对的障碍物可以认为是同一个障碍物。

步骤 4：在 T 和 $T+1$ 周期的两幅栅格地图中，对每对障碍物所在的局部栅格地图进行地图匹配，得出这两个周期内障碍物移动的 $\Delta x, \Delta y, \Delta a$，并计算出障碍物移动的距离 Δd，障碍物的速度 v 和方向 a。

步骤 5：确定各障碍物的状态，通过 Δd 是否小于阈值 δ 来判断该障碍物是静态的还是动态的。判断后记录信息并插入障碍物链表中。

步骤 6：返回步骤 2。

由于系统采样周期很短，为了便于对障碍物进行分析和计算，T 和 $T+1$ 的时间间隔可以取得大一些，如 10 倍采样周期(0.1s)。由于该算法每次只是计算检测窗口中的信息，所以减少了计算量。

步骤 5 中局部地图匹配算法是在 T 和 $T+1$ 周期的两幅栅格地图中，对于每对障碍物，选取以障碍物为中心的 40×40 个栅格的区域为其局部栅格地图，以栅格为单位，对这两幅局部地图进行地图匹配。找到最大的匹配点所对应的 Δx、Δy、Δa。该算法对障碍物的尺寸和速度有一定的限制，障碍物尺寸太大或速度太快时需要调整栅格的分辨率，或者扩展局部栅格地图的大小。

5.2 人脸检测与识别

5.2.1 人脸检测

人脸检测是指在可能存在一个或多个人脸区域的输入图像中，检测并确定图像中全部人脸的位置、大小和姿势的过程。人脸检测是人脸识别中的第一个环节，它与特征提取一起为后续识别过程提供关键信息和决策依据。人脸检测结果的好坏直接影响到人脸识别的鲁棒性。现有的人脸检测方法一般可以分为三大类：①基于知识规则的人脸检测方法；②基于模板匹配的人脸检测方法；③基于统计模型的人脸检测方法。下面首先概述上述三种人脸检测方法，再介绍一个经典方法——基于 Haar-like 小波特征的人脸检测方法。

1. 基于知识规则的方法

虽然人脸在外观上千差万别，但是绝大多数具有相同的结构并包含相似的特征。这些基本特征包括：灰度特征、结构特征、纹理特征、肤色特征、轮廓特征等。基于知识规则的方法利用人脸的固有特征以及这些特征之间的相对空间位置关系实现人脸检测。在检测时，首先判断输入图像中是否存在与人脸固有特征相匹配的面部特征，若存在，则提取此类特征并验证是否符合先验知识，从而判断是否为人脸。这种方法实质上是一种自顶向下的方法：首先把所需要的各种基本特征提取出来，再根据规则来研究它们之间的具体关系，进而验证关系是否成立来判断人脸的存在。从特征表达方式转换的角度上看，基于知识规则的方法就是在固有基本特征基础上，把人脸图像描述成一个高维矢量，从而把人脸检测转化为高维空间中对特定特征描述的检测。

肤色是一种比较可靠且稳定的人脸特征，因此可以作为区分是否为人脸的一个显著特征。由于人有种族的区分，种族之间人脸的肤色特征会有差异。除此之外，当光照强度、拍摄视角不同时，肤色会呈现一定差别，但是通过采集各种不同肤色的人脸图像，并研究了这些图像在颜色空间的分布情况之后，我们发现这些因素对人脸肤色(色度)的改变较弱，人脸的肤色不同主要是亮度(明度)不同。肤色特征模型可以较好地描述肤色特征，不同的色度空间导致肤色模型所选择的形式也会有所不同，这是因为肤色聚类的范围在不同的色度空间是有差异的。当人脸出现旋转、表情和姿态等变化时，肤色特征比较稳定，易与大多数背景物体相区分。除此之外，利用肤色特征进行人脸检测的速度较快。正因为肤色特征具有以上优点，所以成为人脸检测中最常用的一种基础特征，利用肤色特征进行人脸检测有助于缩小搜索范围，减小检测误差，提高整个人脸检测算法的检测速度和准确率。

结构特征对于人脸描述也至关重要。如对称性就是一个很明显的结构特征。除此之外，人脸上的各个器官分布也具有一定的规律，可以首先把各个器官量化为一系列参数，再定位各个器官，以便描述人脸特征信息。比较好的描述人脸特征的方法是 Reisfeld 提出的广义对称变换法，这种方法的操作过程是先对人脸器官进行定位，再依据眼睛的对称性和面部特征的分布来进行下一步的人脸检测。

一般而言，基于知识规则的方法在背景简单的正面人脸检测条件下可以取得很好的效果，但对于复杂背景或者人脸有较大倾斜的情况，此类方法的误检率就会明显增加，因此该类方法很难应用于多姿态、复杂环境下的人脸检测。

2. 基于模板匹配的方法

基于模板匹配的方法是构建一个标准的用于表征人脸的共有面部特征的人脸模板。进行人脸检测时，首先对输入图像子窗口与所构建人脸模板的相关度或者相关性进行度量，然后将计算得出的度量值与事先设定的判断阈值相比较，来判断输入图像中是否包含人脸。基于模板匹配的方法的前提是假设模板和图像之间存在一定的自相关性，自相关性的强弱反映出该图像是否有可能为人脸图像。该方法分为固定模板匹配和可变模板匹配。

固定模板匹配是指预先设定一个阈值，将人脸五官位置的比例关系做成固定模板，用该模板逐点扫描匹配候选人脸图像，并计算该模板与输入图像的各区域如人脸边界、眼睛、鼻子和嘴等部位的相关程度，由相关程度来决定其是否为人脸图像，若计算出的相关程度超出了预先设定的阈值，说明检测到人脸，否则判定为非人脸区域。

可变模板匹配中，可变模板的构成要素是一个参数可调的器官模板和与之相应的能量函数，此器官模板是按照被测人脸形状设计的，能量函数的计算基于图像的灰度信息。当然，一些先验知识的使用率也极高，比如被测人脸的轮廓等。

模板匹配根据匹配信息所在的层次分为三种：①基于点的匹配。这种方法基于图像像素点进行人脸处理，由于需要对所有图像像素点一一处理，因此整个过程计算量较大，需要花费大量计算时间。除此之外，处理过程易受外界条件的影响，如当光照或者是其他成像条件发生变化时，同一像素点的像素值就会发生改变，导致匹配误差。②基于区域的匹配。这种方法基于图像区域进行人脸处理，通过比对区域的特征来实现匹配。与基于点的匹配方法相比，该方法更加高效，并且细节信息影响的较小，这种方法的关键点在于区域特征的提取，这种特征必须区别于待检测图像的其他区域特征。③基于混合特征的匹配。这种方法是上述基于点和区域匹配方法的融合，先通过基于点的匹配过滤掉部分干扰信息，再通过区域特征来实现最后的匹配，该方法能获得较高的匹配正确率。

下面介绍一种简单且易于实现的基于区域的模板匹配算法。假设有大小为 $m \times m$ 的标准人脸模板，待检测区域大小为 $n \times n$，算法流程为：

步骤 1：计算出标准人脸模板的均值 u_D 和方差 σ_D；

步骤 2：计算出待检测区域的均值 u_T 和方差 σ_T；

步骤 3：计算标准人脸模板和待匹配区域的相关系数如式(5-3)：

$$r(T,D)=\frac{\sum_{i=1}^{m}\sum_{j=1}^{m}(t_{i,j}-u_T)(d_{i,j}-u_D)}{\sigma_T\sigma_u} \tag{5-3}$$

步骤 4：自定义一个阈值，并将相关系数和该阈值相比较，大于阈值则判断是人脸区域。基于模板匹配的人脸检测在一定程度上会受到阈值选取的影响，因此误检和漏检依然存在。

那么，用于匹配的人脸模板如何获得？下面介绍一种常规方法。首先，通过图像采集设备或从网络上下载大量含有人脸的样本图像，并筛选出包括不同种族、年龄、性别等具有显著特征的人脸样本，将其转换为灰度图像；然后，通过截图工具将筛选出来的人脸样本图像中的人脸区域截取出来，该操作必须包含人的眼睛、鼻子和嘴巴等关键信息；再对截取出来的人脸区域的大小进行规范化处理，确保人脸模板有相同的大小尺寸；最后，将人脸模板标准化，消除光照对肤色的影响。标准化的过程是：先计算出每个人脸模板的均值和方差，按照设定的灰度平均值和方差对每一个人脸模板进行标准化。标准化可以缩小人脸模板之间的区别，制作出更标准的人脸模板。

基于模板匹配的方法具有简单、直观等优点，人脸由于姿态、表情、佩戴物、装饰物的影响，具有模式可变性，固定单一的人脸模板无法适应这些变化。虽然可变模板在一定程度上对这个问题做出了优化，但是它仍存在参数初始值依赖程度高、计算复杂等问题，实际应用时需要着重考虑。

3. 基于统计模型的方法

基于统计模型的方法是使用一类整体的、固定的模式来描述和代表“人脸”，该方法不需要对待检测图像进行预处理，也不需要对人脸进行特征提取，它使用大量的人脸数据样本集(包括正样本和负样本)进行训练，学习人脸的潜在规则并构建人脸分类器，使用分类器判别输入模式中是否包含人脸，从而把人脸检测问题转化为统计模式识别的二分类问题。基于统计模型的常用方法有隐马尔可夫模型(Hidden Markov Model，HMM)、贝叶斯估计(Bayesian Estimation，BE)、人工神经网络(Artificial Neural Network，ANN)和自适应增强(Adaptive Boosting，AdaBoost)等方法。

基于统计模型的方法不依赖于人脸的先验知识以及参数模型，而是通过选取具有代表性的正样本集和负样本集进行实例学习以获取模型参数，从而达到较高的可靠性和稳定性。近年来，基于统计模型的方法受到该领域研究者的极度重视，大量基于此方法的人脸检测算法落地应用。

除了上述基本方法外，综合使用多种方法能够有效降低误检率。如单纯的肤色模型检测算法对分割后的肤色区域有较高误检率，当在此基础上采用基于模板匹配的人脸检测算法对分割后的肤色区域进行人脸匹配，再利用动态阈值进行判别，即当匹配度高于该阈值时认定为人脸。

4. 基于 Haar-like 小波特征的人脸检测方法

下面主要介绍一种基于统计模型的最常用检测方法——基于 Haar-like 小波特征（类 Haar 特征）的人脸检测方法，它已成为 OpenCV 软件包中自带的一种标准人脸检测算法。该人脸检测器由 Haar-like 特征、积分图、AdaBoost 算法和级联结构等几大要素构成。

(1)使用类 Haar 特征作为分类器输入特征

类 Haar 特征是一种简单且高效的图像特征，其基于矩形区域相似的强度差异性 Haar 小波构建，作为检测的基础特征，反映了图像的灰度变化情况，用人脸特征量化的方法区分人脸和非人脸。

类 Haar 特征算子如图 5-1 所示，白色区域表示累加数据，深色区域表示减去该区域的数据。三类特征可分别用于检测边界特征、线特征和中心特征，图中矩形框也可视为特征模板，通过改变特征模板的大小和位置，可穷举出一幅图像的大量特征。对于某一特征模板，使其遍历整个图像区域，每个位置上的特征等于白色区域像素之和减去黑色区域像素之和，整体遍历之后就得到该图像的一个特征图像，特征图像上的特征值可以用来区分人脸与非人脸。值得注意的是，当一次遍历结束后，窗口的宽度或长度将成比例放大。

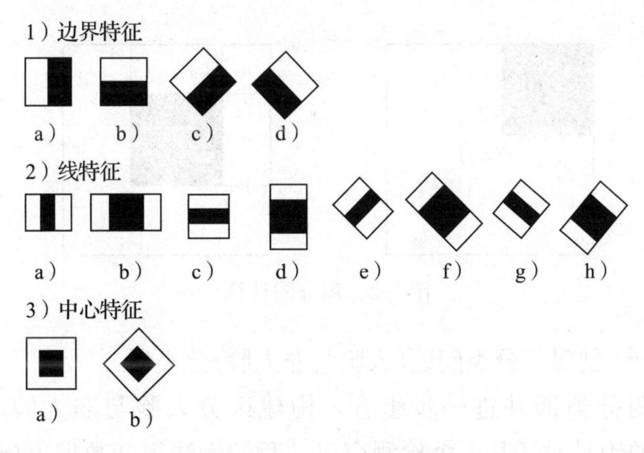

图 5-1　类 Haar 特征算子

设在宽度上可以放大的最大倍数为 K_w，高度上可以放大的最大倍数为 K_h，计算公式见式(5-4)：

$$K_w = \frac{w_i}{w_0} \quad K_h = \frac{h_i}{h_0} \tag{5-4}$$

式中，w_i 和 h_i 是整个图像的宽和高，w_0 和 h_0 是 Haar 窗口的初始宽和高，可以放大的倍数为 K_w 和 K_h。

这些类 Haar 特征是一种代表图像中不同区域变化的特征，能反映人脸区域内的变化信息及各器官之间的空间分布关系，对于块特征(如眼睛、嘴、发际线等)具有比较好的效果，但对依赖外形或材质纹理的一般物体检测，如马克杯、墙壁等物体不适用。换言之，该特征的特异性较强，具有旋转和缩放不变性，可检测图像中不同尺寸的相似结构，能有效处理人脸变形的影响。

(2)使用积分图加速 Haar 特征计算

积分图像结构被用来加速类 Haar 输入特征的计算，加速矩形图像区域在 45°旋转时值的计算。积分图类似于动态规划方法，主要思想是将图像从起点开始到各个点所形成的矩形区域像素和存在数组中，当要计算某个区域的像素和时可以直接从数组中索引，不需要重新计算这个区域的像素和，从而加快了计算速度。

若图像中像素点的灰度值为 $P(x,y)$，其中 x 和 y 为像素点的坐标值，对应的灰度值积分计算如式(5-5)：

$$I(x,y)=\sum_{x'<x,y'<y}p(x',y') \tag{5-5}$$

式中，$I(x,y)$表示图像(x,y)位置的像素值。

如图 5-2 所示，计算图中区域 d 内像素点的灰度值如式(5-6)：

$$G_d=I_a+I_d-I_b-I_c \tag{5-6}$$

式中，I_d 为 a、b、c 和 d 区域内像素点的灰度值，$I_d=G_a+G_b+G_c+G_d$；I_a 为 a 区域内像素点灰度值积分，$I_a=G_a$；I_b 为 a 和 b 区域内像素点灰度值积分，$I_b=G_a+G_b$；I_c 为 a 和 c 区域内像素点灰度值积分，$I_c=G_a+G_c$。

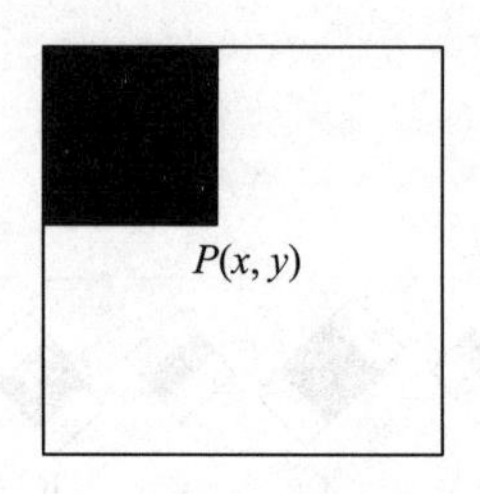

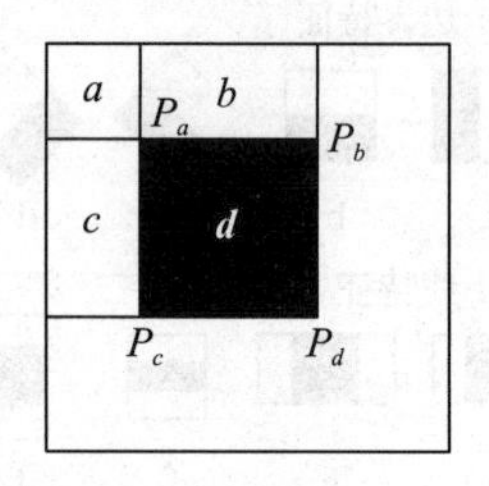

图 5-2 积分图计算

(3)使用 AdaBoost 创建二分类问题(人脸与非人脸)分类器

通过训练多个弱分类器并进一步组合，构建区分人脸与非人脸的强分类器。使用 AdaBoost 分类器的原因是对于某一个检测窗口，我们无法得知数据怎样排列组合才能更好地体现人脸特征，但 AdaBoost 算法可以通过训练找到这样的组合方式。

首先对于已有人脸样本，对每个样本赋予权重，对于标签 $y_i=0,1$ 的负样本和正样本分别将其权重初始化为 $1/m$，$1/l$；其中 m 和 l 分别表示为负样本的数量和正样本的数量，这些权重将在 AdaBoost 的过程中逐步调整。

在当前权重分布情况下，训练一个弱分类器，确定特征 $f(x)$下的最优分类阈值(x 为检测窗口)，使得这个弱分类器可以最佳地分类当前训练样本(对所有训练样本的分类误差最低)。弱分类器可以仅由二叉树结构分类器构成，训练过程如下：

步骤 1：对于每个类 Haar 特征 f，计算所有训练样本的特征值，并按特征值大小排序。

步骤 2：对排序好的每个样本集合中的每一个元素都计算以下四个值：①全部人脸样本(正例)的权重之和 T^+；②全部非人脸样本(负例)的权重之和 T^-；③在此元素之前的人脸样本(正例)的权重之和 S^+；④在此元素之前的非人脸样本(负例)的权重之和 S^-。得到每个元素的分类误差 $e=\min((S^+ +(T^- - S^-)),(S^- +(T^+ - S^+)))$。

按以上步骤多次逐一遍历多个特征，每次遍历将得到一个当前 e 值最小的特征值，将其作为当前最优阈值，当前特征就是最优特征，将当前特征作为分类节点，去除该特征后再次重复遍历过程，多次遍历后就得到了一个树形弱分类器。最简单的情况是弱分类器只考虑第一个类 Haar 特征，这样的树形分类器只有一个节点，这是一种最基本的弱分类器，后面 AdaBoost 中采用的就是这种基本弱分类器。

在使用 AdaBoost 算法训练分类器之前，需要准备好正、负样本。设输入数据集 $D=\{(x_1,y_1),(x_2,y_2),\cdots,(x_m,y_m)\}$，其中 $y_i=0,1$ 表示负样本和正样本；学习的循环次数为 T。AdaBoost 强分类器生成方法如下：

1)初始化样本权重。对于 $y_i=0,1$ 的样本分别初始化其权重为 $w_t=1,i=1/m$ 或 $1/l$，其中 m 和 l 分别表示负样本和正样本的数量。

2)确定弱分类器

①对于 $t=1,\cdots,T$，权重归一化，如式(5-7)：

$$w_{t,i}=\frac{w_{t,i}}{\sum_{j=1}^{n} w_{t,i}} \tag{5-7}$$

②对每个特征 j，训练一个基本弱分类器 h_j，计算所有特征的加权错误率 ε_j，见式(5-8)：

$$\varepsilon_j=\sum_i w_i\left|h_j(x_i)-y_i\right| \tag{5-8}$$

③从②确定的弱分类器中，找出一个具有最小 ε_t 的弱分类器 h_t。

④更新每个样本对应的权重，见式(5-9)：

$$w_{t+1,i}=w_{t,i}\beta_t^{1-e_i} \tag{5-9}$$

式中，如果样本 x_i 被正确分类，则 $e_i=0$，否则 $e_i=1$，β_t 为式(5-10)所示：

$$\beta_t=\frac{\varepsilon_t}{1-\varepsilon_t} \tag{5-10}$$

3)形成强分类器，其组如式(5-11)所示：

$$h(x)=\begin{cases}1 & \sum_{t=1}^{T} a_t h_t(x)\geqslant 1/2\sum_{t=1}^{T} a_t \\ 0 & \text{otherwise}\end{cases} \tag{5-11}$$

式中，a_t 如式(5-12)所示：

$$a_t=\lg\frac{1}{\beta_t} \tag{5-12}$$

由上述训练过程可知，对于弱分类器分类正确的样本，其权重会随着迭代轮数的增加而减小；对于弱分类器分类错误的样本，其权重会随着迭代轮数的增加而增加，这种机制使得后面的分类器会加强对错分样本的关注程度。最终，组合所有的弱分类器形成强分类器，通过比较这些弱分类器输出的加权和与平均输出结果来检测图像。

4)级联强分类器。运用于实际时，使用一个强分类器无法同时保证高检出率(TPR，也称召回率)和低误检率(FPR，也称误报率)，通常是将强分类器进行级联(Cascade Classifier)来解决这一问题。级联分类器的策略是：使用从简单到复杂的若干个强分类器，构成级联结构，共同完成检测任务，这些强分类器具有较高的检出率，但误检率较低。粗略假设每级的强分类器检出率均为99.9%，误检率均为50%，那么一个15级的级联分类器的检出率为0.999 15，而误检率仅为0.000 03。

训练过程中，采用前述AdaBoost算法训练得到级联强分类器中的每一级分类器。对于第一级强分类器，训练数据为全体训练样本，指定了较高的检出率，而对于误检率只要求不小于随机结果。所以训练过程中一般只需用到少量分类性能较强的特征就可以达到指定要求；对于第二级强分类器，训练数据的负样本更新为第一级强分类器对原始负样本的误检样本，那么下一级强分类器将针对上一级难以分开的样本进行训练，一般地，在下一级会使用采用更多特征的分类器，如此继续，最后便得到由简单到复杂排列的级联强分类器。

只要图像通过了整个级联，则认定里面包含物体，这保证了级联较快的运行速度，因为它一般在前几步就可以拒绝不包含物体的图像区域，而不必走完整个级联过程。

5)多区域、多尺度区域检测。在对输入图像进行检测时，一般需要对图像进行多区域、多尺度的检测。多区域指对采样子窗口进行平移操作，以遍历检测图像的每个区域。由于训练时候所使用的正样本都是归一化到固定尺寸的图像，所以必须使用多尺度检测方法来解决与训练样本尺寸不同(更大、更小)的人脸目标的检测。

多尺度检测一般有两种策略：①子窗口的尺寸固定，通过不断缩放图片来实现。由于这种方法需要完成图像的缩放和特征值的重新计算，效率较低；②为了避免第一种方法的问题，第二种方法通过不断扩大初始化为训练样本尺寸的窗口，达到多尺度取样检测的目的。但在窗口扩大检测的过程中会出现同一个目标被多次检测的情况，所以需要对区域进行合并处理。无论哪一种搜索方法，都会从待检测图像取样大量的子窗口图像，这些子窗口图像会被级联分类器一级一级不断地筛选，只有检出为非负区域才能进入下一步检测，否则作为非目标区域丢弃，只有通过所有级联的强分类器(当然也可以指定通过的级联数量)并判断为正例的区域才是最后检测得到的人脸目标区域。级联分类器的检测过程如图5-3所示。

5.2.2 人脸跟踪

人脸跟踪是检测到人脸的前提下，在后续图像帧中继续捕获人脸的相关信息的过程。常用的人脸跟踪方法有基于人脸检测的方法和基于运动目标跟踪的方法。

基于人脸检测的方法，在未知人脸位置的情况下，先检测人脸，再在后续帧中根据人脸的检测结果预测当前帧中人脸可能存在的区域，并在该区域中检测人脸，此方法有较好的实时性，且对人脸部分遮挡等具有较高的鲁棒性。

基于运动目标跟踪的方法，把人脸看成普通运动目标，在运动目标跟踪过程中检测人脸，有两种典型方法：差分法和光流法。

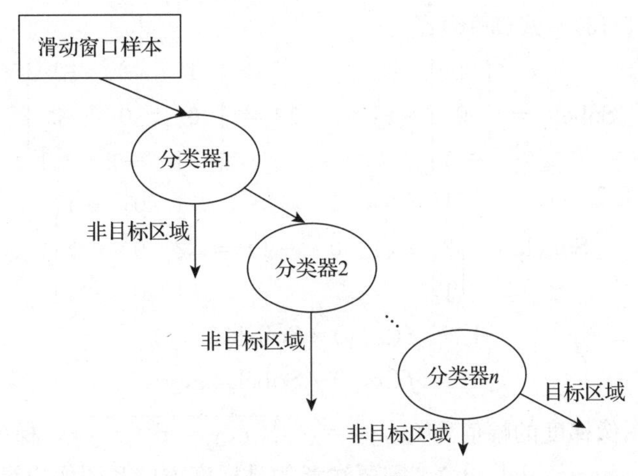

图 5-3　级联分类器的检测过程

5.3 人体检测

梯度方向直方图(Histogram of Oriented Gradient，HOG)特征结合 SVM 分类器广泛应用于图像识别，特别是在人体检测中获得了极大的成功。

5.3.1 图像预处理

提取梯度方向直方图特征，首先要对图像进行预处理。预处理步骤有图像灰度化和 Gamma 变换。其中，图像灰度化处理是可选操作，指将彩色图像转换为灰度图像，因为灰度图像和彩色图像均可以直接用于计算梯度图。对于彩色图像，如果不进行灰度化操作，可以先对三通道颜色值分别计算梯度，然后取最大梯度值作为该像素的梯度。

Gamma 变换，也称 Gamma 校正，作用是通过调节图像对比度，减少光照对图像的影响(如光照不均和局部阴影等)，使过曝或者欠曝的图像尽可能恢复正常，即接近人眼看到的正常图像。

Gamma 校正公式：$f(I)=I^{\gamma}$，I 表示图像，γ 表示幂指数，这实际上是一个指数映射。当 γ 取不同的值时对应的输入输出图像间呈指数关系：①$\gamma=1$ 时，输入输出保持一致；②当 $\gamma<1$ 时，该映射使得输入图像的低灰度值区域动态范围变大(映射梯度变陡)，进而增强了图像低灰度值区域对比度；在高灰度值区域，动态范围变小(映射梯度缓和)，进而降低了图像高灰度值区域对比度，从直观上看，图像整体的灰度变亮；③当 $\gamma>1$ 时，情况正好相反，输入图像的低灰度值区域动态范围变小(映射梯度缓和)，进而降低了图像低灰度值区域对比度；在高灰度值区域，动态范围变大(映射梯度变陡)，进而增强了图像高灰度值区域对比度，从直观上看，图像整体的灰度变暗。

为了得到图像的梯度直方图，首先需要计算图像水平方向和垂直方向梯度，两者统称为图像梯度。一般使用特定的卷积核对图像滤波实现，可选用的卷积模板有 Sobel 算子、Prewitt 算子、Roberts 算子等，此处采用 Sobel 算子，利用 Sobel 水平和垂直算子与输入图做卷积运算，如式(5-13)～式(5-16)：

$$\mathrm{Sobel}_X = \begin{pmatrix} 1 \\ 0 \\ -1 \end{pmatrix} * (1 \quad 2 \quad 1) = \begin{pmatrix} 1 & 2 & 1 \\ 0 & 0 & 0 \\ -1 & -2 & -1 \end{pmatrix} \tag{5-13}$$

$$\mathrm{Sobel}_Y = \begin{pmatrix} 1 \\ 2 \\ 1 \end{pmatrix} * (1 \quad 0 \quad -1) = \begin{pmatrix} 1 & 0 & -1 \\ 2 & 0 & -2 \\ 1 & 0 & -1 \end{pmatrix} \tag{5-14}$$

$$\mathrm{d}_x = f(x,y) * \mathrm{Sobel}_X(x,y) \tag{5-15}$$

$$\mathrm{d}_y = f(x,y) * \mathrm{Sobel}_Y(x,y) \tag{5-16}$$

由此可以得到图像梯度的幅值 $M(x,y)=\sqrt{\mathrm{d}_x^2(x,y)+\mathrm{d}_y^2(x,y)}$，梯度方向(用与 x 轴之间的夹角表示)为 $\theta_M=\arctan(\mathrm{d}_y/\mathrm{d}_x)$。需要注意的是梯度方向和图像边缘方向相互正交。

5.3.2 梯度方向直方图特征

HOG 特征是一种图像局部特征，基本思路是假设边缘的方向密度分布或梯度能够完整描述图像中的目标(表象和形状，Appearance and Shape)，用这种方式对图像局部的梯度幅值和方向进行投票统计，可形成基于梯度特性的局部直方图，然后将局部特征拼接起来就是图像的整体特征描述。这里的局部特征指的是将图像划分为多个块(block)，每个块特征进行联合后形成最终的特征。

下面以一个具体计算实例介绍梯度直方图计算方法。由 5.3.1 节计算过程可知，每一个像素点都会有两个值：梯度幅值和梯度方向。将图像分成若干个 8×8(也可以 16×16、8×16，可以根据应用情景调整尺寸)的单元。如已调整至 64×128 的图像，可以被划分为 8×16 个 8×8 的单元，然后为每个 8×8 的单元计算梯度直方图。

在 HOG 中，每个 8×8 单元的梯度直方图是一个由 9 个数值组成的矢量，对应于 0－20－40－60－…－160 共 9 个离散分段的梯度方向(角度)，各分段分别记为 bin0、bin20、…、bin160。如果梯度方向落入超过 180°的区间，则算入补角对应的 bin 中(这被称为无符号梯度，即认为两个完全相反的方向是相同的)。此种梯度直方图的表示方法不仅可以降低计算量，又使得对光照等环境变化更加地鲁棒。

上述过程如图 5-4 所示。其中左图是一幅 64×128 的图像，被划分为 8×16 个 8×8 的单元；其中中间的图像表示一个单元中的梯度矢量，箭头朝向代表梯度方向，箭头长度代表梯度大小；右图是 8×8 的单元中表示梯度的原始数值，右上是梯度幅值，右下是梯度方向。

统计 bin 中梯度数量时使用一种加权投票统计方法。如某像素的梯度幅值为 19.6，方向为 36°，36°两侧的角度 bin 分别为 bin20 和 bin40，那么就按一定加权比例分别在 20°和 40°对应的 bin 加上梯度值，加权公式为：bin40 中，((40－36)/20) * 19.6；bin20 中，((36－20)/20) * 19.6。需要指出的是，当某个像素的梯度角度大于 180°时，需要把这个像素对应的梯度值按同样方法依比例分配给 bin0 和 bin160。

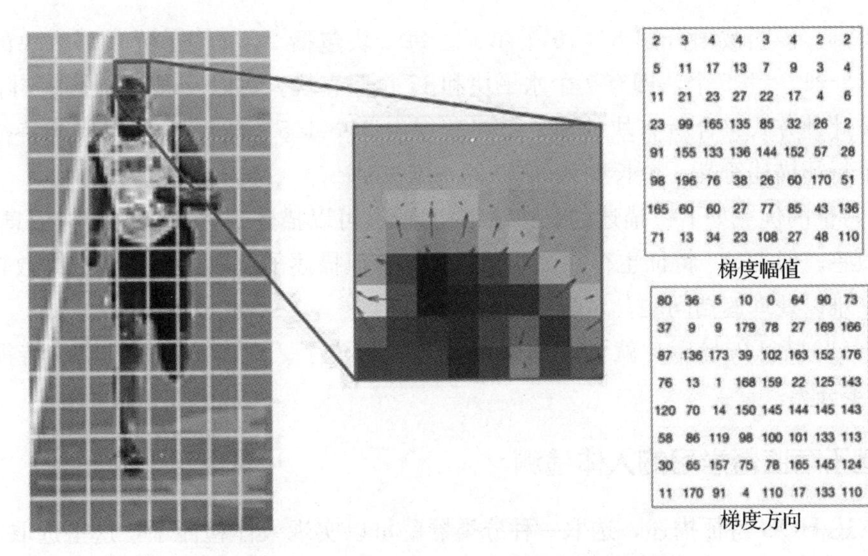

图 5-4　HOG 中单元(cell)划分与梯度提取

如此下去，对整个单元进行投票统计，最终得到一个单元上由 9 个数值组成的矢量——梯度直方图，如图 5-5 所示。

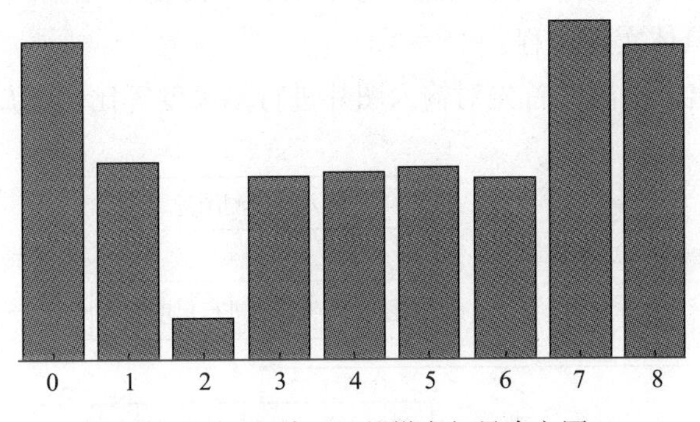

图 5-5　一个单元上的梯度矢量直方图

下面进行块划分并进行归一化操作，目的是降低图像梯度对光照变化的敏感性。2×2 个单元作为一组，构成一个块。因为一个单元是 8×8，所以一个块表示 16×16 的区域。虽然不能从图像中完全消除这种光照敏感性，但可以通过使用 16×16 个块来对梯度进行归一化缓解。由于每个单元有 9 个值，则一个块(2×2 个单元)有 36 个值。归一化的方法有多种，如 $L1$-norm、$L2$-norm、max/min 等，一般选择 $L2$-norm。如对于一个(128,64,32)的三维矢量，模长是 146.64，即矢量的 $L2$ 范数为 146.64，将这个矢量的每个元素除以 146.64 就得到了归一化矢量(0.87,0.43,0.22)，采用同样的方法对块进行归一化。由前述过程可知，一个单元有一个梯度方向直方图，包含 9 个数值，一个块有 4 个单元，那么一个块就有 4 个梯度方向直方图，将这 4 个直方图拼接成长度为 36 的矢量，然后对这个矢量进行归一化得到一个的 36 维矢量，来描述一个 16×16 大小的块。

按照滑动窗口的方式对图像上每一个块进行逐一计算，直到整个图像的块都计算完成，可得到最终特征矢量。仍以分辨率为 64×128 的图像为例，最终特征矢量维数可以通过以下方法计算得到。该图被划分出 8×16 个单元，每个块包括 2×2 个单元，那么块的个数为(16－1)×(8－1)＝105 个，即有 7 个水平块和 15 个竖直块。可以发现，每个块实际上为 36 维矢量，按此种方式整合所有块的值，最终获得由 36×105＝3780 个值组成的特征描述矢量，即这个特征描述符是一个长度为 3780 的一维矢量。

HOG 特征的优点如下：描述的是边缘结构特征(可以描述目标对象的结构信息)，对光照影响不敏感。但 HOG 特征也存在一些缺陷，如特征描述子获取过程复杂、维数较高、实时性较差；难以处理遮挡问题；对噪声比较敏感。

获得 HOG 特征矢量后，就可以用来可视化和分类了。对于多维的 HOG 特征可采用 SVM 进一步分类。

5.3.3 基于有监督学习的人体检测

基于前述 HOG 特征描述，选取一种分类器就可以实现人体检测了，这里选取 SVM 作为有监督分类器。依据前述依次进行过图片预处理、像素点梯度计算、单元上梯度直方图统计、块特征归一化、块特征拼接得到 HOG 特征矢量，将该特征向量放到 SVM 里进行有监督学习，从而能够实现人体的检测，在检测时需要使用训练好的 SVM 来识别滑动窗口中的目标。与人脸检测时一样，可以使用固定尺寸滑动窗口法或变尺寸滑动窗口法，下面给出固定尺寸滑动窗口法的具体实现过程。

由图 5-6 可以看出，检测时首先对输入图片进行多尺度等比例缩放，在每一尺度的图像

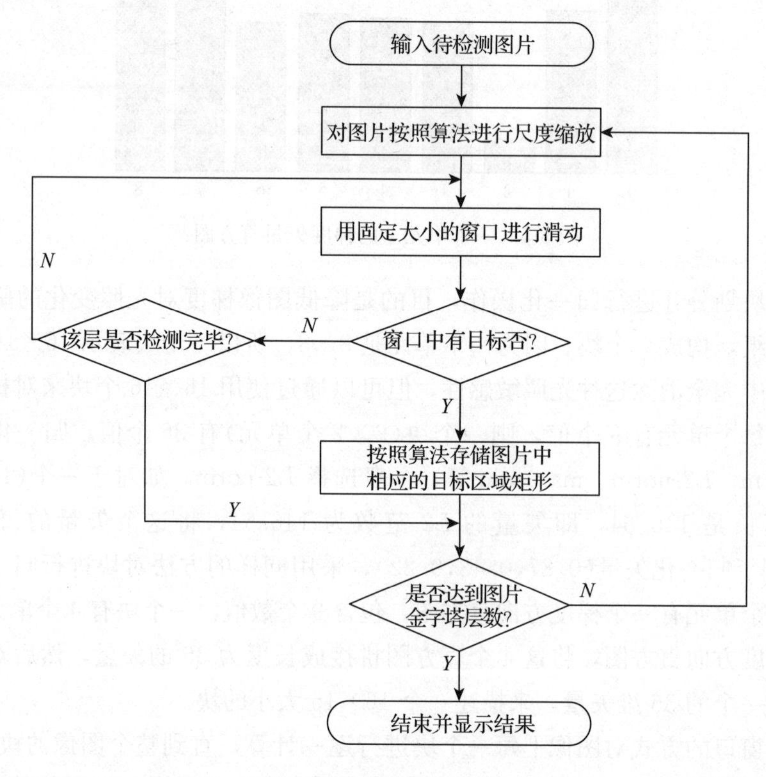

图 5-6 滑动窗口法流程图

上采用固定大小的滑动窗口滑动，对每个滑动窗口都提取出HOG特征并送入到SVM分类器中，检测该窗口中是否有人体目标。有则保存当前目标区域，无则继续下一步滑动，直到遍历完当前尺度。继续遍历其他尺度，直到给定的尺度空间遍历完成。值得注意的是，有可能出现多个嵌套的滑动窗口同时表示有人体目标，为了避免遗失目标局部信息，通常选取较大的窗口。

5.4　人体运动检测与跟踪

人体运动检测与跟踪是智能人机交互的一个重要内容。人体运动检测是指在视频图像中确定人体的位置、姿态等的过程，人体跟踪则是指在视频图像中确定各帧间人体的对应关系的过程。在复杂的环境中找到目标运动人体的准确位置信息，移动机器人可进一步扩展其应用能力，如为人体行为分析、人脸识别等任务提供稳定的目标位置、速度和加速度等信息，进行人的识别和行为理解，从而执行对应的服务任务。人体运动检测和跟踪技术在视频监控、安防、室内外机器人等各方面有广泛的应用价值，大部分室内服务机器人都应具备在室内环境下检测人体目标并提供人体跟踪服务的功能。该技术目前已经应用到多种服务机器人上，如优必选的一款名为Walker的家庭服务机器人，拥有视觉、听觉、空间知觉等全方位的感知，而人体运动检测与跟踪是其具备的最基本的技术之一。

5.4.1　人体运动检测

人体运动检测的方法不仅包括前述基于HOG特征的监督学习方法，还有一些其他主流方法，包括帧间差分法、背景减除法、光流法和其他基于统计学的方法。人体运动检测的检测效果直接影响后续目标识别、跟踪及行为理解等工作。

帧间差分法是指将相邻两帧图像的像素值相减得到亮度差，若差值大于某一阈值，就判断为运动目标(如人体)，再进行运动目标类别检测。

背景减除法中背景图像作为输入之一，每一帧图像与背景图像相减并进行阈值化处理，相减的结果可以直接给出运动目标的位置、大小、形状等信息。背景减除法的检测速度快、准确并易于实现；应用难点在于为了与实际环境相似，背景帧需要不断进行更新。

光流法中的光流(Optical Flow或Optic Flow)是指物体在图像中的瞬时像素运动速度在二维平面上的投影。光流法通过计算帧间像素的位移提取人的运动。它的优点在于不需要事先知道场景的任何信息，就可以准确地检测并识别运动目标的位置，且同样适用于机器人处于运动的情况；缺点是计算时间长，需要高性能计算设备以满足实时性要求，而且易受噪声影响。

基于统计学的方法是基于像素的统计特性从背景中提取运动信息，一般来说，由于基于统计的方法计算量大，因此对现有的硬件设备标准有较高要求。

5.4.2　人体运动跟踪

人体运动跟踪方法大致有以下四类：基于模型的跟踪、基于区域的跟踪、基于活动轮廓的跟踪和基于特征的跟踪。

利用基于模型的跟踪方法(Model-based Tracking)对人体进行跟踪时，通常有线图(stick figure)模型、二维模型和三维模型三种形式。线图模型将人体骨骼化，用线段代表人体的各个部分，节点代表人的关节部分；二维模型将人体投影到选定的二维平面上，利用二维投影进行后续计算；三维模型则利用球、椭球、圆柱等三维模型描述人体结构。基于模型的跟踪能够比较准确地描述人的运动和较容易地解决遮挡问题。

基于区域的跟踪(Region-based Tracking)是对运动对象相应区域进行跟踪，它将人体划分为不同的小块区域，通过跟踪小块区域完成对人体的跟踪。基于区域的跟踪首先要得到包含目标的模板，模板既可以是略大于目标的矩形，也可以是不规则形状，然后在序列图像中运用相关算法跟踪目标。当目标未被遮挡时，基于区域的跟踪精度比较高，但比较耗时。此外，区域的合并和分割存在一定的不准确性，如果目标的形变太大，则会造成跟踪失败。

基于活动轮廓的跟踪(Active Contour based Tracking，也称基于主动轮廓的跟踪)是利用曲线或曲面来表达运动目标，在初始化轮廓点后，此轮廓在优化算法作用下可以随时间自动更新，并逐步收敛于目标真实轮廓附近，以便实现对目标的连续跟踪。此算法的优点是计算量小，但有初始化较为困难、在阴影下效果欠佳等缺点。

基于特征的跟踪(Feature-based Tracking)算法通过特征提取和特征匹配实现，该方法利用了特征位置的变化来跟踪目标。处理过程包括特征提取、特征匹配和运动信息估计。基于特征的跟踪算法关键在于特征的表达和相似性度量。算法通常不考虑运动目标的整体特征，只跟踪目标的关联特征。这也是此种方法的一个优点：即使目标的某一部分被遮挡，但如果有另一部分特征仍可被检测到，就可以完成跟踪任务。除此之外，它对运动目标的亮度等变化不敏感。此方法的缺点是对噪声和图像的敏感度较高。

5.5 习题

1. 列举常见的人脸检测方法。
2. Harr-like 检测方法中为什么要使用积分图像结构？简述级联分类器的作用。
3. 如何解决侧脸检测问题？查找文献给出解决方案。
4. 人体检测目前存在哪些问题？在机器人应用背景下这些问题的解决是更加容易还是更加困难？并阐述理由。
5. 简述基于 HOG 的人体检测过程。

参考文献

[1] 李瑞峰，等. 服务机器人人机交互的视觉识别技术[M]. 哈尔滨：哈尔滨工业大学出版社，2021.
[2] 陈白帆，宋德臻. 移动机器人[M]. 北京：清华大学出版社，2021.
[3] 柳杨. 数字图像物体识别理论详解与实战[M]. 北京：北京邮电大学出版社，2018.

第 6 章　场所语义级环境描述与理解

人需要服务机器人更加有意义地推理、规划、实施和完成服务任务，并且使用人能够理解的言语与人进行无缝交互，因此，近年来研究人员广泛并逐步深入地开展机器人领域语义层面的研究。当前，研究中一个较为关注的主题是如何使服务机器人对其活动空间进行语义层感知。其中，机器人对室内抽象场所的认知能力是重要的环节之一，如今已有越来越多的学者关注并研究机器人的场所理解问题。随着现代开放式室内设计理念的流行，一些功能场所逐步转变为开放或半开放式，对这类场所的认知成为服务机器人面临的新挑战。本章将介绍场所语义级环境描述与理解研究中的一些典型方法。

6.1　场所描述与理解概述

“场所”本意为人从事某种特定活动的处所，英文文献中与之对应的单词为“Place”，其一般描述性定义为：位于人的活动空间中，由人的思维根据某些线索抽象出的可由符号标签指代且具有一定语义内涵的空间区域。而场所理解问题是指机器人如何将场所作为一个完整的语义实体，感知其存在性以及其他属性，并保持理解过程和结果与自然人认知行为相容。场所理解研究旨在研究如何使机器人从较高抽象概念层次上理解其所处环境，得到与环境相关的抽象知识(如场所语义符号、范围标识、功能属性等)，并进一步研究如何为其他任务提供交互、指代、操作对象和上下文知识，从而为任务规划和执行提供场所语义支持。

从 2005 年左右开始，国外许多科研院所对场所感知问题开展了多方位研究，相继出现一些大型支持项目，典型的有欧盟第六框架(EU FP6)下的 CoSy[1] 和 COGNIRON[2]，以及欧盟第七框架(EU FP7)下的 CogX[3] 等。目前，该领域研究仍相当活跃，一些实验室已有能在小范围内运行的原型系统，研究人员还在不断将新观念、新理论、新方法与领域问题相结合，探索终极解决之道。

需要指出的是，目前对场所概念的界定及场所感知与理解的研究范畴尚未形成共识，但这并不影响相关研究的开展，众多研究人员根据自己对问题的理解给出了有价值的研究成果。按照研究侧重点场所感知研究可划分为研究学习机制的方法、研究特征构造的方法、基于人机交互的方法等；按照研究范式场所感知研究可划分为传统机器学习方法、仿认知行为方法、仿认知生理方法等；按照场所感知信息(或称场所语义信息来源类型)场所感知研究可划分为基于环境布局几何信息的方法、基于环境布局视觉信息的方法、基于用户指导信息的方法等，如图 6-1 所示。

根据场所概念的描述性定义可知，场所具有如下属性：

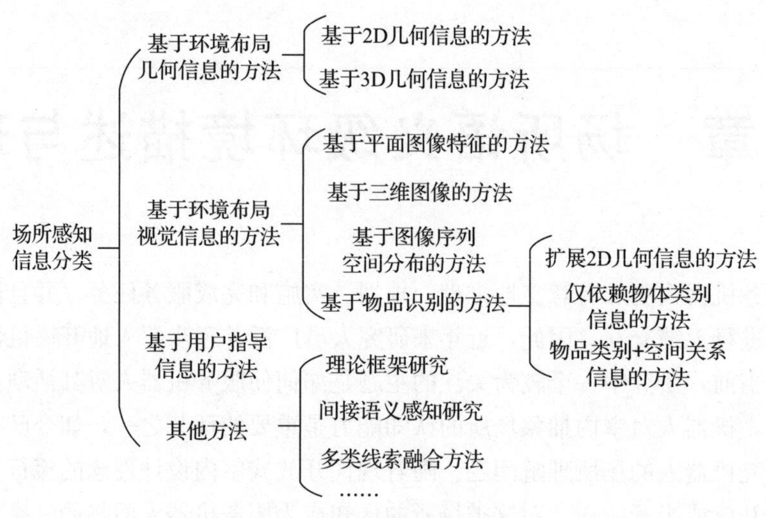

图 6-1　按场所感知信息分类

1)空间属性。人从事的室内活动总是在一定空间区域中进行，不同场所通常位于不同的空间区域，有时不存在明确物理边界。

2)语义属性。自然人选择在某一空间区域内从事特定活动，其活动本身具有一定意义、涉及特定行为和物体，并且所选择的区域还具有某些适于特定活动的特征。从而，承载相应活动的空间区域在人活动过程中被自觉或不自觉地赋予了多重语义。

3)符号属性。为使交流过程更便捷，人们会使用词汇标签对复杂的场所实例进行指代和区分。

4)抽象属性。场所对象不是一种物理实体，客观环境中通常也不存在显式的场所标识符和界定标志，人们通过某种思维活动来感知它的存在，并将其从环境中抽象出来。

需要指出的是，场所概念是人们在生活实践中逐渐形成的，具有一定主观性，不同常识背景的人对具体场所内涵的理解不尽相同。目前研究中，机器人所使用的传感器(与人体感受器覆盖的信息空间不同)和感知方法等存在局限性，导致机器人感知到的实际场所不完全符合前述定义，而仅具备四大属性中个别属性(如有人把场所感知归结为获得场所标签，利用图像手段解决问题，忽略了空间属性)。随着研究工作的深入，机器人掌握的场所内涵将逼近其真实含义。

场所理解问题不同于场所识别问题(Place Recognition Problem)。场所识别问题通常在于对事先见过的场所如何再次可靠地识别出来，即场所模型的测试数据与训练数据来自同一环境，其研究不需要考虑对类内变化(Intra-classvariation)的鲁棒性，研究重点也不同于人类从语义角度对周边环境进行识别，相关研究有时可以完全脱离语义进行(如简化为底层特征的匹配问题)，此类问题可更确切地称为地点识别或位置识别问题。而场所感知问题(狭义上为场所分类问题)中场所模型的测试数据来源于预先未知的环境，需对这些数据在线分析以完成对当前空间的语义层感知。事实上，在某些场合下两者之间的界限并非完全清晰，一些技术甚至可以同时胜任场所识别和场所分类问题[4]。

通常场所理解研究要基于机器人平台进行，所利用的底层信息也来自移动机器人传感器，常见传感器有 RGB-D 传感器、视觉传感器、激光雷达等。将为场所感知提供某种基础支持信息的信源称为“场所语义信源”，简称“语义源”。不同语义源所提供信息类型不同，将直接影响感知算法设计和结果内涵。同一传感器可能提供支持场所感知的多种类型信息（如 RGB-D 传感器可以提供图像信息、深度信息、空间点云信息等），即多种语义源可位于同一传感器载体之上，它们可供不同场所感知方法使用。由此可见，语义源与传感器并非一一对应。

在文献中被提及的另一术语“场景(Scene)”，经常被视为场所的同义词。心理学高层场景感知领域曾有学者给出场景概念的一种描述性定义：场景是真实环境的一种语义上连贯(通常可被命名)的视图(View)，它由以空间合理方式布局的背景元素和多个离散景物组成[5]。信息科学研究实践中一般认为场景概念可以描述为环境中各种元素呈现出的景况。比较前述定义，场所与场景概念并不等同。一方面，场景在概念范围上更加宽泛，主要包括自然场景、城市场景、室内场景和事件场景等[6]。室内情况下，场景指代的尺度范围较广，只要语义连贯，甚至在任意尺度上均能形成一个场景，如房屋一隅也可形成一个场景，显然不能称之为场所。另一方面，实践中场景概念通常忽略了研究对象的空间属性，因此经常出现在图像识别领域或基于平面图像的机器人环境感知研究中；相应地，场景识别研究通常仅关注于语义标签的获得，而不去关注标签所对应的深层语义属性。文献[7]给出场所及场景的一种形式化定义，较为严格地区分了两者，文中指出场所由场景及场景区域间存在的空间关系定义。值得注意的是，近年逐渐流行的场景理解研究不再满足于仅仅获得整个场景的标签，而是尝试提取蕴含于视图平面中的物体关系、区域标签以及对场景内各种目标的位置及大小进行推测等。这在一定程度上与机器人领域所关注的场所感知研究目标相吻合，不同之处在于机器人领域更加关注在三维空间中对场所概念的把握。但目前对两类概念的界定仍缺乏普遍共识，因此需要注意通过上下文语义来区分室内场景和场所。

在掌握场所概念的基础上，机器人可以很好地融入人的日常生活，友好地为人提供服务，并进一步掌握一些高级能力，如情感能力、场合认知能力、社交能力等。

6.2 基于物体的场所描述与理解

6.2.1 基于物体类别的方法

Rogers 等人[8]使用上下文线索，利用 CRF 模型实现物体和房间类别的联合推理，其中，对物体房间相容性以及房间相邻性两种依赖关系进行了建模，机器人通过感知过程能够得知房间的位置和范围。遗憾的是，该研究人为指定了模型的相关参数，而未进一步讨论模型学习问题，模型中也未考虑物体间空间关系对场所感知的影响。Viswanathan 等人[9]利用空间语义信息在物体地图上对物体进行聚类并对场所显式标注(包括位置和范围)，该研究基于手工构建的物体地图开展而未考虑底层物体识别等问题。Viswanathan 等人在文献[10]中进一步扩展之前的工作，在场所分类过程中使用了真实的物体识别结果，具体地研究了从 LabelMe 数据库自动学习物体-场所关系和物体检测器的方法，进而利用物体检测器检测图像中的物体，最终利用场所模型(Place Model)推理得到场所标签，但是该研究未使用视觉传感器解决目标物体的定位问题且未考虑物体间空间关系对场所感知的影响。Viswanathan等人[11]进一步将物体分类与图像全局特征相融合实现场所分类。Espinace 等人[12-13]使用常见物体作为中间层语义表达，构建了一种生成式概率分层模型(Generative Probabilistic Hierarchical Model)：用物体分类器将底层视觉特征与物体关联。其中，以 3D 几何信息提高视觉分类器性能；同时，用上下文关系将物体与场景关联，该方法同样未考虑物体间空间关系对场所感知的影响。Charalampous 等人[14]的方法是在 RGB-D 数据基础上，首先检测主要平面；然后在该平面附近分辨物体；最后利用朴素贝叶斯分类器，对物体分布情况进行分类，从而确定场所类型。Kostavelis 等人[15]将场所分类和物体分类相结合，共同投票决定机器人所站位置的场所语义。前述研究均未显式地考察物体间空间关系对场所感知的影响，而事实上，对人而言，此类关系会从直觉上影响其对环境物体的聚类，从而进一步影响对场所的感知，对于开放式场所来说，这一因素尤为重要。而下面的一些研究从不同角度和程度上显式地考虑了物体间的空间关系。

6.2.2 物体类别结合物体信息的方法

Ranganathan 等人[16]将星座物体模型(Constel-Lation Object Model)推广到 3D 情形，用物体构成的星座对场所建模，进而利用贝叶斯推理规则实现场所识别。利用该方法构成的场所模型为 3D 模型，其以局部坐标系描述物体的空间位置，包含了物体间的绝对空间关系。由于该场所模型面向机器设计(如物体位置以平移变量表达)，导致模型本身不利于人机交互。Vasudevan 等人[17-18]系统地研究了基于朴素贝叶斯分类器(Naive Bayesian Classifier，NBC)构建概念模型、实现室内场所感知的方法。Vasudevan 等人[19]主要提出 4 种方法，其中，方法 M1、M2 和 M3 仅考虑了场所中的物体，方法 M4 在 M3 的基础上考虑了物体间的关系(距离关系)，其方法可处理开放式场所。Vasudevan 等人的工作有以下不足之处：①所用概念模型缺乏定性的、符号的、结构化的、直接的概念表达能力，而这种能力在人机交互及共享概念时非常重要。②概念模型不易通过人机交互来学习或修改。③M4 方法考虑空间关系时，直接在高层概念模型中使用底层度量数据，模型变得复杂且物理意义和语义不甚清楚。④M4 方法考虑的物体间关系不够丰富，且定量关系描述本身不利于人机交互；⑤相关方法未考虑以显式形式标示场所概念对应的空间区域。最近，Klenk 等人[20]提出一种上下文依赖的空间区域(Context-Dependent Spatial Region)，作者利用物体实例间的定性空间关系(拓扑和位置关系)描述，采用类比(Analogy)方法，并借助于锚点(Anchor Point)实现敞开式场所感知并进行了区域标注。文献[21]使用仿真和实验验证的方法，仅限于对教室前部这类场所进行感知，由于相关技术尚不完善，导致机器人的感知结果与人的感知结果不完全一致。另外，Klenk 的方法基于机器人全局坐标系给出谓词 Left Of 和 below 的内在结构定义，从用户角度看这些谓词并不符合日常习惯，会导致人机交互困难。Ruiz-Sarmiento 等人[22]利用 CRF 模型实现房间内物体和房间类型的联合分类，算法性能在由 RGB-D 数据构成的 NYU2 数据库上进行了测试，成功率达到约 70%。Chen 等人[23]基于 RGB-D 图像，提出一种全局优化框架，将分割、空间支撑关系推理、多物体识别和场景分类统一起来，实现对场景的较全面理解。上述方法以物体为场所感知基础(基本单位)，在直觉上与人对环境的认知相吻合，因此，此类方法能够提供更多类人的语义信息，相关研究势必作为一个重要研究方向受到持续关注。

场所识别是语义地图研究领域的关键问题之一，其根本目的是使服务机器人能够通过人的理解方式来感知环境。一般来说，一个特定的场所可以由内部物体及其发生的一系列相关活动来定义。因此，场所可以通过物体的属性和之间的位置关系，甚至是环境中人的状态来识别。到目前为止，人们已经从不同方面提出了很多解决这一问题的方法，然而，大多数现有方法仅仅关注图像特征本身(如纹理、颜色和几何结构)，而没有充分利用图像中丰富的语义内容，所以很难准确地确定场所的类型。此外，目前的研究只从单一方面考察物体信息，如类别、位置关系等，这仍然无法模拟人对场所的感知过程。上述表征方法都不能像对场所的定义那样描述特定的室内场所，由于语义信息比视觉信息复杂得多，目前还没有有效方法来获得物体的语义特征，因此提取语义线索仍然是一个场所识别中的开放性问题，依然面临着很大的困难。

对于物体属性和关系的描述模型，伴随着深度学习在图像标注和图像描述应用领域的快速发展，一些研究人员倾向于通过自然语言模型来表述物体信息。如有人提出了分层递归网络来为图像生成完整描述段落；也有人关注了图像中物体的逻辑关系并生成了更清晰的语义单词，这为场所感知中的物体表示提供了一种新的方法。相似的研究表明，图像中物体的属性、状态以及关系可以用自然语言模型来描述，这为场所感知中的物体表示提供了一种新的途径。

6.3　基于全局特征的场所描述与理解

基于全局特征的场所感知有关方法主要以图像特征为线索，利用平面图像实现场所感知。相关研究中的关键问题之一在于寻找某种适于场所描述的图像特征(组合)及相应处理框架。由于此类方法通常仅需要环境的二维图像(不限于RGB图像)，因此相关研究有时可以脱离机器人载体来进行，相关技术的应用对象也不局限于机器人。尽管如此，本节仅对一些与移动机器人应用有密切关系的研究内容进行综述。

Torralba等人[24]给出一种基于上下文的视觉系统，该系统可以实现对新环境的场所分类，使用了一种同时考虑纹理属性和其空间布局的全局特征；Fazl-Ersi等人[25]提出一种新的场景描述子HOUP(Histogram of Oriented Uniform Patterns)，它不仅可以用于场所识别也可以用于场所分类；Quattoni等人[26]提出一种非常适于室内场景识别任务的模型，该模型涉及一种图像层面的场景原型概念，能够同时利用图像的局部和全局信息完成识别任务；Madokoro等人[27]使用SIFT(Scale Invariant Feature Transform)和主旨(Gist)特征作为上下文，提出一种无监督场景分类方法；Wu等人[28]提出一种用于场所类别和实例识别的新特征表达方法SPACT(Spatial Principal Component Analysis of Census Transform Histograms)，与一些其他特征相比，其优势在于更好的性能、较少的待调参数、极快的速度和易于实现；

Pronobis 等人[29]以一种能够捕捉丰富视觉表观(Visual Appearance)信息的高维直方图特征组合感受区直方图(Composed Receptive Field Histograms，CRFH)结合SVM分类器实现场所识别；之后，Pronobis 等人[30]又进一步提出一种用来度量分类器输出的信度水平的方法，该方法被用于视觉线索整合，作者在实验中使用CRFH和SIFT两种视觉线索，获得了更好的识别性能；Luo 等人[31]使用增量SVM解决场所识别算法的时变适应性问题；Pronobis 等人[32]提出一种利用多模态信息实现场所分类的思想，他们利用SVM将文献[29]和[33]的工作结合起来，使得机器人学会按房间类型使用不同线索进行场所识别；Li 等人[34]提出一种通用场景学习和分类方法(不局限于室内场景)，其利用局部区域的集合来表达场景图像，使用无监督方法获得主题(Theme)分布和码字(Code Word)分布，面向13类复杂场景的实验结果表明，其方法具有令人满意的分类性能；Ranganathan[35]提出一种称之为PLISS(Place Labeling Through Image sequence Segmentation)的技术，其利用视频或图像流实现场所识别和分类，使用了一种在线贝叶斯变化点检测(Batesian Change-point Detection)算法，将图像流分割成与场所相对应的部分，从而实现场所感知；Wu 等人[36]基于CENTRIST(Census Transform Histogram)图像描述子对常规视频摄像机的图像进行连续处理，实现视觉场所分类(Visual Place Categorization，VPC)；最近，Mozos 等人[37]利用Kinect摄像机实现了对“走廊”“实验室”“办公室”“厨房”和“自习室”五种场所的高精度分类，其方法将RGB-D传感器获取的灰度和深度图像均变换为局部二元模式(Local Binary Patterns)直方图，并以此构成单一特征矢量，然后利用有监督分类器分类，作者指出以SVM作为分类器更适合其实验情况；2013年，Choi 等人[38]仍基于2D图像研究室内场景理解问题，但是他们注意到捕捉物体间语义和几何关系的3D几何短语(3D Geometric Phrases)的重要作用，所提出的方法给出了对室内场景的有效解释；Costante 等人[39]提出基于多线索SPMK(Spatial Pyramid Matching Kernel)的迁移学习方法，避免面对新场景时机器人需要进行繁琐的重复学习；Ali 等人[40]通过屏蔽低熵值区域来降低经典SIFT特征算法的复杂性，使之适用于室内场所分类；Säunderhauf 等人[41]利用卷积网络给出一种迁移性和扩展性良好的场所分类系统，在三类摄像头上进行了实验测试，并研究了场所语义信息在机器人导航和物体检测任务中的应用；Carrillo 等人[42]将场所分类问题视为一种高效l_1-最小化问题，在保证分类性能的基础上提高了学习速度；Kostavelis 等人[43]将一种基于表观的直方图与SVM分类器相结合来处理语义建图中的场所分类问题；Jung 等人[44]将激光雷达中的激光数据转换成图像进行处理，提出一种LNP(Local N-ary Patterns)描述子，用来描述相邻像素间的多模态数值关系，实现对五类室内场所的分类；Premebida 等人[45]提出DBMM分类器用于对RGB-D数据分类取得了较高精度；牛杰等人[46]提出一种融合全局及显著性区域特征的移动机器人室内场景识别方法，在MIT室内场景数据库上的准确率优于相关文献算法。

上述方法通常仅使用从环境获取的平面图像信息，在相关处理过程中损失了环境的三维空间信息，不能直接提供关于场所的三维几何描述，导致难以对目标场所进行有效定位。面对开放式场所时，目标场所定位问题变得更加突出，不准确定位可能造成机器人“所见”和“所在”场所在空间上出现冲突。最近流行的RGB-D传感器不仅能够得到环境的RGB信息，还能够同时获取与之对应的深度信息，利用深度信息恢复环境的三维空间信息、实现场所定位将能够弥补上述方法的不足，相关研究应当引起重视。

6.4　基于自然语言的场所描述与理解

自然语言是信息表示的另外一种形式，它与人对事物认知的过程相一致，可以忽略冗杂信息，强调物体的本质属性。因此，将图像信息转换为文本表示有利于分类和推理。此外，这里创新性地同时考虑了物体属性与位置关系，与只考虑图像特征的传统方法相比更具有理论上的直觉性。本节聚焦于一种基于自然语言的场所描述与理解方法。

6.4.1　识别模型框架

场所识别模型分为三部分，如图 6-2 所示。首先，对于包含其分类语义标签 y 的场所图像，通过图像描述方法和(或)通过人机接口人工输入，获得物体状态(表示为集合 S)、属性(表示为集合 A)和关系(表示为集合 R)等物体信息。这些信息被称为场所描述符(PD)，可以表示为 $D \subset S \cup A \cup R$，集合 D 中的每个元素都是文本形式。由于 PD 提供了关于物体状态、属性和与其他物体关系的完整描述，因此可被用于预测一个场所的类别。接着，如图 6-2b 所示，集合 D 的 PD 使用文本数字变换(表示为函数 t)，将其数字化为特征矢量 $\boldsymbol{D}^{*}=t(D)$。最后，包含所有场所信息的集合以及它的标签$(\boldsymbol{D}^{*}, y)$均输入基于 LSTM-CNN 的模型中，进行场所分类。

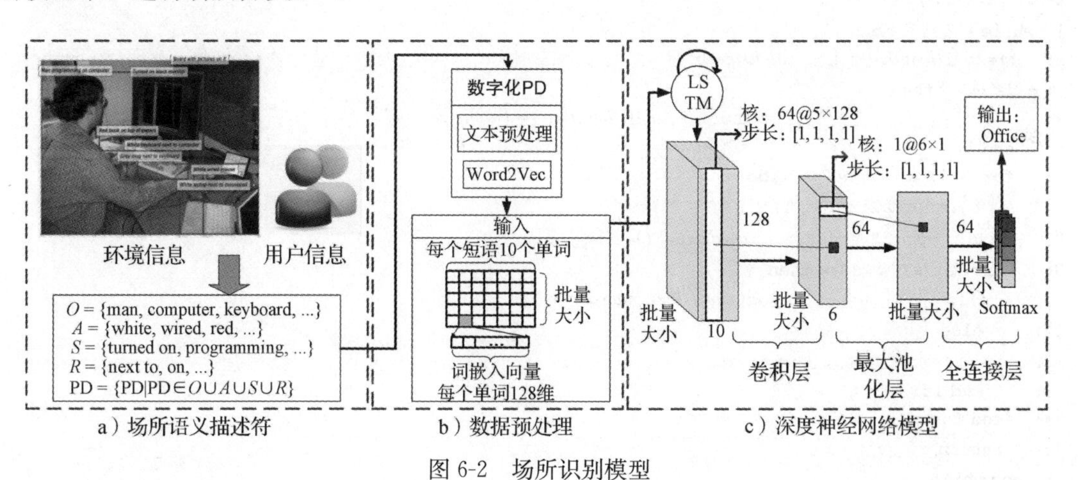

图 6-2　场所识别模型

6.4.2　数据预处理

由于关注的是场所的语义信息，因此假设该模型具有识别、学习语义表示的能力。这里利用 Visual Genome 数据集生成描述语料库，即集合 D，其中包含了每张图像中物体、属性和关系的注释。

如图 6-2a 所示，将办公室及其注释作为一个例子来说明关注的描述符，图像中的物体已经被精确地标记出来并给出了描述性文本。注释包含了 PD 三个不同的基本概念，即物体的属性(如“打开的黑色显示器”，其中“显示器”是物体而“打开的黑色”是属性，属于集合 A)；物体间的位置关系(如“板子上的照片”，其中“板子”和“照片”是物体，“上”是它们的位置信息，属于集合 R)和人的状态(如“正在电脑上编程的人”，其中“编程”是人的状态，属于集合 S)。此外，PD 可以整合上述基本概念(如“计算机旁边的白色键盘”同时包括两个物体的属性和位置关系，所以定义为 $D \subset A \cup R$)。由于人的行为和状态在位置识别中起着至关重要的作用，因此必须特别地考虑人在环境中的状态。在大多数情况下，数据集中的 PD 以混合概念的形式出现，一个新的 PD$\in D$ 经过该模型处理，则未知场所的可能标签 y 可以被分类为包含了先前学习过的物体场所。

为了保证这些 PD 可以通过 Word2Vec 方法转换成数字形式，需要使用数据预处理算法对它们进行规范化，如下所示。

根据 Word2Vec 转换中的 Skip-Gram 模型，算法 6-1 中 `wordsize` 表示训练上下文的大小，在算法 6-1 的第 7 行中，PD 的规范化主要包括以下步骤：

1)删除不影响 PD 原始语义线索的标点符号、额外空格和特殊符号。

2)将文中的数字替换为相应的单词。

3)删除停用词，而不改变原来的语义线索。

算法 6-1 数据预处理

输入：$[x_i]_k=\{w_n \mid w_n \subset T, n=1,\cdots,length(x_i)\}$表示第 k 幅图片中的第 i 个 PD，w_n 是每个 PD 中的第 n 个单词，单词字典 T，批量大小 $batchsize$，最大句长 $maxlen$，上下文大小 $wordsize$；

输出：规范化后的 PD$[x_i^*]_k$；

1: **while** k 未结束 **do**
2: m= mod($length([x_i]_k)$, $batchsize$);
3: **if** $m>0$ **then**
4: $[x_i]_k=[[x_s]_k, [x_i]_k]$, s=random(1, i)且 $length(s)=batchsize-m$;
5: **end if**
6: **for** $i \to 1$; $i \leqslant length([x_i]_k)$ **do**
7: $[x_i]_k$=normalize($[x_i]_k$);
8: $[w_n^*]_k$=Word2Vec($[w_n]_k$, $wordsize$, T), $[w_n]_k \in [x_i]_k$;
9: **if** max(n)< $maxlen$ **then**
10: $[x_i^*]_k=[[w_n^*]_k$, zeros($wordsize$, $maxlen-n$)];
11: **else**
12: $[x_i^*]_k=[w_{1:maxlen}^*]_k$;
13: **end if**
14: **end for**
15: **return** $[x_i^*]_k$;
16: **end while**

除了规范化，算法 6-1 中的其他步骤也是针对 LSTM-CNN 模型结构设计的。参数 `batchsize` 用来提高泛化性能；参数 `maxlen` 表示输入语句的长度，由于 `maxlen` 受到 LSTM 模型的限制，所以它必须是固定的。如图 6-2b 所示，在所提出的 LSTM 中使用了小批量策略，它要求输入的数据是一个三维张量，每个维度分别表示单词嵌入的大小、句子的长度和批处理的大小。如果 PD 具有不同的长度，则会导致输入张量中存在无法处理的空元素，因此，为了避免空元素的存在，语句长度需通过增加零张量(零张量是占位符，不代表

任何信息)或分割句子来保持一致。虽然 PD 不一定必须具有相同的长度，但在不造成信息丢失的条件下，在算法 6-1 中对它们进行了规范化，以满足 LSTM 的要求。

6.4.3　模型结构

这里提出的室内场所语义分类器包含两种类型的神经网络，即 LSTM 和 CNN，如图 6-2c 所示。LSTM 是一种改进后的递归神经网络(RNN)结构，用于处理任意长度的序列并捕获长期依赖性，以避免标准 RNN 中的梯度爆炸或消失。这里应用了一个包含两层 LSTM 基本单元的标准体系结构来综合表示一段文本，在每个时间步中，模块的输出由一组关于过去隐状态 h_{t-1} 和当前时间步的输入 x_t 的函数门来控制。这些门为遗忘门 f_t、输入门 i_t 以及输出门 o_t，它们分别决定如何更新当前的记忆单元 c_t 以及当前隐状态 h_t。对于 NLP，每一个时间步代表语句中每个单词的位置。由于词矢量的维数定义为 d，所以 LSTM 中记忆单元和其他门的维数共享相同的值。LSTM 转移函数定义见式(6-1)：

$$\begin{cases} i_t = \sigma[W_i \cdot (h_{t-1}, x_t, c_{t-1}) + b_i] \\ f_t = \sigma[W_f \cdot (h_{t-1}, x_t, c_{t-1}) + b_f] \\ o_t = \sigma[W_o \cdot (h_{t-1}, x_t, c_{t-1}) + b_o] \\ q_t = \tanh[W_q \cdot (h_{t-1}, x_t) + b_q] \\ c_t = f_t \odot c_{t-1} + i_t \odot q_t \\ h_t = o_t \odot \tanh(c_t) \end{cases} \tag{6-1}$$

式中，h_t 是预期的结果，σ 是输出在[0,1]的逻辑斯蒂(Logistic)函数，即 Sigmoid 函数，$\tanh(\cdot)$是输出值在[−1,1]的双曲正切函数，$\odot$表示元素相乘。

从本质上讲，可以把 f_t 看作是控制旧记忆单元中被遗忘信息的函数，i_t 是控制新信息被存在记忆单元的函数，o_t 基于记忆单元 c_t 决定输出量。因为 LSTM 可以有效地整合和记忆序列数据的特征，所以逐步地输入语句中的每个单词到 LSTM，并且保持遗忘门 $o_t=0.5$，最终得到一个语句的综合表达式之后输入至 CNN 中。

CNN 是一种由卷积层、下采样层和全连接层组成的多层前馈神经网络。由于卷积具有捕捉空间或时间结构局部相关性的强大能力，所以成为 CNN 的核心非线性操作。设 k 为滤波器的长度，矢量 $\boldsymbol{m}\in\mathbb{R}^{k\times d}$ 表示卷积操作的滤波器。对于句子中的每个位置 j，都存在一个窗口矢量 $\boldsymbol{W}_j$ 伴随 k 个连续的词矢量，给定为：

$$\boldsymbol{W}_j = (X_j, X_{j+1}, \cdots, X_{j+k-1}) \tag{6-2}$$

滤波器 $\boldsymbol{m}$ 以 valid 卷积方式与每个位置的窗口矢量进行卷积，以生成特征图 $\boldsymbol{c}\in\mathbb{R}^{L-k+1}$，并且对应窗口矢量 $\boldsymbol{W}_j$ 的每个特征图元素 c_j 定义见式(6-3)：

$$c_j = f(\boldsymbol{W}_j \odot \boldsymbol{m} + b) \tag{6-3}$$

式中，$\odot$表示元素相乘，$b\in\mathbb{R}$是偏置项，f 是非线性 ReLU 变换函数。

此外，模型使用多个滤波器生成不同的特征映射，并在卷积后应用最大池化来选择最重要的特征。对从最大池化层获得的输出，利用式(6-4)定义的 Softmax 函数对其进行分类。

$$P(y=i|z)=P_i=\frac{e^{z_i}}{\sum_{j=1}^{C}e^{z_j}} \tag{6-4}$$

式中，P_i表示被分类到第i类的可能性，C表示类的数量，z_i是来自全连接层的输出，即$z=Wc+b$，它包含PD的全部信息，式(6-4)的最大输出值相对应的类别即表明物体所属的类别。

这里，采用了一种基本的体系结构来构造语义分类的分类器。如图6-2c所示，CNN体系结构连同它们的权重和偏差，包括三个基本层。第一层是以ReLU为激活函数的卷积层，获取来自LSTM的隐状态数据(h_t)；第二层是最大池化层，对卷积滤波后的数据进行下采样；最后一层是与Softmax函数连接的全连接层，并与先前的层相连。经过深度神经网络的处理，图像中场所的描述即可用来判别一个特定的场所类别。

此外，式(6-4)的输出不能获得整个图像的场所类别。因此，在获得每个描述的类别后，将添加一个投票机制(VM)用来计算所有描述的类别数，并将图像归类到得票最多的场所类别中。

6.4.4 训练方法

通过最小化交叉熵误差来训练整个模型，定义见式(6-5)：

$$E(x^{(i)},y^{(i)})=\sum_{j=1}^{k}1\{y^{(i)}=j\}\log(\widetilde{y}_j^{(i)}) \tag{6-5}$$

在式(6-5)中，第i个训练数据$x^{(i)}$以及它的真实标签$y^{(i)}\in\{1,2,\cdots,k\}$用于模型学习，其中$k$是标签的数量，并且需要在实际操作中转化为一个独热(one-hot)码矢量。每个标签$j\in\{1,2,\cdots,k\}$的估计概率$\widetilde{y}_j^{(i)}\in[0,1]$是Softmax函数的输出值。此外，1{条件}是一个指示器，即1{条件为真}=1，否则1{条件为假}=0。使用小批量梯度下降来学习模型参数，更具体地说，算法6-2第3行中的小批量参数m对应于算法6-1中的batchsize。

为了避免过度拟合问题，当超过给定训练周期时，学习速率将逐渐降低。此外，还使用L2正则化方法来确保参数具有合理的值。本节训练算法的基本过程如算法6-2所示，在训练过程中，神经网络中的每个权重和偏置参数(θ)都被更新，直到达到最大迭代步或误差低于阈值。

算法6-2 带有L2正则化的Mini-batch梯度下降

输入：学习率lr_k，学习衰减率d，最大衰减轮次τ，正则化因子λ，模型参数初始值θ
输出：更新后的模型参数θ；
1：$k\leftarrow1$；
2：**while** 不符合停止标准 **do**
3： 从训练集中随机采样m个样本组成小批量集合$\{x^{(1)},\cdots,x^{(m)}\}$，对应于目标$y^{(i)}$；
4： 计算带有L2正则化的交叉熵均方误差：

$$L((\boldsymbol{x}^{(i)};\theta),y^{(i)})=\frac{1}{m}\sum\|E(\boldsymbol{x}^{(i)},y^{(i)})\|^2+\frac{\lambda}{2m}\sum\|\theta\|^2;$$

5： 计算梯度估计：$\hat{g}\leftarrow\nabla_\theta L((\boldsymbol{x}^{(i)};\theta),y^{(i)})$；
6： 模型参数更新：$\theta\leftarrow\theta-lr_k\times\hat{g}$；
7： **if** $k>\tau$ **then**
8： $lr\leftarrow lr\times d^{k-\tau}$；
9： **end if**
10： $k=k+1$；
11：**end while**

6.4.5　实验验证

1. 参数设置

在实验中，选择了五个室内类别，包括浴室、卧室、厨房、客厅和办公室，且每一个场所都包含来自 Visual Genome 的 50 张图像。

这些标注内容是模型需要学习的先验知识。表 6-1 显示了数据集的统计数据，图 6-3 中给出了每个类别的一些示例。

表 6-1　Visual Genome 数据集的统计数据

类别	图片的数量	PD 的数量	独热码
浴室	50	3149	(1,0,0,0,0)
卧室	50	2597	(0,1,0,0,0)
厨房	50	2929	(0,0,1,0,0)
客厅	50	3081	(0,0,0,1,0)
办公室	50	3978	(0,0,0,0,1)
共计	250	15 734	—

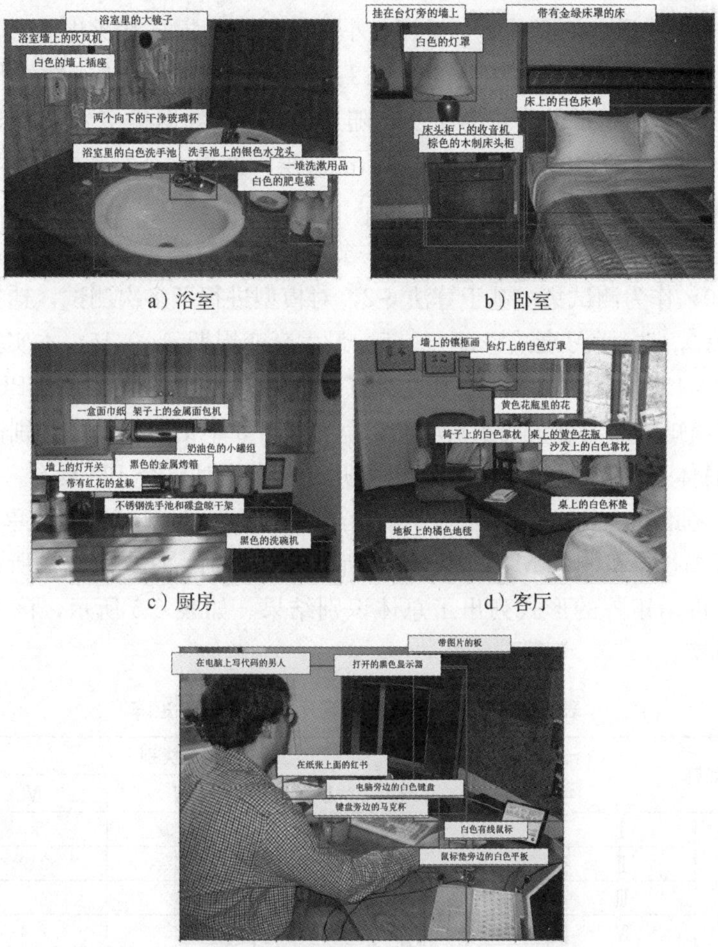

a）浴室

挂在台灯旁的墙上　带有金绿床罩的床　白色的灯罩　床上的白色床单　床头柜上的收音机　棕色的木制床头柜

b）卧室

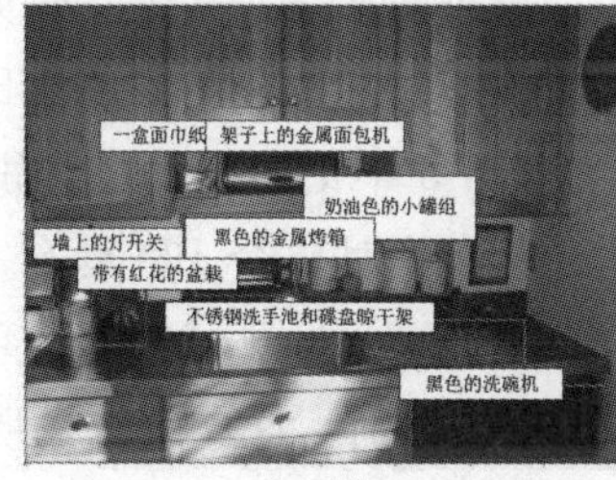

c）厨房

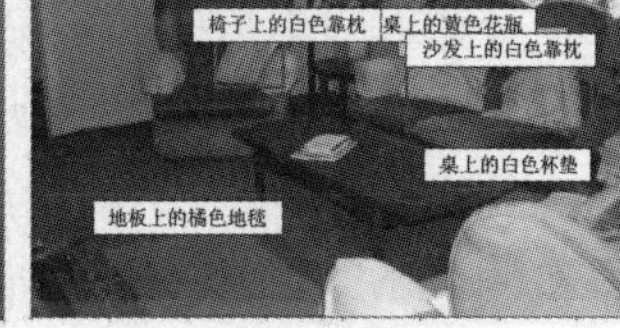

d）客厅

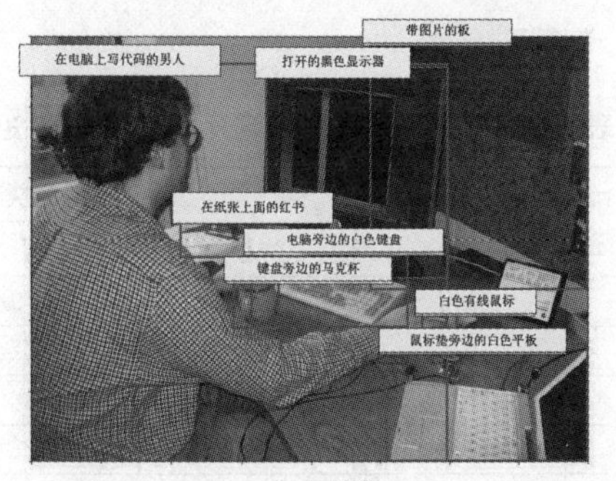

e）办公室

图 6-3　室内场所及其 PD 的例子

根据 Word2Vec 转换，函数中有四个关键参数，即单词的维数(size=128)，一个语句中当前单词与预测单词间的最大距离(window=5)，忽略所有总频率低于阈值的单词(mincount=1)，语料库的迭代次数(周期)(itera=50)，通过多次实验，得到了上述较优的数值。

经过算法 6-1 处理后，数据集中的每个不同单词都可以转换成唯一的 128 维矢量，用于表示规范的数字化 PD。最后，将参数 maxlen 设置为 10，这意味着每个 PD 中有 10 个单词长度。此外，为了便于分类器的操作，每个类别都通过独热码编码方法被转换成一个唯一的数字串来表示标签。

当使用 LSTM 进行自然语言处理时，参数 t 表示文本序列中单词的位置。在式(6-1)中，$x_t \in \mathbb{R}^d$，其中 $d=128$ 表示上述单词矢量的维数。此外，在考虑架构的同时将遗忘门的值设置为 0.5，这表明前一步输出的数据中的一半旧信息被遗忘了；输入门和输出门的值设为 1。通常，高维词矢量可以编码丰富的信息，因此让隐藏状态神经元(h_t)的数目是 600，每个门(o_t, i_t, f_t)以及状态单元(c_t, q_t)设置为 200，以确保文本特征可以提取出尽可能多的语义信息。到目前为止已经设置了 LSTM 体系结构的所有基本参数。在 LSTM 处理固定步长(maxlen)之后，可以得到一个 200 维矢量来表示一个短语的信息。

对于 CNN 中的参数，更具体地，采用最小批处理技巧提高其泛化能力，将批处理大小设置为 32，使数据的形状转换为 10×600×32；然后，卷积层将输入数据与 200 个大小为 5×600 的核进行卷积，每批的步长为 1 步；随后，200 维数据连接到最后 5 个神经元；最终，最后一个全连接层的输出连接到 5 路 Softmax 层，产生 5 个类别标签的概率分布。

2. 实验结果

本节将验证模型的性能。首先，将 6.4.5 节中提到的数据集随机分为两部分，70%作为训练集，其余 30%作为测试集。基于算法 6-2，对模型进行了多次测试，选择的模型参数如下：学习率 $lr_k=0.15$、学习衰减率 $d=0.95$、最大衰变周期 $\tau=0.15$。本实验的编程环境是 TensorFlow v1.4 和 Python v3.6，安装在具有 8GB 内存平台的 Intel i5 CPU 上。

表 6-2 从混淆矩阵的角度说明了实验结果，在表 6-3 中给出了每个类别的精确率、召回率、F1 评分和总体平均准确率。实验结果表明，该算法对单个 PD 具有一定的识别精度。基于这一观察，考虑联合处理来自同一图像的全部 PDs。一旦测试样本的单个 PD 类别的结果可用，就会添加投票机制(VM)来确定该场所的最终类别，这也符合场所识别任务的基本逻辑。表 6-4 以混淆矩阵的形式列出了总体识别结果。如表 6-5 所示，该方法最终达到了 96%的平均准确率。

表 6-2 每个 PD 的室内场所识别的混淆矩阵

混淆矩阵		预测类别				
		Ⅰ	Ⅱ	Ⅳ	Ⅳ	Ⅴ
实际类别	Ⅰ	900	48	179	55	34
	Ⅱ	60	653	42	219	50
	Ⅲ	123	28	766	69	38
	Ⅳ	45	170	123	744	166
	Ⅴ	38	43	66	109	1056

注：标记的对应关系：浴室(Ⅰ)、卧室(Ⅱ)、厨房(Ⅲ)、客厅(Ⅳ)和办公室(Ⅴ)。

表 6-3　精确率、召回率、F1 评分和总体平均准确率

类别	精确率(%)	召回率(%)	F1 的评分(%)	总体平均准确率(%)
浴室	77.19	74.01	75.57	—
卧室	69.32	63.77	66.43	—
厨房	65.14	74.80	69.94	—
客厅	62.21	59.62	60.88	—
办公室	78.57	80.49	79.52	—
平均值	70.48	70.54	70.41	70.72
标准差	(±6.46)	(±7.67)	(±6.58)	—

表 6-4　每个图像的室内场所识别的混淆矩阵

混淆矩阵		预测类别				
		Ⅰ	Ⅱ	Ⅳ	Ⅳ	Ⅴ
实际类别	Ⅰ	14	0	1	0	0
	Ⅱ	0	14	0	1	0
	Ⅲ	0	0	14	1	0
	Ⅳ	0	0	0	15	0
	Ⅴ	0	0	0	0	15

注：标记的对应关系：浴室(Ⅰ)、卧室(Ⅱ)、厨房(Ⅲ)、客厅(Ⅳ)和办公室(Ⅴ)。

3. 讨论

除了评估算法的有效性外，还验证了算法的泛化性和不确定性。表 6-5 显示了不同比例测试集的准确率和训练时间，其中第一列表示测试集在样本总数中的比例。在本实验中，逐渐减少了训练样本的数量。可以看到，虽然被正确分类的训练样本数量正在减少，测试样本的整体识别准确率仍保持在较高水平，这表明算法具有一定的容错性。一方面是由于神经网络的泛化性能，它自动提取 PD 最具有鉴别性的特征，如室内场所浴室经常包含如“水槽是白色的”的 PD，这些 PD 在场所识别中起着重要作用，随着训练样本变少，神经网络学习的室内场所信息也同时减少，因此每个 PD 的分类准确率略有下降。另一方面，由于一些差异性的特征被神经网络“记住”，这仍然可以保证在投票机制的帮助下对图像进行正确的分类。

表 6-5　不同比例测试集的准确率和训练时间

比例	每个描述的准确率(%)	每个图像的准确率(%)	训练时间(s)
0.1	69.8	96.0	10 224
0.2	70.1	98.0	7246
0.3	70.7	96.0	6581
0.4	70.6	96.0	5412
0.5	71.4	97.6	4783
0.6	69.7	98.0	3653
0.7	67.7	97.1	2765
0.8	67.7	95.5	1877
0.9	64.5	95.5	1024

此外，该算法还通过5折交叉验证方法进行了评价。为了在数据集之间进行公平的比较，所有评估中的交叉验证数都有10个测试样本和40个训练样本，如图6-4所示，场所类别并不是均匀分布在所有部分之间。平均精确率、召回率、F1评分、准确率、投票机制的准确率以及标准差见表6-6。由于各部分之间的类别分布的极端变化，实验得到了较高的标准差。如前所述，在交叉验证方法中，泛化性能是可以接受的。因此，使用文本化的PD方法在一定程度上是鲁棒的。

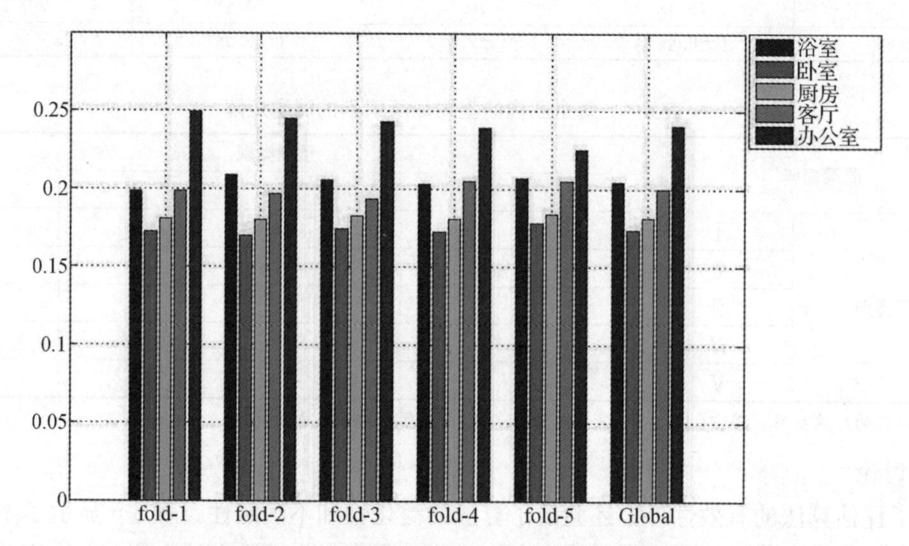

图6-4 5折交叉验证中的数据类型分布和全部数据的全局分布(见彩插)

表6-6 5折交叉验证评价结果

	fold-1	fold-2	fold-3	fold-4	fold-5	总体平均值
平均精确率	72.50±6.36	71.16±5.39	66.87±6.92	72.26±8.01	70.08±12.95	70.08±2.38
召回率	72.61±7.31	71.28±9.66	67.00±9.24	72.02±8.11	67.87±9.90	70.16±2.28
F1评分	72.36±5.55	71.14±7.37	66.90±8.00	72.10±7.86	67.63±11.16	70.03±2.30
准确率	72.59	71.50	67.21	73.07	69.26	70.73±2.19
VM准确率	98.00	100.00	92.00	96.00	98.00	96.8±2.71

6.5 习题

1. 常见的场所理解方法有哪些类别?
2. 基于全局特征的场所理解方法有哪些局限性?
3. 基于物体的场所理解方法的优势和局限性有哪些?
4. 基于自然语言的场所理解方法，在实际应用中是否需要物体检测器?

参考文献

[1] Cognitive Systems for Cognitive Assistants-CoSy[EB/OL]. [2021-04-15]. http://www.cognitivesystems.org. 2009.

[2] COGNIRON-The Cognitive Robot Companion[EB/OL]. [2022-11-14]. http://www. cogniron. org.

[3] CogX-Cognitive Systems that Self-Understand and Self-Extend[EB/OL]. [2021-04-15]. http://cogx. eu/.

[4] FAZL-ERSI E, TSOTSOS J K. Histogram of oriented uniform patterns for robust place recognition and categorization[J]. The International Journal of Robotics Research, 2012, 31(4): 468-483.

[5] HENDERSON J M, HOLLINGWORTH A. High-level scene perception[J]. Annual review of psychology, 1999, 50(1): 243-271.

[6] 李学龙，史建华，董永生，等. 场景图像分类技术综述[J]. 中国科学(信息科学)，2015，45(7)：827-848.

[7] PRONOBIS A, SJOO K, AYDEMIR A, et al. A framework for robust cognitive spatial mapping. [C]//Proceedings of the 14th International Conference on Advanced Robotics. Munich, Germany: IEEE, 2009: 1-8.

[8] ROGERS J G, CHRISTENSEN H I. A conditional random field model for place and object classification [C]//Proceedings of the 2012 IEEE International Conference on Robotics and Automation. St. Paul, Minnesota, USA: IEEE, 2012: 1766-1772.

[9] VISWANATHAN P, MEGER D, SOUTHEY T, et al. Automated spatial-semantic modeling with applications to place labeling and informed search[C]//Proceedings of the 6th Canadian Conference on Computer and Robot Vision. Kelowna, British Columbia, Canada: IEEE, 2009: 284-291.

[10] VISWANATHAN P, SOUTHEY T, LITTLE J, et al. Automated place classification using object detection[C]//Proceedings of the 7th Canadian Conference on Computer and Robot Vision. Ottawa, Ontario, Canada: IEEE, 2010: 324-330.

[11] VISWANATHAN P, SOUTHEY T, LITTLE J, et al. Place cassification using visual object categorization and global information[C]//Proceedings of the 8th Canadian Conference on Computer and Robot Vision. St. Johns, Newfoundland, Canada: IEEE, 2011: 1-7.

[12] ESPINACE P, KOLLAR T, SOTO A, et al. Indoor scene recognition through object detection[C]//Proceedings of the 2010 IEEE International Conference on Robotics and Automation. Anchorage, Alaska, USA: IEEE, 2010: 1406-1413.

[13] ESPINACE P, KOLLAR T, ROY N, et al. Indoor scene recognition by a mobile robot through adaptive object detection[J]. Robotics and Autonomous Systems, 2013, 61(9): 932-947.

[14] CHARALAMPOUS K, KOSTAVELIS I, CHANTZAKOU F E, et al. Place categorization through object classification[C]//Proceedings of the 2014 IEEE International Conference on Imaging Systems and Techniques. Santorini, Greece: IEEE, 2014: 320-324.

[15] KOSTAVELIS I, AMANATIADIS A, GASTERATOS A. How do you help a robot to find a place? A supervised learning paradigm to semantically infer about places[C]//HAIS 2013: Hybrid Artificial Intelligent Systems. Berlin: Springer, 2013, 8073: 324-333.

[16] RANGANATHAN A, DELLAERT F. Semantic modeling of places using objects[C]//Proceedings of the 2007 Robotics: Science and Systems Conference. Atlanta, Georgia, USA: MIT Press, 2007.

[17] VASUDEVAN S, GÄACHTER S, NGUYEN V, et al. Cognitive maps for mobile robots an object based approach[J]. Robotics and Autonomous Systems, 2007, 55(5): 359-371.

[18] VASUDEVAN S, SIEGWART R. A bayesian conceptualization of space for mobile robots[C]//Proceedings of the 2007 IEEE/RSJ International Conference on Intelligent Robots and Systems. San Diego, California, USA: IEEE, 2007: 715-720.

[19] VASUDEVAN S, SIEGWART R. Bayesian space conceptualization and place classification for semantic maps in mobile robotics[J]. Robotics and Autonomous Systems, 2008, 56(6): 522-537.

[20] KLENK M, HAWES N, LOCKWOOD K. Representing and reasoning about spatial regions defined by context[C]//Proceedings of the 2011 AAAI Fall Symposium. El Segundo, CA, USA: AAAI, 2011:

154-161.

[21] HAWES N, KLENK M, LOCKWOOD K, et al. Towards a cognitive system that can recognize spatial regions based on context[C]//Proceedings of the 26th AAAI Conference on Artificial Intelligence. Toronto, Ontario, Canada: AAAI, 2012: 200-206.

[22] RUIZ-SARMIENTO J R, GALINDO C, GONZÁLEZ-JIMÉNEZ J. Joint categorization of objects and rooms for mobile robots[C]//Proceedings of the 2015 IEEE/RSJ International Conference on Intelligent Robots and Systems. Hamburg, Germany: IEEE, 2015: 2523-2528.

[23] CHEN Y X, PAN D R, PAN Y F, et al. Indoor scene understanding via monocular RGB-D images[J]. Information Sciences, 2015, 320: 361-371.

[24] TORRALBA A, MURPHY K P, FREEMAN W T, et al. Context-based vision system for place and object recognition[C]//Proceedings of the 2003 IEEE International Conference on Computer Vision. Nice, France: IEEE, 2003: 273-280.

[25] FAZL-ERSI E, TSOTSOS J K. Histogram of oriented uniform patterns for robust place recognition and categorization[J]. The International Journal of Robotics Research, 2012, 31(4): 468-483.

[26] QUATTONI A, TORRALBA A. Recognizing indoor scenes[C]//Proceedings of the 2009 IEEE Conference on Computer Vision and Pattern Recognition. Miami, Florida, USA: IEEE, 2009: 413-420.

[27] MADOKORO H, UTSUMI Y, SATO K. Scene classification using unsupervised neural networks for mobile robot vision[C]//Proceedings of the 2012 SICE Annual Conference. Akita, Japan: IEEE, 2012: 1568-1573.

[28] WU J, REHG J M. Where am I: place instance and category recognition using spatial PACT[C]//Proceedings of the 2008 IEEE Conference on Computer Vision and Pattern Recognition. Anchorage, Alaska, USA: IEEE, 2008: 1-8.

[29] PRONOBIS A, CAPUTO B, JENSFELT P, et al. A discriminative approach to robust visual place recognition[C]//Proceedings of the 2006 IEEE/RSJ International Conference on Intelligent Robots and Systems. Beijing, China: IEEE, 2006: 3829-3836.

[30] PRONOBIS A, CAPUTO B. Confidence-based cue integration for visual place recognition[C]//Proceedings of the 2007 IEEE/RSJ International Conference on Intelligent Robots and Systems. San Diego, California, USA: IEEE, 2007: 2394-2401.

[31] LUO J, PRONOBIS A, CAPUTO B, et al. Incremental learning for place recognition in dynamic environments[C]//Proceedings of the 2007 IEEE/RSJ International Conference on Intelligent Robots and Systems. San Diego, California, USA: IEEE, 2007: 721-728

[32] PRONOBIS A, MOZOS O M, CAPUTO B, et al. Multi-modal semantic place classification[J]. The International Journal of Robotics Research, 2010, 29(2-3): 298-320.

[33] MOZOS O M, STACHNISS C, BURGARD W. Supervised learning of places from range data using AdaBoost[C]//Proceedings of the 2005 IEEE International Conference on Robotics and Automation. Barcelona, Spain: IEEE, 2005: 1742-1747.

[34] Li F F, PIETRO P. A bayesian hierarchical model for learning natural scene categories[C]//Proceedings of the 2005 IEEE Computer Society Conference on Computer Vision and Pattern Recognition. San Diego, CA, USA: IEEE, 2005: 524-531.

[35] RANGANATHAN A. Pliss: Detecting and labeling places using online change-point detection[C]//Proceedings of the 2010 Robotics: Science and Systems. Zaragoza, Spain: MIT Press, 2010: 185-192.

[36] WU J X, CHRISTENSEN H I, REHG J M. Visual place categorization: problem, dataset, and algorithm[C]//Proceedings of the 2009 IEEE/RSJ International Conference on Intelligent Robots and Systems. St. Louis, MO, USA: IEEE, 2009: 4763-4770.

[37] MOZOS O M, MIZUTANI H, KURAZUME R, et al. Categorization of indoor places using the Kinect sensor[J]. Sensors, 2012, 12(5): 6695-6711.

[38] CHOI W, CHAO Y W, PANTOFARU C, et al. Understanding indoor scenes using 3D geometric phrases[C]//Proceedings of the 2013 IEEE Conference on Computer Vision and Pattern Recognition. Portland, OR, USA: IEEE, 2013: 33-40.

[39] COSTANTE G, CIARFUGLIA T A, VALIGI P, et al. A transfer learning approach for multi-cue semantic place recognition[C]//Proceedings of the 2013 IEEE/RSJ International Conference on Intelligent Robots and Systems. Tokyo, Japan: IEEE, 2013: 2122-2129.

[40] ALI S Y, MARHABAN M H, AHMAD S A, et al. Improved SIFT algorithm for place categorization et al Proceedings of the 10th Asian Control Conference. Kota Kinabalu, Malaysia: IEEE, 2015: 1-3.

[41] SÄUNDERHAUF N, DAYOUB F, MCMAHON S, et al. Place categorization and semantic mapping on a mobile robot[C]//Proceedings of the 2016 IEEE International Conference on Robotics and Automation(ICRA). Stockholm, Sweden: IEEE, 2016: 5728-5736.

[42] CARRILLO H, LATIF Y, NEIRA J, et al. Place categorization using sparse and redundant representations [C]//Proceedings of the 2014 IEEE/RSJ International Conference on Intelligent Robots and Systems. Chicago, Illinois, USA: IEEE, 2014: 4950-4957.

[43] KOSTAVELIS I, CHARALAMPOUS K, GASTERATOS A, et al. Robot navigation via spatial and temporal coherent semantic maps[J]. Engineering Applications of Artificial Intelligence, 2016, 48: 173-187.

[44] JUNG H, MOZOS O M, IWASHITA Y, et al. Local N-ary Patterns: a local multi-modal descriptor for place categorization[J]. Advanced Robotics, 2016, 30(6): 402-415.

[45] PREMEBIDA C, FARIA D R, SOUZA F A, et al. Applying probabilistic mixture models to semantic place classification in mobile robotics[C]//Proceedings of the 2015 IEEE/RSJ International Conference on Intelligent Robots and Systems. Hamburg, Germany: IEEE, 2015: 4265-4270.

[46] 牛杰，卜雄洙，钱堃，等. 一种融合全局及显著性区域特征的室内场景识别方法[J]. 机器人，2015，37(1)：122-128.

第7章 移动机器人语义地图与导航应用

环境地图是导航系统的组成部分，机器人要完成导航过程，必须要依靠相应的环境地图，如前述章节已经提到的度量层地图。本章将介绍一种语义层次的地图和相应的导航方式。在缺少运行环境精确地图的情形下，机器人仅仅根据人实时绘制的大致环境地图在环境中进行导航，其中用到的手绘地图称之为手绘语义地图。

7.1 基于手绘语义地图的视觉导航

本节根据手绘语义地图中关键目标的不同表示形式，设计了三种形式的手绘地图，并详细介绍它们的设计理念、绘制方法、手绘地图与实际环境地图的映射关系以及路径中信息的提取过程。

什么是手绘语义地图

首先通过对人在陌生环境中问路导航过程的分析，归纳并总结出手工绘制的语义地图中应当包括的基本元素。考虑日常生活中的问路场景，我们通常会这样回答陌生人的提问：从这里沿着某条路往前走大概几米或朝某个方向走直到看到某个标志物，然后继续往某个地方走；绕过某个目标，再走多远就可以到达目的地；从这儿到那儿大概有多远等。因此可以归纳出基本元素大致包含：环境中的关键目标、导航机器人的初始位置及方向、导航路径以及起始点至终点的距离等。

按照上述结论分析，可以在导航环境中人工绘制出包含这些元素的地图来指导机器人运行，此类地图统称为手绘语义地图。这里描述的手绘语义地图可以看成一幅环境草图，即图中的位置、路径及方向等相关信息都是不精确的，但是目标以及路径之间的相对位置关系大致符合真实环境。

现在以一个实际的环境为例，介绍手绘地图的描述及绘制方法。一个普通的实验室环境如图 7-1 所示，图中用黑色箭头表示环境的方向(北方)。为了方便比较，图 7-2 为图 7-1 所示环境的精确平面图。从图 7-2 中可以看出，环境中存在着沙发、大柜子、实验桌、饮水机等主要目标，其中导航用的机器人位于图中的左下角，其方向大致朝南。此时，如果希望机器人运行到图中右上角的壁柜处，则需要规划一条合理的路径。从图中可以看出，机器人若要运行到目标位置，首先应该从南边绕过“L”型的大柜子，到达沙发的前方，而后往北运行，并绕过另一个长柜子，最后直接朝壁柜方向行进即可。

图 7-1　普通的实验室环境

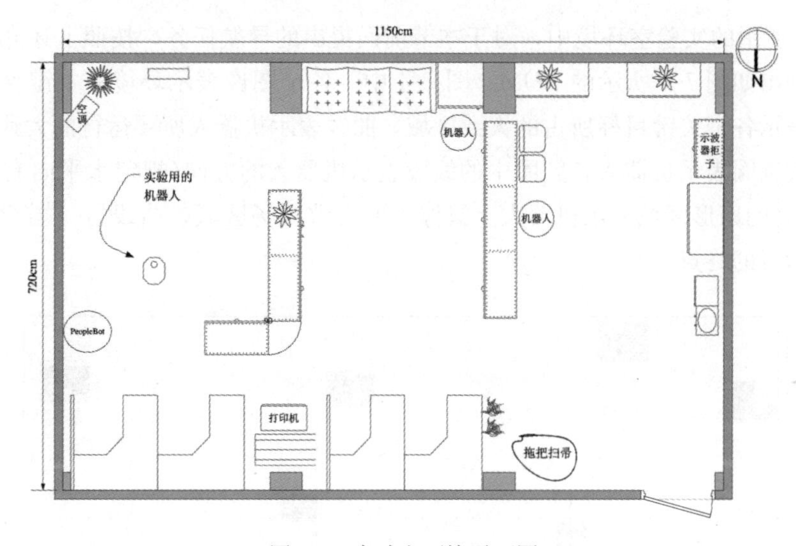

图 7-2　实验室环境平面图

1. 实体目标地图

基于 GUI 开发软件(如 Windows Forms、QT 等)可以开发用于地图绘制的应用程序。一种这样的绘制程序如图 7-3 所示，它基于 Windows Forms 开发。在实体目标地图(Entity Object Map)中，环境中的关键目标需要用真实的环境目标图像表示，该地图简称为 EOM。这种手绘地图需要提前已知环境中主要目标图像，目前大量室内环境物体都有电商提供与之对应的实物图像，因此该条件容易满足。随后，在此交互界面下，构建导航地图。

EOM 的绘制过程如下：打开交互绘制界面，用鼠标浏览图像库找到预先在系统中保存的环境中关键目标的图像信息，并根据它们在实际环境中所处的位置，拖至地图绘制区域中对应的位置，修改目标图像至合适大小；根据机器人在实际地图中的位置和方向，在手绘地图中对应位置进行绘制，并确定路径的起点和目标点，然后绘制路径；所有信息绘制完成之后，设置起点至终点的大致距离即可。

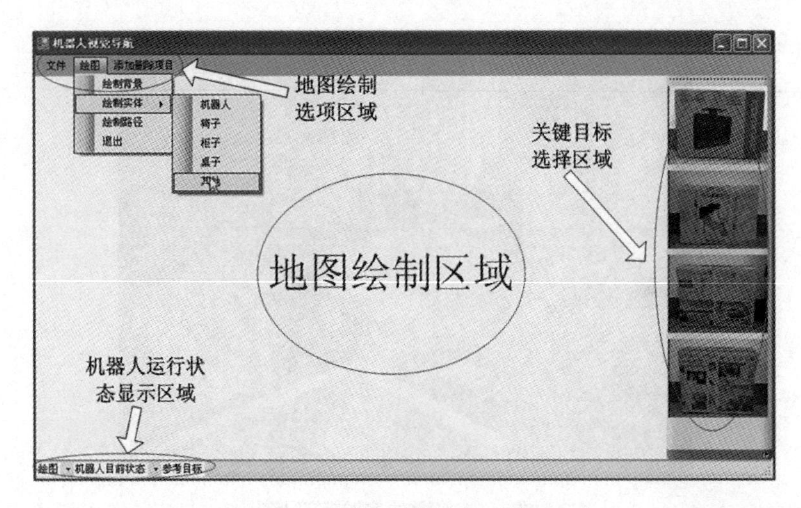

图 7-3 实体目标地图绘制界面

在图 7-1 所示的实验室环境中，对于本节前面提出的导航任务，按照上述介绍的绘制过程，可以绘制出如图 7-4 所示的 EOM。图 7-4 中，各个图像表示环境中关键目标的实际图像，矩形框表示各个关键目标所占的大致区域，曲线表示机器人所要运行的大致路线，曲线一端连接的大圆圈表示机器人，圆圈中的线段表示机器人的方向(规定水平向右的方向为 0°方向)，线段处的扇形区域表示机器人上摄像机的大致视场区域，曲线另一端的小圆圈表示机器人所要运行的终点。

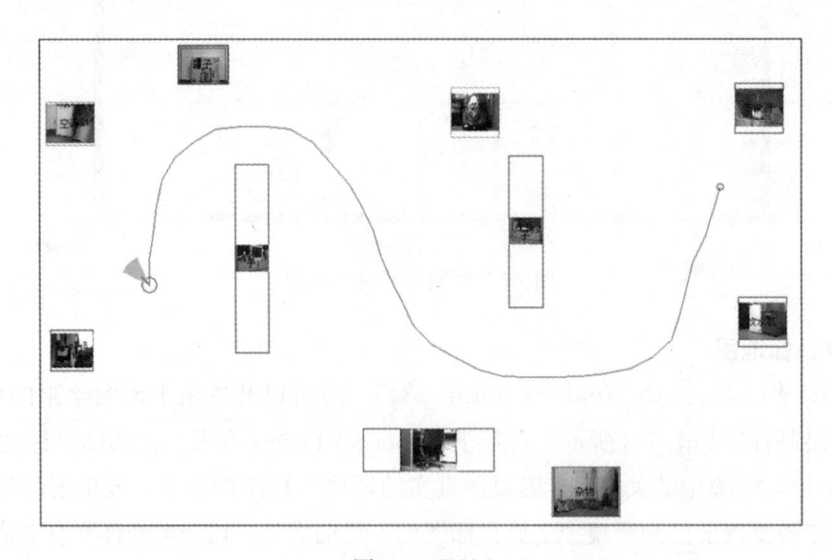

图 7-4 EOM

2. 实体语义地图

在 EOM 中，每一个环境关键目标都由一幅实际目标图像表示，这种环境地图表示方法比较简单。然而，对于这种地图，如果在机器人运行过程中车载摄像机离环境目标的距离与方位和初始拍摄时摄像机的位置相差较大，环境目标的识别效果就会受到一定的影响。为消除这种影响，可以考虑采用多幅不同视角图像表示每一个关键目标，这些图像可以由电商商品图、用户评价附图和摄像机在真实环境中对目标的多角度、多位置拍摄获得。

由此可以设计第二种手绘地图，这种地图与 EOM 的表示形式大致相同，不同之处在于它是用语义符号表示环境中的关键目标，每个语义符号与数据库中该目标的多幅图像相对应，这种手绘地图称为实体语义地图(Entity Semantic Map)，简称 ESM。按照这种设计方法，在图 7-2 所示的环境中，若希望机器人能够从当前位置导航到门口位置，则可以绘制如图 7-5 所示的手绘地图。

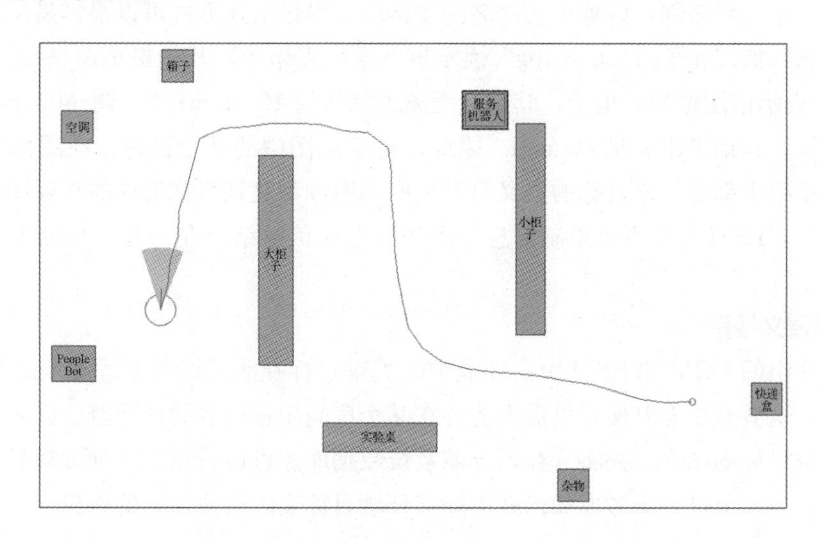

图 7-5　ESM

在 ESM 中，各个语义符号与对应目标的多幅图像的关联情况见图 7-6。

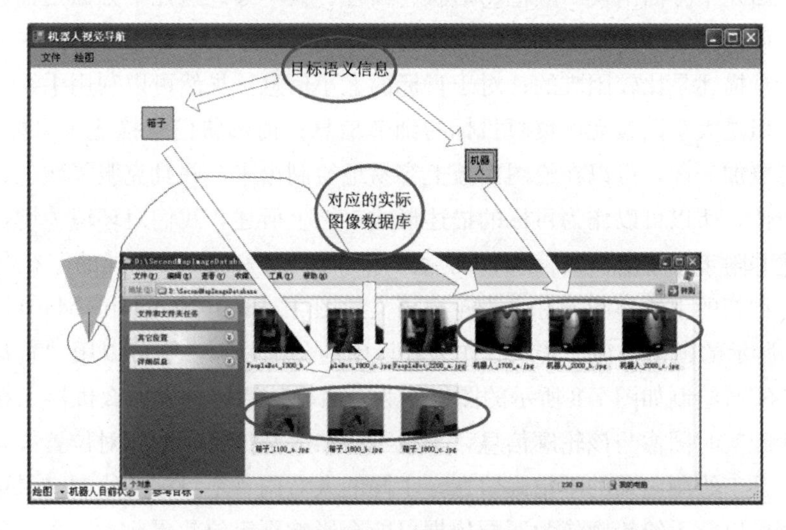

图 7-6　ESM 中语义信息与数据库图像的关联示意图

由图 7-6 可以看出，ESM 中所有的语义符号信息都对应着一个统一的数据库，库中保存了机器人要运行的环境中各种主要目标的实际图像信息。通过从图像库中文件的命名入手可以建立语义符号与实际图像的关系，文件名的命名方式如下：

$$\underbrace{\times\times\times}_{1}-\underbrace{\times\times\times}_{2}-\underbrace{\times\times\times}_{3}\cdot\underbrace{\times\times\times}_{4}$$

其中1表示语义符号的名称；2表示图像的拍摄距离(单位是mm)，该项为可选项，缺少该值时设为−1；3用于区分在同一距离拍摄的同一个类别的图像，可以用 a、b、c 等小写字母表示，1、2、3之间用下划线进行连接；4表示图像文件的扩展名。可以为图像设置一个默认的拍摄距离(本节中的默认距离为1000mm)，这样2、3部分可以在适当的情形下省略其中的一个或者全部，以减小文件名的复杂度。通过上述方式可以很容易从文件名中得到所需的信息，如“箱子_1100_a. jpg”表示该图像代表箱子，其拍摄距离是1100mm；“柜子_b. bmp”表示该图像代表柜子，其拍摄距离为默认的1000mm；“空调_800. png”表示该图像代表空调，其拍摄距离是800mm。因此，对于地图中的某个目标，在图像库中的所有图像中，名称第1部分与该目标的语义符号相同的图像都是该目标对应的实际图像。

由上可知，ESM是将手工绘制信息与图像数据库信息结合在一起为机器人导航提供指导作用。

3. 轮廓语义地图

在前面介绍的EOM和ESM中，环境中的关键目标在表示时都必须要与它们的实际图像建立联系，这就意味着要使得机器人能够在某个房间中进行有效地导航，必须首先要有该房间内的关键目标的图像，并将其存入导航系统数据库。可以看出，这种方法具有一定的不便性。因此，本小节进一步考虑如何在不知道环境目标实际图像信息的前提下，依靠关键目标的轮廓与路径信息指导机器人进行导航，这就是本节所设计的第三种手绘地图。

当指导某人在一个我们熟悉而他陌生的环境中进行导航时，我们对于环境中关键目标的描述通常从下面几个方面出发：颜色、形状、纹理、大小等。这几个方面是描述物体的关键因素。因此，可以考虑从这几个方面出发来描述环境关键目标。在手绘地图中对目标图像的颜色和纹理进行描述是比较困难的；对于目标的大小信息，虽然可以利用手绘地图描述其高度和宽度等，但是大小因素无法反映目标的细节信息；而形状信息描述了目标的整体轮廓，它比大小信息更加全面，可以在绘图面板上容易地绘制出来，并且克服了颜色、纹理等信息实现上的复杂性，所以可以作为目标的描述形式。综上所述，我们对环境关键目标利用轮廓信息进行描述并附带相关的语义信息，而后采用与EOM和ESM相同的路径与机器人表示形式，构成一种新的手绘地图，称之为轮廓语义地图(Contour Semantic Map)，简称CSM。

如图7-7所示的圆角餐盘，若以其作为环境中的关键目标，则可以用“餐盘”作为其目标语义信息，实时绘制如图7-8所示的图像作为其目标轮廓信息。那么机器人在导航过程中就可以通过匹配实时图像与该轮廓信息，来得到机器人与该目标的相对位置关系。然而，由于手绘轮廓是手工绘制出来的不精确信息，不同的人对同一个目标的绘制结果可能会有所不同。因此，若仅以此手绘轮廓作为匹配依据可能会影响到定位效果。

有鉴于此，我们考虑在导航系统中加入轮廓数据库，其包含有各种目标的大致轮廓信息。匹配过程中首先比较手绘轮廓与数据库中的轮廓，得到与其相似的轮廓图像，然后再将这些图像的总体特征与实时图像进行比较，就可以减少单个手绘轮廓的不精确性，从而使匹配效果更准确。图7-9描述了参考目标与轮廓数据库中目标的对应关系，图7-10描述了轮廓数据库中所示的餐盘目标对应轮廓的信息流向。

图 7-7　圆角餐盘

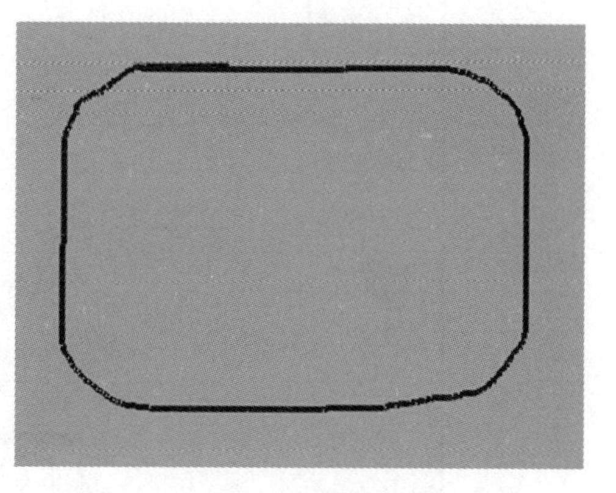

图 7-8　餐盘轮廓图

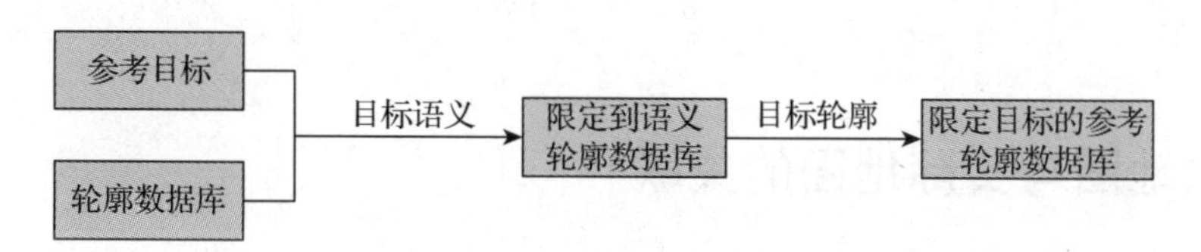

图 7-9　参考目标与轮廓数据库中目标的对应关系

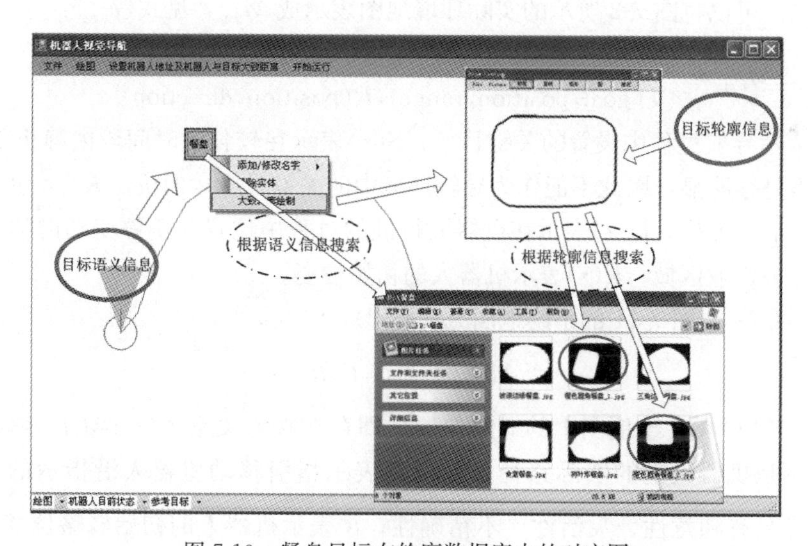

图 7-10　餐盘目标在轮廓数据库中的对应图

可以看出，CSM 与 ESM 相似，也是由手工绘制信息与图像数据库组成。但是 CSM 的数据库中包含的不是真实的图像信息，而是目标的轮廓信息，这些信息在不用拍摄实际图像的情形下也可以获得。若在图 7-2 所示的环境中放置一些关键目标(如餐盘、抱枕等)，并同样希望机器人可以从图中位置运动到门口位置，则可以绘制出如图 7-11 所示的 CSM。

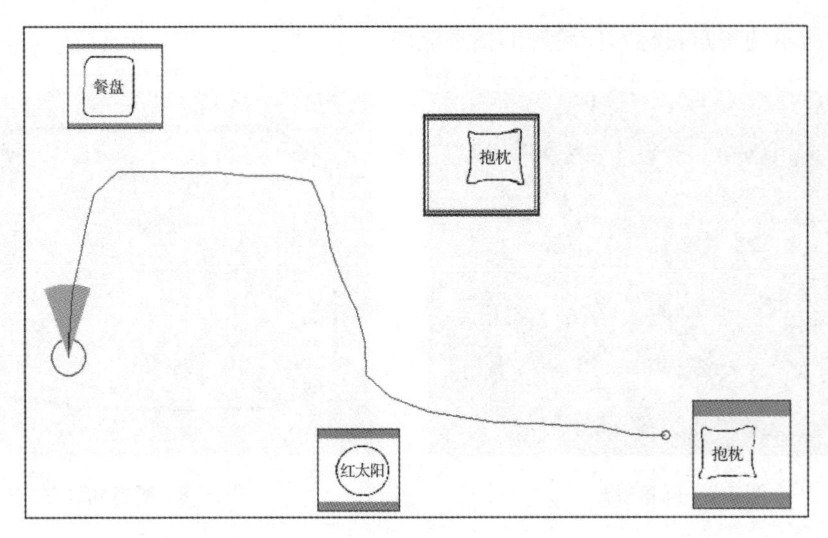

图 7-11 CSM

7.2 手绘地图与实际地图的关联

将图 7-4、图 7-5、图 7-11 分别与图 7-2 进行分析比较，则可以得到手绘地图与实际地图的映射关系。可以将图 7-2 所示的实际环境地图表示成 M_{real}，见式(7-1)：

$$M_{real}=\left\{\begin{matrix}L(\text{size},\text{position}),S(\text{size},\text{position}),D(\text{size},\text{position})\\T(\text{goal},\text{position},\text{range}),R(\text{position},\text{direction})\end{matrix}\right\} \tag{7-1}$$

式中，$L(\cdot)$表示导航过程中设置的关键目标；$S(\cdot)$表示在较长的时间段内静止不动的物体，由于其特征不是很明显，因此不能作为导航环境中的关键目标，但机器人在行进过程中，必须要避开这些静态障碍；$D(\cdot)$表示在机器人行进的过程中位置在不停变动的物体；$T(\cdot)$表示目标或者任务作业区域；$R(\cdot)$表示机器人的初始位姿。

图 7-4、图 7-5、图 7-11 的手绘地图见式(7-2)：

$$M_{sketch}=\{\widetilde{L},\widetilde{P},\widetilde{R}\} \tag{7-2}$$

式中，$\widetilde{L}$ 表示 $L(\cdot)$在手绘地图中的概略位置，即存在映射关系 $L(\cdot)\mapsto\widetilde{L}$；$\widetilde{P}$ 表示路径图，该路径图并不是机器人走的实际路径，它仅仅表示指引移动机器人沿指示的大致趋势行走，且该路径具有随意性、灵活性、不精确性；$\widetilde{R}$ 表示机器人的初始概略位姿，同样存在 $R(\cdot)\mapsto\widetilde{R}$。

可以看出 M_{sketch} 与 M_{real} 之间并不存在精确的对应关系，这是因为人本身的绘制过程具有很大的不确定性，人对环境大小的估计也具有很大的不确定性(本章的研究前提：只知环境的大致范围(大小)而不知环境的精确范围(大小)，因此在实际绘制过程中需要估计环境)，这些不确定性叠加在一起使得手绘地图和实际地图不能保证一一对应，所以，我们称这种关系为“松散”映射关系。然而，也正是由于这种映射关系的“松散”性，才能使得地图的绘制过程更加方便，使得人机交互方式更加简单快捷。

7.3　基于预测估计的视觉导航

前面章节中介绍了利用手工方式实时绘制出的机器人导航地图，本节将利用上面提供的信息完成机器人的导航过程。由于初始给机器人提供的地图信息及其他相关信息都是不精确的，因而这里的导航过程也是不精确的；导航的目的是使机器人到达地图中所指示的大致目标区域，而不是某个精确的位置，因此机器人能否成功地完成导航，是由运行结果中机器人与环境的相对位置决定的。本节基于三种形式的手绘地图，设计了相应的导航算法，使得机器人可以快速安全地到达目标区域。

7.3.1　在线预测估计方法

实时控制性能对机器人的导航效果具有很大的影响。在本导航系统中，图像处理是影响机器人实时控制的最主要因素，图像处理具体可以分为两个过程：①图像的特征提取；②实时图像与相应的数据库信息的匹配。

基于 EOM 和 ESM，如图 7-13 所示的实时图像，在计算机上（Intel Core2 Duo 2.93GHz，2GB 内存）SURF 特征提取时间为 106ms，将其与图 7-12 的 SURF 特征进行匹配并求得投影变换矩阵的时间为 29ms，可以看出这两个过程的消耗时间巨大；对于过程①，消耗的时间与具体的实时图像有关，对于过程②，消耗的时间与待匹配图像的数目成正比。

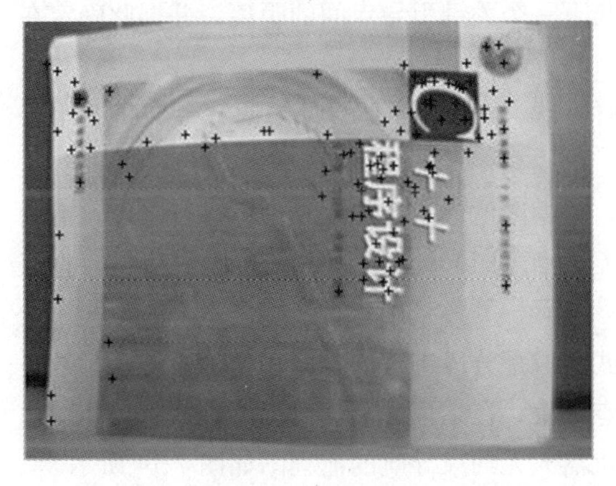

图 7-12　原始图像

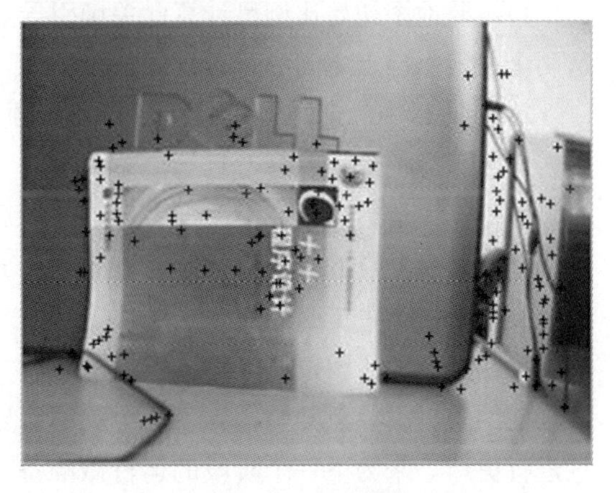

图 7-13　实时图像

基于上面的分析，一种预测估计方法如下：1）预测摄像机视野内的图像是否需要处理；2）当摄像机视野内出现需要处理的图像时，预测它最可能是哪类图像。对于 1），若当前视野内的图像不需要处理，则可以省略图像处理的过程①和过程②；对于 2），若预测到实时图像的所属类别，则可以缩小待匹配图像的范围，减小待匹配图像的数目，从而可以缩短图像处理过程②的运算时间。因此，这种预测估计的方法在基于 EOM 和 ESM 的导航系统中能够非常有效地提高机器人的实时控制性能。

对于 CSM，在上述 PC 上对图像轮廓的 Pseudo-Zernike 矩和 NMI 特征进行提取的时间为 188ms；图像特征匹配的时间小于 1ms，可以忽略不计。若采用预测估计的方法，则同样可以减少图像处理过程①的次数，从而缩短整体的图像处理时间。因此，这种预测估计的方法同样可以提高基于 CSM 的导航系统的实时控制性能。

根据以上介绍可以看出，这种预测估计的方法在探测目标时具有主动性，它在图像处理前就明确要检测的目标。这种方法也可以允许地图中出现两个及以上的相同目标，这是因为它能够事先预测出要处理的是哪一个目标。

7.3.2 无约束导航算法

下面介绍环境中不存在障碍物时，机器人的导航方式——无约束导航。对于导航过程中遇到障碍物的情形，将在下一节讨论。

本节所提出的导航算法，对于机器人传感器的要求是：带有里程计设备、超声波设备及车载 PTZ(Pan/Tilt/Zoom)摄像机。在导航过程中，里程计信息用于大致控制机器人的运行趋势；图像信息用于相对准确地描述机器人与环境关键目标的相对位置，从而有效地纠正当里程计信息不准确时机器人的运动趋势。

在手绘地图中，已经给出了各个目标的像素位置，以及起点至终点的直线距离，再根据起点至终点的像素距离，就可以得到手绘地图与实际环境的初始比例尺；机器人运动到关键引导点附近要基于周围的目标图像进行定位，根据定位前后机器人在地图中位置的变化，则可以更新地图的比例尺。因此，机器人的导航过程可以归纳为以下步骤：

1)按照地图初始比例尺计算此关键引导点与下一个关键引导点间的距离，并据此确定在这两个关键引导点之间的运行模式。

2)按照 1)中确定的模式运行，并按照预测估计的方法在必要的时候调整摄像机的水平旋转角度，寻找或跟踪参考目标。

3)机器人运行到下一个关键引导点附近后，根据图像信息或里程计信息进行定位，而后更新此关键引导点的位置以及地图比例尺，最后返回到 1)步骤继续下一阶段的运行，直至运行到最后一个关键引导点。

根据上面的步骤，可以将机器人的控制方式看成是分段进行的，即每个阶段的运行都是从当前的关键引导点开始，到下一个关键引导点结束；在结束之前，对机器人信息与地图信息进行更新，来为下一个阶段的运行做准备。机器人无约束导航的流程图如图 7-14 所示。

图 7-14 中 N_{this} 表示当前的关键引导点；N_{next} 表示下一个关键引导点；N_{last} 表示最后一个关键引导点；Dist(N_{this}, N_{next})表示 N_{this} 和 N_{next} 的距离；D_T 用于表示判别机器人在两个关键引导点间运行模式的距离阈值；Ruler 表示关于手绘地图中的像素距离与实际距离的比例尺；ImageFlag 用于保存当前需要检测的图像类别；D_{R-O} 表示该参考关键引导点与其参考目标之间的距离。根据图中的标号，下面对各个模块具体说明：

1)模块①是每段运行的开始，这里需明确机器人的位置(也就是 N_{this})、方向 R_θ 以及 N_{next}，这一步就是要使 R_θ 转向 $\overrightarrow{N_{\text{this}} N_{\text{next}}}$ 的方向，为下面的机器人直行过程做准备。

2)模块②确定运行的模式，Dist(N_{this}, N_{next})是根据两关键引导点的像素位置及比例尺

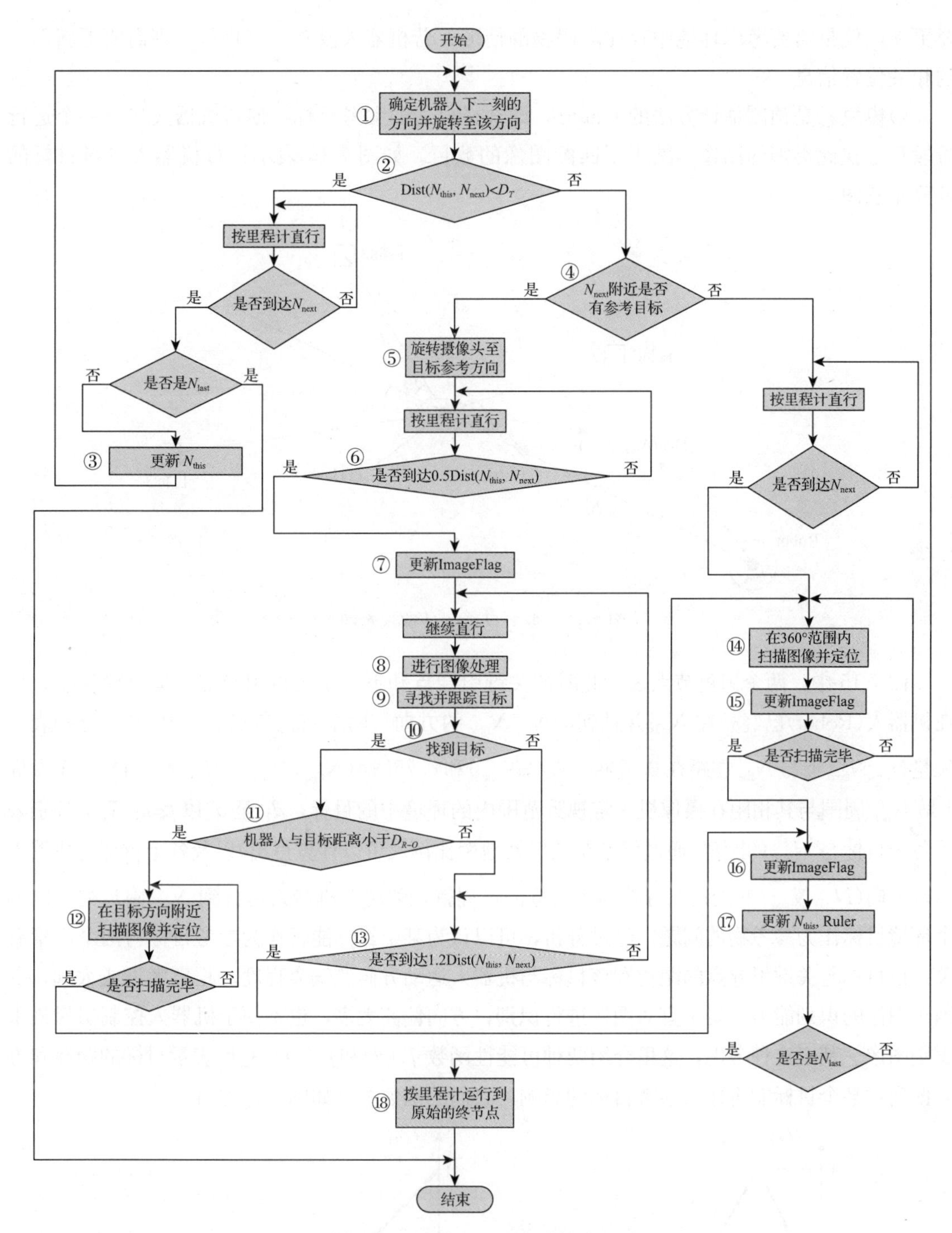

图 7-14　机器人无约束导航流程图

计算出来的，D_T 可以根据运行环境的大小适当选取，这里可以将其设置为 1 米，即当这两个关键引导点的距离小于 1 米时，直接按照里程计信息控制机器人直行，而不需要依靠视觉信息进行控制，提高了机器人的实时控制性能。

3)模块③是按照里程计信息到达的关键引导点，若在前面的运行中一直是直行，则不需要更新，但是需要考虑环境中存在障碍物的情形；若机器人没有一直直行，则需要更新 N_{this} 的相关位置信息。

4)模块④是预测估计方法的一部分，即选择合适的参考目标，使得机器人在下一个运行阶段只寻找此类别的图像，减少了匹配图像的数目。如图 7-15 表示计算机器人参考目标的计算示意图。

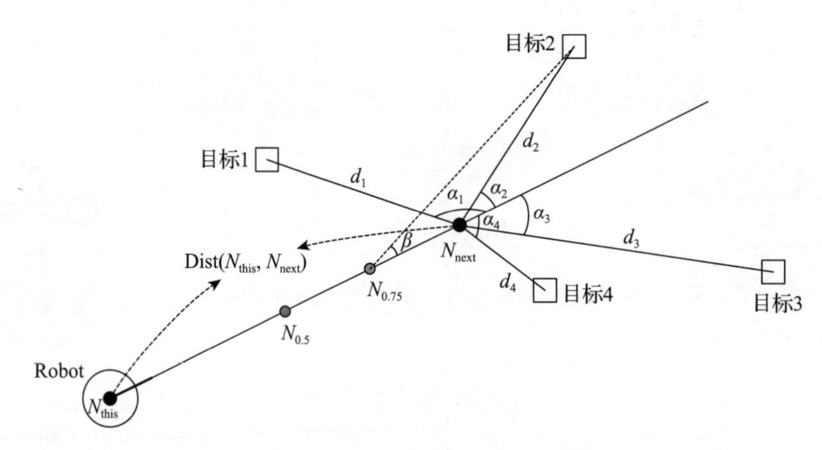

图 7-15 参考目标的计算示意图

图 7-15 中，两个黑色节点表示此时的关键引导点和下一个关键引导点，通过模块①，现在机器人(Robot)已经处在 N_{this} 并且朝向 $\overrightarrow{N_{this}N_{next}}$ 的方向，两个灰色节点 $N_{0.5}$ 和 $N_{0.75}$ 分别表示矢量 $\overrightarrow{N_{this}N_{next}}$ 上与 N_{this} 相距在 0.5Dist(N_{this}, N_{next})和 0.75Dist(N_{this}, N_{next})的位置。目标 1 至目标 4 是 N_{next} 周围与其相距在摄像机一定视野范围内的环境中的目标，d_1 至 d_4 以及 α_1 至 α_4 分别表示各个目标与 N_{next} 的距离(通过像素距离以及地图比例尺可以计算得出)以及各个目标与机器人运行方向($\overrightarrow{N_{this}N_{next}}$)的夹角。寻找参考目标的过程就是解决在机器人运行到 N_{next} 附近处，以哪个环境目标作为参考物的问题。经过分析，可以认为某个目标能否作为参考目标与两个因素有关：该目标与关键引导点的距离和该目标与机器人运动方向的偏离程度。距离太近或太远，受困于图像的识别能力，均不宜对图像进行识别；方向偏离太多，也不便于机器人控制摄像机来识别图像。基于这种考虑，这里介绍两种可能性函数 $f_1(d)$ 和 $f_2(\alpha)$，它们表示目标的距离和方向偏离对某个目标能否作为参考目标的影响，它们的函数关系如图 7-16 所示。

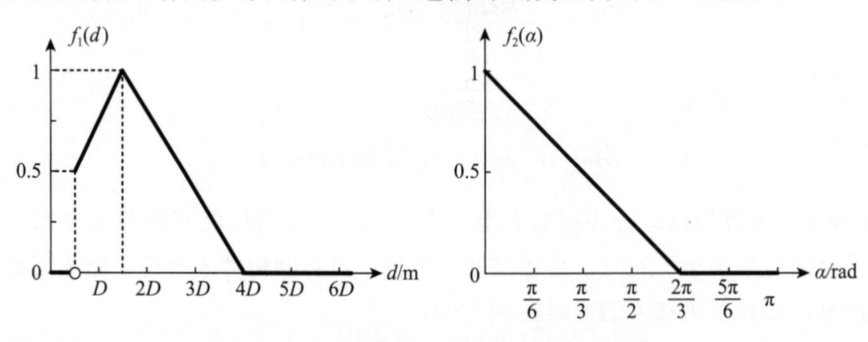

图 7-16 关于距离和方向偏离的可能性函数

图 7-16 中 D 表示原始图像的平均拍摄距离，对于图 7-15 中的每个目标 i，其可以作为参考目标的综合可能性程度 F 可以通过式(7-3)计算：

$$F(i)=f_1(d_i)f_2(\alpha_i) \tag{7-3}$$

若$\max\limits_{i}\{F(i)\}<0.2$，则认为 N_{next}附近不存在参考目标；否则，使 $F(i)$取得最大值的目标 i 可以作为参考目标；若存在多个目标都能使 $F(i)$取得最大值，则选择这些目标中 α 最小的作为参考目标。如在图 7-15 中，通过计算可得出目标 2 可以作为参考目标。

5)模块⑤中，为了便于模块⑧、⑨中对参考目标进行搜索跟踪，首先应将摄像机水平方向旋转至适当的位置，然后以此位置为基准进行目标搜索，如图 7-15 中的角度 β，即可以作为摄像机相对于机器人运行方向的基准角度。

6)模块⑥基于预测估计的方法，当机器人运行的距离小于 $0.5\text{Dist}(N_{\text{this}},N_{\text{next}})$时，即机器人运行到图 7-15 中的 $N_{0.5}$之前时，对环境进行识别处理对于整个机器人的控制决策没有太大意义，因此在这一段可以只对机器人进行直行控制，而不进行图像处理，当机器人运行到 $N_{0.5}$之后再进行图像搜索与跟踪。

7)模块⑦在 ImageFlag 中保存模块④中所得到的参考目标的图像类别，不包含环境中的其他图像种类。

8)模块⑧的图像处理过程是基于相应的特征进行的图像匹配过程，它的功能在于对实时图像与手绘地图中相应的参考目标图像或轮廓进行匹配定位。如果没有匹配成功，则说明实时图像没有可用信息，在模块⑨应进行目标的搜寻工作；如果匹配成功，则根据参考目标的图像或轮廓在实时图像中的位置信息，在下一步调整摄像机旋转方向，以跟踪参考目标。

9)模块⑨是目标的寻找过程，在这里就是以模块⑤中所计算出的角度 β 为基准，在一定的角度范围 η 内搜索目标的过程，即不停地水平旋转机器人上的摄像机，使其方向与机器人相对方向保持在$[\beta-0.5\eta,\ \beta+0.5\eta]$内，直到找到目标为止。

目标的跟踪过程是在找到参考目标之后进行的，跟踪的目的是使检测到的目标尽量保持在实时图像的中部位置，这样才能有利于稳定地计算出机器人与目标的大致距离，为后续决策做准备。

在基于 EOM 和 CSM 的导航系统中，图 7-17 描述了某一时刻实时图像与当前参考目标的原始数据库图像的位置关系图。

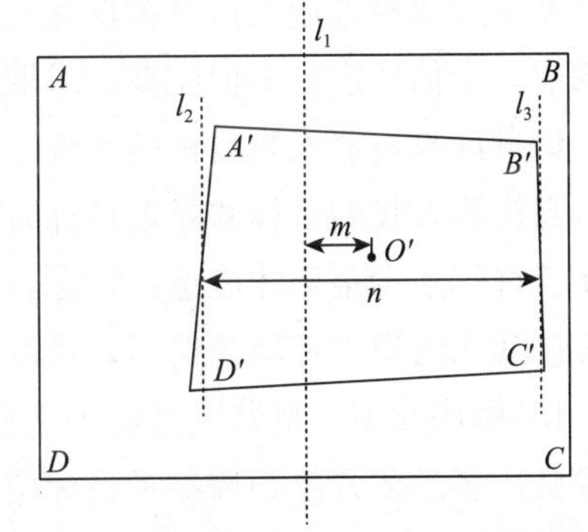

图 7-17　实时图像与参考目标数据库图像的位置关系

图 7-17 中，大矩形 $ABCD$ 表示目前的实时图像，四边形 $A'B'C'D'$表示实时图像中参考图像的位置，l_1 表示实时图像的中轴线，l_2、l_3 表示 $A'B'C'D'$的左右等效边界，O'表示 $A'B'C'D'$的中心点，m、n 表示图中相应点线间的像素距离。可以根据式(7-4)的函数关系式计算摄像机的水平旋转速度来控制跟踪过程：

$$\mathrm{RotVel}_{\mathrm{camera}}=\begin{cases}0 & m/n<0.2\\ 1 & m/n\geqslant 0.2 \text{ 且 } O' \text{ 在 } l_1 \text{ 的右侧}\\ -1 & m/n\geqslant 0.2 \text{ 且 } O' \text{ 在 } l_1 \text{ 的左侧}\end{cases} \tag{7-4}$$

式(7-4)中，函数值为正，表示摄像机水平右转；函数值为负，表示摄像机水平左转，单位是度/秒。

在基于CSM的导航系统中，需要根据标签在实时图像中的位置来控制摄像机的水平旋转速度。假设标签在相距摄像机1米处的平均像素边长为L，标签在实时图像中的平均像素边长为L'，实时图像的像素宽度为L_w，令m表示标签的中心点距实时图像中轴线的像素距离，令n为L_wL'/L，则机器人仍然可以利用式(7-4)完成基于CSM的目标跟踪过程。在跟踪过程中如果长时间检测不到图像，则继续转入前面的寻找过程，以快速地搜索到参考目标。

10)模块⑩是对前两个模块的处理结果进行分析的过程。如果⑧、⑨给出的结果是：实时图像中没有参考目标图像或轮廓的匹配结果，则说明没有找到目标，则程序转到模块⑬进行处理；反之，即使⑧、⑨计算得出合理的匹配结果，也不一定说明找到了目标，这是因为环境的复杂性对图像的检测可能存在干扰，如在基于EOM的导航系统中，假设某个环境与参考目标图像具有相似的SURF特征，则当摄像机面对这个环境时也有可能计算出合理的投影变换矩阵H，进而在实时图像中得到参考目标相应的位置，从而对我们的决策造成干扰。为了避免这种情况的出现，可以对前n次合理的检测结果不做分析，而只是将结果(如参考目标在实时图像中的高度或标签平均像素边长)保存在一个队列中，当第$n+1$次检测到匹配图像时，则认为找到了目标，并同样将结果保存在队列中。以用于模块⑪的处理。

11)模块⑪是判断机器人是否到达本阶段的后一个关键引导点。D_{R-O}表示参考距离，如在图7-15中，D_{R-O}等于d_2。由于在前一步中已经找到了目标，并且将相应的结果保存在队列中。因此，可以根据队列中保存的结果计算机器人与目标的距离。

如前所述，队列中保存的信息并不完全是正确的信息，因此必须要对信息进行滤波，才能得到相对可靠的数据，这里采用中值滤波。即当找到目标后，每个运行周期都会有一个新的高度信息或标签边长信息被保存进队列中，但不直接使用这个新的信息，而是对这个队列中的前n个信息进行中值滤波，求取中位数作为实时的高度信息或标签边长信息，然后根据这个信息计算机器人与目标的距离，以进行本模块的决策。

当机器人找到目标并靠近目标时，也可以根据前面已经计算出的机器人与目标的距离预测还需直行多少距离才能达到目标，这种方法用于机器人将要到达目标时，突然遇到强烈的干扰使其无法识别环境的情形，可以临时利用里程计信息辅助运行到目标。

12)模块⑫中，机器人已经到达参考目标附近。这里需要在参考目标方向附近水平旋转摄像机，多次多方位扫描参考目标信息，以得到更精确的目标距离和方向。

假设刚开始扫描时，摄像机相对于机器人的方向为φ，则可以将扫描角度范围限制在$[\varphi-30°,\varphi+30°]$内，让摄像机在此区间内扫描两次，并将检测到参考目标时的相对高度或标签边长信息以及角度信息保存下来。当扫描完成后，通过中值滤波，将高度信息或标签边长以及角度信息计算出来，并计算机器人当前的位置，完成了机器人的概略定位。

13)模块⑬是判别是否有必要继续直行来寻找该阶段的后一个关键引导点的过程。在 $\mathrm{Dist}(N_{\mathrm{this}},N_{\mathrm{next}})$ 前面存在一个系数1.2，这是为了增加目标检测的时间，是根据地图的不精确性而给予的补偿处理。

14)模块⑭中，机器人的视野范围内所存在的信息不足以确定机器人的位置，需要在机器人周围360°范围内搜索信息来完成机器人的定位。同⑫中的过程相似，我们将扫描范围设定在[−180°,180°]，并在此范围内只扫描一次。在扫描过程中，记录所扫描到的相应参考目标的高度信息或标签边长信息以及角度信息。扫描完成后，根据所扫描到的每个参考目标，利用中值滤波计算机器人的位置，而后，将各个参考目标所计算出来的机器人位置求取均值，以得到最终的机器人位置。

15)模块⑮利用预测估计的方法为⑭中的扫描过程提供参考目标。当机器人开始360°扫描时，周围与其相距在摄像机一定视野范围内的环境中假设存在 k 个目标，第 i 个目标中心相对于机器人当前位置的角度为 α_i。考虑到地图的不精确性，可以将第 i 个目标可能出现的方向设定在集合 Ψ_i 内，其中 $\Psi_i=\{x\mid\alpha_i-60°<x<\alpha_i+60°,x\in\mathbb{Z}\}$。则在扫描过程中，对于每个扫描周期，首先清空ImageFlag，然后检测当前摄像机的方向 φ 与每个 Ψ_i 的关系，当 $\varphi\in\Psi_i$ 时，将第 i 个目标所表示的图像类别保存入ImageFlag中，最后根据ImageFlag中的信息进行扫描。

16)模块⑯是更新ImageFlag的过程，实际上是清空ImageFlag中保存的信息的过程，为下一个阶段的运行提前做好初始化。

17)模块⑰是每段运行的终点。根据⑫或者⑭中所定位出的机器人位置信息，更新机器人在地图上的位置，并将此点更新为下一阶段的初始关键引导点。

若更新后机器人在地图上的位置有了变化，则可以通过该变化更新地图的比例尺。设更新前地图的比例尺是 $\mathrm{Ruler}_{\mathrm{old}}$，该段运行开始的关键引导点位置为 L_1，地图更新前后机器人在地图上的位置为 L_2 和 L_3，如图7-18所示。

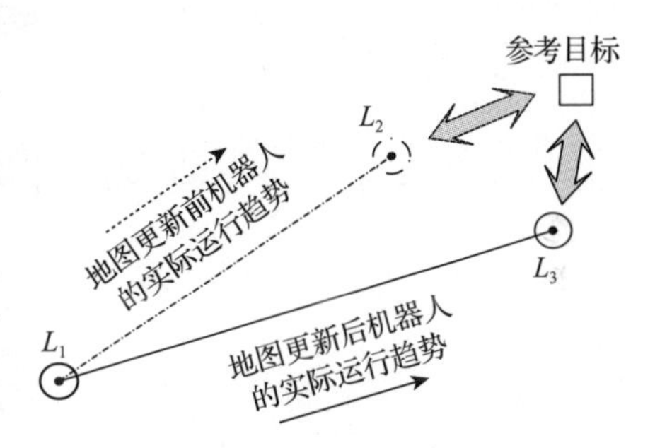

图7-18　地图比例尺更新示意图

更新后的比例尺 $\mathrm{Ruler}_{\mathrm{new}}$ 可以利用式(7-5)的函数关系式进行计算：

$$\mathrm{Ruler}_{\mathrm{new}}=\begin{cases}\dfrac{\mathrm{Dist}(L_1,L_2)}{\mathrm{Dist}(L_1,L_3)}\mathrm{Ruler}_{\mathrm{old}} & 0.33<\dfrac{\mathrm{Dist}(L_1,L_2)}{\mathrm{Dist}(L_1,L_3)}<3\\ \mathrm{Ruler}_{\mathrm{old}} & \text{其他}\end{cases}\tag{7-5}$$

式中，Dist()表示两点间的距离。

18)模块⑱中，机器人已经到达最后一个关键引导点附近。由于在⑰中可能更新了最后一个关键引导点的位置，为到达原始终点的最后一个关键引导点，需要在这一步根据更新前后的位置做补偿运行，使机器人到达原始终点。

7.3.3　动态避障导航算法

利用上一节的导航方法，机器人完全可以在理想的无障碍的室内环境中完成导航过程。

然而由于普通室内环境本质上的复杂性，机器人在导航时不可避免地会遇到多种障碍物。由此，本节介绍了相应的动态避障算法，使得机器人可以克服种种“阻碍”顺利到达目标区域。

图 7-19 描述了动态避障导航算法的整体设计流程图。利用此算法，机器人能够有效地避开环境中的静态或动态障碍物，并能在避障的同时进行基于视觉的定位导航过程；避障之后，机器人会返回到避障前的状态继续运行或者是进入一个新的状态。

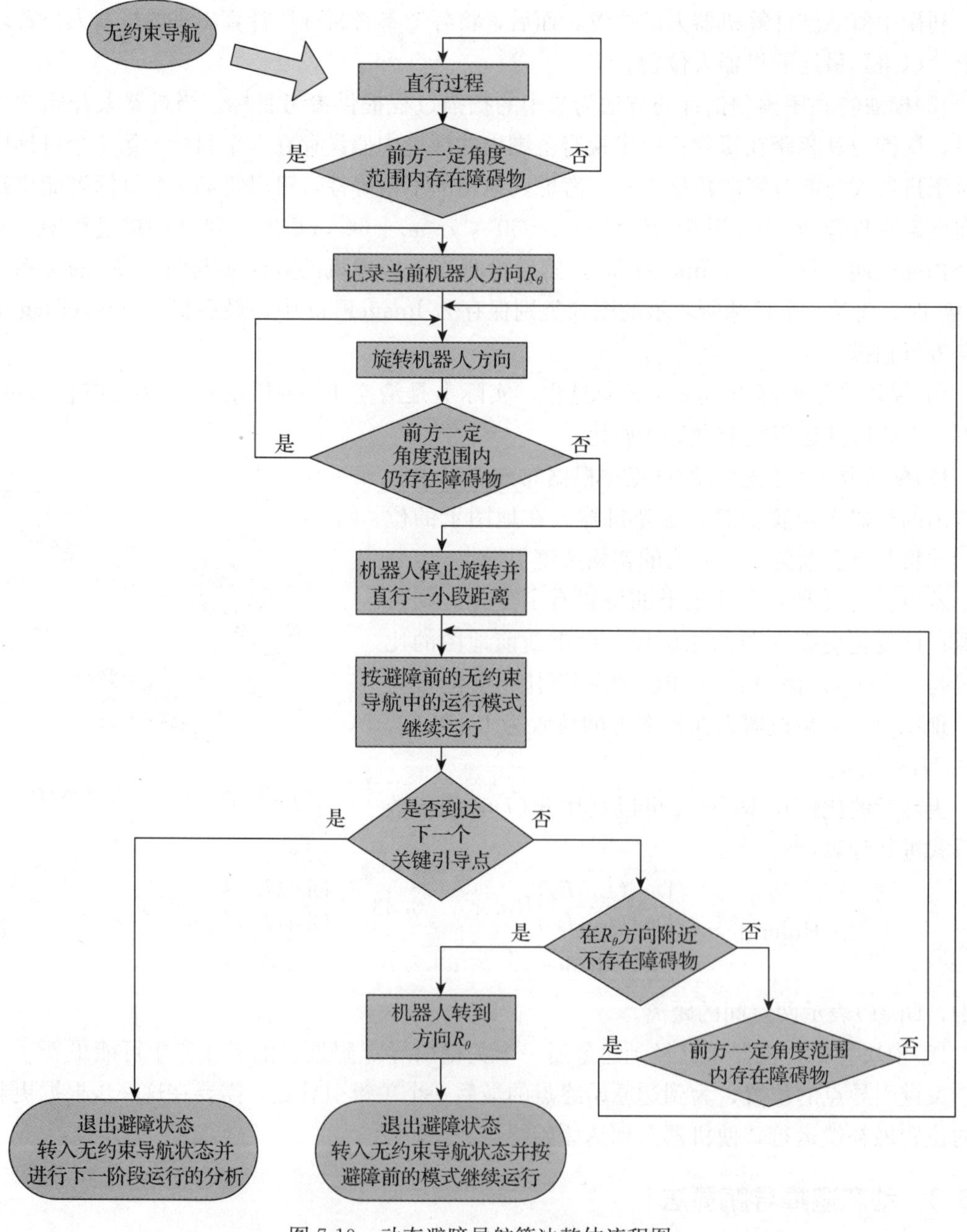

图 7-19 动态避障导航算法整体流程图

从图7-19可以看出，避障过程是从上一节介绍的无约束导航的直行模块中(包括按里程计直行和继续直行等过程)分离出来的。因为在机器人直行的过程中，前方或左右方向可能存在障碍物，所以需要分离出避障模块来绕开障碍物。具体方法是：避障前记录原始的运行方向，避障旋转过程中实时检测原始运行方向是否还存在障碍物，若不存在，则转回原来的方向，并退出避障过程；否则，在避障过程内部进行图像处理等一系列操作，并检测是否到达下一个关键引导点，再基于检测结果分析避障后的运行模式。

将此动态避障导航模块加入无约束导航过程中，机器人就可以在复杂的环境中顺利完成导航过程。

综上所述，本节主要介绍了基于三种手绘地图所设计的导航算法，使得机器人可以按照此算法充分结合里程计信息和视觉信息完成导航过程。首先，从机器人的实时控制性能出发，本节介绍了一种预测估计的方法，使得机器人的图像处理过程具有更多的主动性，有效地提高了系统的实时性；然后，对于环境中不存在障碍物的情形，本节介绍了无约束导航算法，描述了导航系统中机器人的整体运行机制；最后，本节介绍了动态避障导航算法，将其与无约束导航方法结合在一起，完成机器人在动态复杂环境下的导航过程。

7.4　基于实体语义类别的视觉导航

如前所述，语义地图用处于不同方位的语义符号表示环境中的关键目标，每个语义符号代表了实际环境中自然路标所属的物体类别。为了尽可能简单高效地描述环境，语义地图中的物体用矩形图标表示，并注明了该图标代表物体的类别名称以及大致位置；而一些不重要的环境因素则不需要绘制，这极大地提高了手绘地图的操作性和便利性。下面进一步考虑一般性语义实体指导下的导航方法。

7.4.1　SBoW模型自然路标识别算法

SBoW(Spatial Bag of Words)模型是一种改进的BoW模型，按照如图7-20所示建立物体识别模型，其中(4)～(7)是SBoW与经典方法的不同之处。

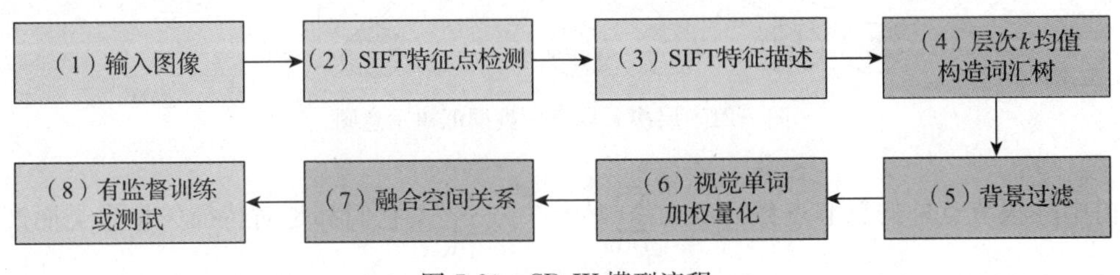

图7-20　SBoW模型流程

1. 基于层次 k 均值聚类的词汇树

词汇树的概念是麻省理工学院(MIT)计算机科学与人工智能实验室的学者John. J. Lee等人在ICCV07会议上首次提出的。词汇树是一种基于视觉关键词检索图像的数据结构，是一种比其他结构检索更高效的数据结构。当视觉词汇表中的单词数目很大时，一个树状结构不是通过扫描全体关键词去寻找匹配的图像，而是允许在次线性的关键词中进行查询。另外，在一个动态的环境中，不断地有新图像加入到数据库中，利用词汇树只需要添加叶子节点即可方便地实现扩展。

传统的 k 均值聚类，聚类数目 k 难以提前确定，而且存在少数外围点干扰大的固有缺陷，而层次聚类则不必提前确定聚类数目，因此结合层次聚类和 k 均值聚类的优点，本节采用了一种基于层次 k 均值聚类的词汇树，以树中的叶子节点表示视觉单词。

采用层次 k 均值聚类，只需要确定层次聚类的层数 L。层数 L 决定了层次划分的深度，通常与数据规模相关。将所有的数据点集合看作一个聚簇 $\boldsymbol{C}_1$，采用聚簇分裂的方式，不断进行层次划分，将父类进一步分裂为更多的小聚簇，每一次分裂过程采用 k 均值聚类划分为 k 份，过程如图 7-21 所示。

步骤如下：

对每幅图像 $p_i, i=1,2,\cdots,n$ 分别提取 SIFT 特征，得到一个特征集合 $F=\{\boldsymbol{f}_i\}$。其中 $\boldsymbol{f}_i$ 表示一个 $m_i * 128$ 的特征矢量，m_i 表示图片 p_i 中提取到的 SIFT 特征点数目。对特征集合 F 构造一棵词汇树，以特征集合整体作为一个聚簇，构造词汇树 T 的根节点。在 T 的第 1 层上对特征集合 F 进行 k 均值聚类，把特征集合 F 分成 k 份 $\{F_i \mid 1 \leqslant i \leqslant k\}$，计算出每个簇集 F_i 的中心矢量 $\boldsymbol{C}_i$，并以 $\boldsymbol{C}_i$ 和簇集 F_i 构造 T 的第二层节点。类似地，对每个新节点上的簇集 F_i 利用 k 均值聚类再分成 k 个簇集，不断地重复上述操作直到词汇树的深度达到预先设定的 L 值。若树中某个簇集内的矢量个数小于 k，则这个节点就不再分裂。

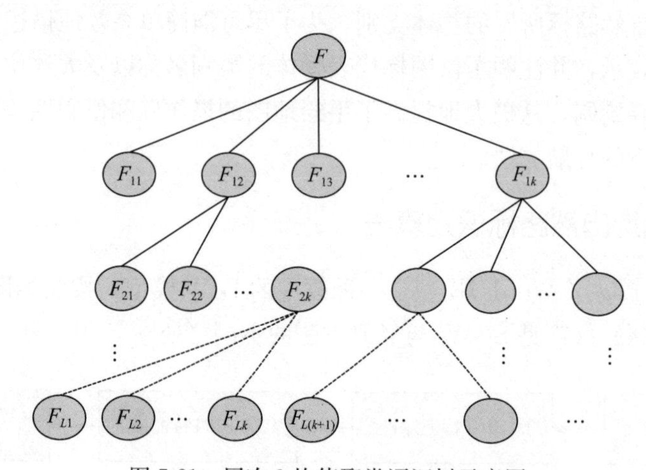

图 7-21 层次 k 均值聚类词汇树示意图

树中除根节点外的总节点数目 $s=\sum_{l=1}^{L} k^l=\frac{k^{L+1}-k}{k-1}$，它们都是对特征矢量聚类而产生的簇集 $\{F_{li} \mid 1 \leqslant l \leqslant L,\ 1 \leqslant i \leqslant k^l\}$。树中的叶子节点即为词汇树中的视觉单词，最多有 k^L 个视觉单词。然而，在有些节点上，树中某个簇集内的矢量个数小于 k 时会停止分裂，因此实际聚类数目可能比最大数目要少。

建立词汇树的过程实际上是一个无监督的训练过程，它为特征的量化提前做好准备。词汇树是一种有效地对输入特征矢量与树节点进行相似度对比的检索算法。层次 k 均值聚类实际上是将样本空间进行了 Voronoi 划分，如图 7-22 左图所示；特征空间被划分为无数不相交的子集，因此每个特征点都能够在词汇树中找到对应的一个节点，如图 7-22 右图所示。层次 k 均值聚类每多一级，则有新的 k 个子划分产生。量化过程与创建基于 k 均值聚类的词汇树相同，从词汇树的根节点开始查询，在词汇树的每一层将查询图像的每个特征矢量与该层上的聚类中心一一比较，将其归属到与聚类中心最近似的簇中，并继续在词汇树的下一层继续搜索，直至最终到达某个叶子节点，该叶子节点即成为与该特征矢量最相似的视觉单词，从而完成对输入图像局部特征的量化过程。

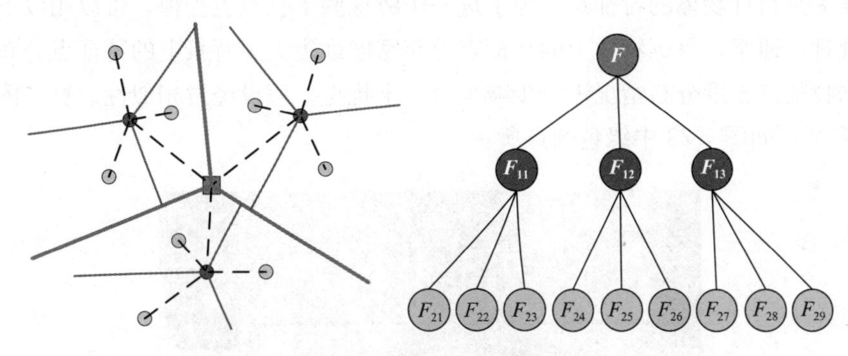

图 7-22　层次 k 均值聚类

采用层次 k 均值聚类词汇树的优点是具有较快的聚类速度、较好的可伸缩性，可以满足缩短响应时间的要求。此外，相比经典算法量化阶段中采用 KD-tree 最近邻算法加速特征量化过程，层次 k 均值词汇树采用层次聚类，在构造词汇树的同时即建立了类似的检索机制，从而减少操作步骤，提高了效率。

2. 背景过滤特征采样法

经典 BoW 模型中第一步即特征采样，从图像中获取目标物体的局部特征，然后对这些局部特征进行视觉单词量化。经典方法 BoW 模型在特征量化过程中具有如下两方面的局限性：经典方法量化过程仅仅对每幅图像中的局部特征寻找视觉词汇表中的最近邻描述；尽管每个局部特征矢量都能够用词汇表中的某个视觉单词作为最近邻代表，但是并没有对最近邻单词的相似度进行评估。因此一些相似性较差的量化单词，往往混杂在量化后的图像视觉单词集合中，量化不好的单词引入了人为的误差，在一定程度上干扰了有监督分类器的训练。

在真实环境中，目标物体附近往往会有一些背景干扰物，这些干扰物对于识别目标没有益处，反而会造成分类器的分类能力下降。为了更确切地描述物体特性，需要一定程度上削弱背景的影响。

因此本节提出了一种背景过滤特征采样法，以便从单词量化中剔除部分干扰。算法的主要过程如下：按照经典 BoW 模型中的视觉单词构造方法，对大量图像经过特征采样、聚类后建立视觉词汇表；描述一幅待识别的图像之前，先将待识别图像中的每一个特征点与词汇表中的每一个视觉单词进行相似性计算，在满足一定阈值的情况下，认为该特征点是构成目标物体的有效特征点。

假设经过聚类后的视觉词汇表 $Q=\{Q_j, j=1,2,\cdots,k\}$，$Q_j$ 为视觉词汇表中第 j 个视觉单词，某一幅待检测图片有 M 个特征点，其中 $\boldsymbol{P}_i$ 为待检测图片中第 i 个特征点的 128 维 SIFT 特征矢量，定义视觉单词 $\boldsymbol{Q}_j$ 与 $\boldsymbol{P}_i$ 之间的相似性程度如式(7-6)、式(7-7)所示：

$$s(\boldsymbol{P}_i,\boldsymbol{Q}_j)=\frac{|\boldsymbol{P}_i-\boldsymbol{Q}_j|}{|\boldsymbol{P}_i|\times|\boldsymbol{Q}_j|} \tag{7-6}$$

$$s'(\boldsymbol{P}_i)=\min_{j=1,2,\cdots,k}(s(\boldsymbol{P}_i,\boldsymbol{Q}_j)) \tag{7-7}$$

将其中 $s'(\boldsymbol{P}_i)<T_s$ 的点滤除，T_s 表示相似性阈值。经过以上处理，待检测图片保留下来的特征点被认为是组成目标物体的有效特征点，但是背景上还会有一些特征点被保留下来，被误认为是目标物体的特征点。为了进一步将这些干扰点也去掉，可以用以下方法来做进一步的处理：通常，目标物体上的特征点分布密度远远大于背景上的特征点分布密度，因此可以根据特征点密度分布情况进一步减少背景干扰点。假设经过相似性运算，图片上特征点缩减至 T 个，如图 7-23 中绿色圆点所示。

图 7-23　背景过滤示意图(见彩插)

很明显，边框内部的点与主体目标关系紧密，而外部的干扰点几乎全部来自于背景。为了降低这些干扰点对后续图像描述的负面影响，可以利用特征点分布的密度特征，运用 RANSAC(随机抽样一致性算法)来处理。为简便和通用性起见，用一个圆形区域来覆盖特征点分布密集的区域，而将圆外部分视为背景；然后过滤掉圆外特征点，具体流程图如图 7-24 所示，其中 times 表示迭代次数，一般取 50。

经过经典 BoW 的特征采样法与背景过滤特征采样法处理，得到如图 7-25 所示结果。图 7-25 左侧图像为用经典 BoW 算法检测的特征点，右侧为经过背景过滤特征采样法处理后的图片。由实验结果可见，经过背景过滤后的特征点大部分都集中在物体上，更能贴近实际的物体描述，为后续的物体识别做了很好的准备工作。

3. 视觉单词直方图加权量化

经典 BoW 在进行直方图量化时，通常采用图像中视觉单词频数或者归一化的频率来表示权值 W，然而仅仅统计单幅图像中视觉单词频数，不足以突出图像之间的本质区别。如有一些背景相同的图像，并且背景信息在每一幅图像中都占较大比重时，那么背景就不能很好地用来区分两类图像，因此有必要削弱一些区分力度不大的视觉单词。

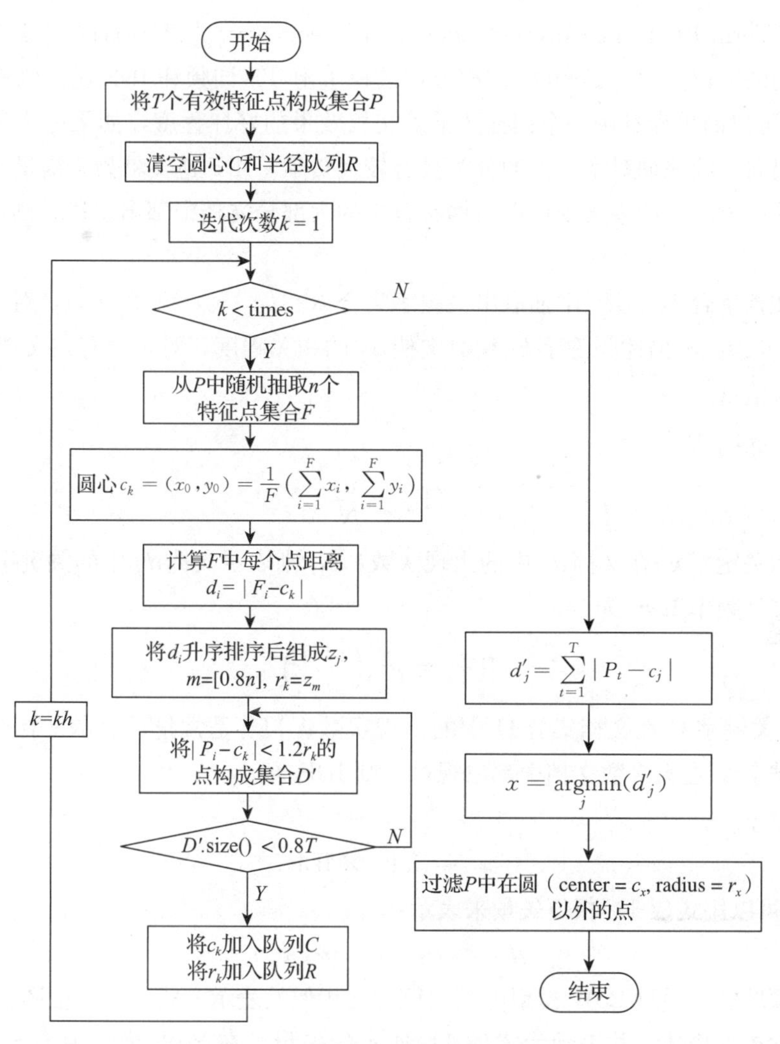

图 7-24　背景过滤特征采样流程图

图 7-25　背景过滤前后的对比

TF-IDF(Term Frequency-Inverse Document Frequency)关键字加权方案是文本信息检索中广泛应用的加权方案。TF-IDF 加权方案的权重由 TF 词频和 IDF 逆文献频率两部分组成。TF 词频可以简单衡量用一个词描述某篇文档效果的好坏程度，如果一个词在某个文档中出现频率很高，则该词对本节档的分类具有较大贡献。IDF 逆文献频率衡量了某个词在整个训练集中的区分度，如果某个词在文档集合中的大部分文档中都出现过，则该词的区分度较低。

在一个文档集合 $D=\{d_j\}$ 中抽取出关键字集合 $K=\{k_i\}$，$i=1,2,\cdots,t$，对每一个关键字可以定义一个权重 w_{ij} 描述关键字 k_i 相对文档 d_j 的相关程度，对于没有在文档 d_j 中出现的关键字，其权值 $w_{ij}=0$。

定义词频 TF_{ij} 为

$$\mathrm{TF}_{ij}=\frac{n_{ij}}{N_j} \tag{7-8}$$

式中，n_{ij} 表示关键字 k_i 在文档 d_j 中的出现次数，N_j 则表示文档 d_j 中的关键字个数。

定义逆文献频率 IDF_i 为

$$\mathrm{IDF}_i=\log\left(\frac{|D|}{n'_i}\right) \tag{7-9}$$

式中，n'_i 表示关键字 k_i 在文档集合 D 中的出现次数；$|D|$ 是常量，表示文档个数，由此可见，如果关键字 k_i 在大多数文档中都出现过，则 IDF_i 很小。

定义权重 w_{ij} 为

$$w_{ij}=\mathrm{TF}_{ij}\times\mathrm{IDF}_i \tag{7-10}$$

文档 d_j 可以用式(7-11)权值矢量来表示：

$$d_j=(w_{1j},w_{2j},\cdots,w_{tj}) \tag{7-11}$$

在图像领域中，通过 BoW 模型可以获得与之相似的表示方式，每一幅图像 p_i 都可以通过大量的视觉单词描述，并表示为式(7-11)所示的矢量。在 BoW 模型中的 SIFT 特征集合 F_i 与文档中的关键字集合 K_i 等价，只不过特征更加复杂而已。

类似地，用 w_{ij} 表示视觉单词 F_i 与图像 p_j 的相关程度，视觉单词的出现频率看作是文档中关键字的出现频率，则定义 w_{ij} 为

$$w_{ij}=m_{ij}\times\lg\frac{N}{n_i} \tag{7-12}$$

式中，m_{ij} 表示视觉单词 F_i 在图像 p_j 中的出现频率；n_i 表示 F_i 在图像集合中的出现次数。

经过 TF-IDF 形式加权量化后的图像集合 $P=\{p_j\},j=1,2,\cdots,l$，可以表示为

$$\boldsymbol{W}=\begin{pmatrix} w_{1,1} & w_{2,1} & \cdots & w_{t,1} \\ w_{1,2} & w_{2,2} & \cdots & w_{t,2} \\ \vdots & \vdots & & \vdots \\ w_{1,l} & w_{2,l} & \cdots & w_{t,l} \end{pmatrix} \tag{7-13}$$

IDF_i 实际上是一种信息熵表示形式，因此可以与词汇树中的视觉单词相结合，在训练阶段完成信息熵的求解，这就减少了查询时计算权值带来的计算量。最后，计算待识别图像

的局部特征矢量在某个词汇树中出现的频率 m。通过 TF-IDF 加权运算计算出视觉单词与该局部特征的相关程度，则待识别图像也可由一组视觉单词的权值矢量表示。

4. 融合空间关系的 BoW 模型

视觉领域的 BoW 模型本身是源自于文档检索，因此没有考虑视觉单词之间的顺序性，BoW 模型只关注“袋子”中有些什么物体，而不考虑这些物体的位置，这种简洁的方法带来高效性的同时，也带来了一个严重的问题。如图 7-26 所示，右图仅仅是改变了左图中图像块的位置，却与左图表示的意义有着明显差别。然而，通过 BoW 模型描述之后，这两幅图像实际上等同于同一幅图像，因为右图仅仅是视觉单词的空间位置发生了变化，经典 BoW 模型恰恰忽略了对空间关系的刻画。实际上，空间位置关系对于描述图像中的物体也是十分重要的，不同的位置关系，反映出来的物体类别以及场景信息是完全不同的。

图 7-26　空间位置差异示意图(见彩插)

考虑到空间位置对物体识别的重要性，本节在经典 BoW 模型中融合了视觉单词的空间位置关系，以改善经典 BoW 模型的性能。借鉴经典 BoW 模型对图片特征的描述方式，每幅图像仍然用一个固定长度的矢量来描述，但矢量元素的性质分为两类，一类是对视觉单词数量的统计描述，一类是对单词的空间关系的描述。

对单词统计特征的描述：视觉词汇表中每个视觉单词在图像中的出现次数。如在实验中，词汇表有 P 个单词，则每幅图像的视觉单词直方图维数为 P 维，记为 $\boldsymbol{X}=(x_0,x_1,\cdots,x_{P-1})$，其中每一维数字的大小代表该单词出现的次数。

视觉单词空间关系的描述：每个视觉单词的位置描述可以用每个视觉单词相对于物体几何中心的距离与角度两个特征来描述。具体描述如下：

假设经过处理，特征点新的几何中心为

$$O=(x_0,y_0)=\frac{1}{m}\left(\sum_{i=1}^{m}x_i,\sum_{i=1}^{m}y_i\right) \tag{7-14}$$

式中，m 为经过背景过滤后的特征点个数，几何中心如图 7-27 中的圆心所示。圆心周围的标志为图像中量化后的视觉单词，相同形状的标志物表示同一个视觉单词在不同位置出现多次。为了反映出视觉单词之间的空间位置关系，对每个视觉单词都赋予了距离和角度度量。

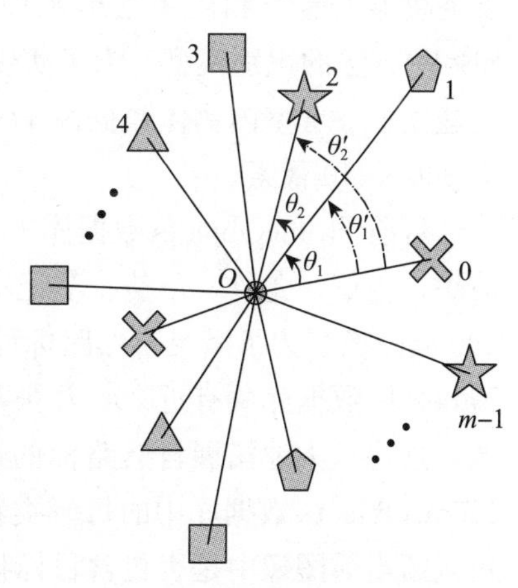

图 7-27　特征点的空间信息

为了简化量化模型，并且使空间位置关系具有一定的鲁棒性，本节采用量化直方图的方法来表示一幅图片中所有特征点的空间关系。

对于距离：计算每一个特征点与几何中心(x_0, y_0)的欧氏距离$(L_1, L_2, \cdots, L_m)$，取中值作为单位长度L，其他长度按照各自长度与L的比值划分为$0\sim0.5L$，$0.5L\sim L$，$L\sim1.5L$，$1.5L\sim$MAX(最大值)四个区间。如此，每个特征点的距离量化为距离直方图的某个分量。

对于角度：如图 7-27 所示，以每个特征点和其逆时针方向的最近邻点构成夹角θ，任意选择一个特征点作为起始点F_0，计算其他点与F_0之间相对几何中心O的夹角。将各个夹角按升序排序后得到夹角序列θ_i'，$i=1,2,\cdots,m-1$，对应的各个点编号为F_i，通过式(7-15)简单的数学变换，得到$\overrightarrow{OF_i}$与$\overrightarrow{OF_{i-1}}$的夹角$\theta_i$，见式(7-15)：

$$\theta_i=\begin{cases}\theta_i'-\theta_{i-1}' & i=1,2,\cdots,m-1\\ 360-\theta_{m-1}' & i=m\end{cases} \tag{7-15}$$

考虑到一般每幅图像都可以提取到上百个 SIFT 特征点，而且特征点在主体目标上的分布相对比较集中，每两个点之间的角度θ不会很大，因此将特征点的分布角θ量化为如下所示的 5 个区间：

$$0^\circ\sim30^\circ, 30^\circ\sim60^\circ, 60^\circ\sim90^\circ, 90^\circ\sim120^\circ, 120^\circ\sim\text{MAX}(\text{最大值})$$

由于在计算长度时采用了相对长度，角度也是相对角度，因此特征点空间特征具有较好的旋转、缩放不变性。最后将该特征矢量进行归一化处理，应用到分类识别过程中。

至此，任何一幅图像都有式(7-16)的矢量描述。

$$\{\boldsymbol{P}_i\}_{i=0}^{P-1}+\{\boldsymbol{Q}_i\}_{i=0}^{Q-1}=\{\boldsymbol{H}_i\}_{i=0}^{P+Q-1} \tag{7-16}$$

式中，前P维矢量代表的是视觉词汇表中的单词统计构成的视觉单词直方图，Q维矢量代表的是每个视觉单词相对于几何中心的空间关系直方图。矢量中每一维的数字大小表示对应分量上的统计特征。

7.4.2 基于模糊颜色直方图的 SBoW 路标识别算法

路标识别的目的是实现手绘地图中路标的语义符号和环境地图中的自然路标映射$L\leftrightarrow l$。要使机器人能够利用手绘地图中的关键物体作为自然路标，就必须对相关物体建立基于 SBoW 方法的识别模型。为了实现对常见室内物体的识别，本节在 Caltech_256 数据库基础上建立了一套室内物体数据库 HomeObjects。部分图像如图 7-28 所示，每幅图像的大小约为 320×240 像素。

目前 HomeObjects 数据库中共有 14 类物体(椅子、雨伞、运动鞋、水壶、电风扇、微波炉、兰草、龙竹、芦荟、笔记本电脑、垃圾篓、台灯、背包、吉他)，每类共有约 140～200 幅图像。为了满足自然路标种类的多样性，可以借鉴 MIT 的 LabelMe 数据库进行扩充。LabelMe 数据库共有近 200 万张不同种类物体的图片，其中几乎包含了所有类别的物体图像，这将极大地拓展自然路标的选择范围。利用 SBoW 方法对常用物体进行离线训练，对 HomeObjects 数据库中的每一类物体建立一个"一对多"的支持向量机，每个支持向量机仅判断当前图像中是否包含目标物体。实现多类物体识别后，可以为接下来基于自然路标的视觉导航提供充分的定位信息。

图 7-28　HomeObjects 数据库部分图像

由实验分析可知，基于 SBoW 模型的物体识别算法能够实现较高的路标识别率。但是，不可避免地会出现误识别的路标，这些错误的识别将干扰机器人的自定位，从而导致错误的导航决策。尽管可以利用连续几帧图像进行综合判断，但是仍然无法避免个别情况下出现误判断。另外，基于 SBoW 模型的自然路标识别算法，虽然能够判断出视野中是否存在某个自然路标，但是 SBoW 模型中的特征并没有反映出自然路标在图像中的具体位置。因此，本节提出了结合模糊颜色直方图的 SBoW 路标识别方法，如图 7-29 所示。在手绘地图中提供路标的颜色信息是为了辅助验证 SBoW 识别的可靠度，由于少数物体的先验颜色信息不容易描述或者很难获取，因而颜色验证是可选模块。

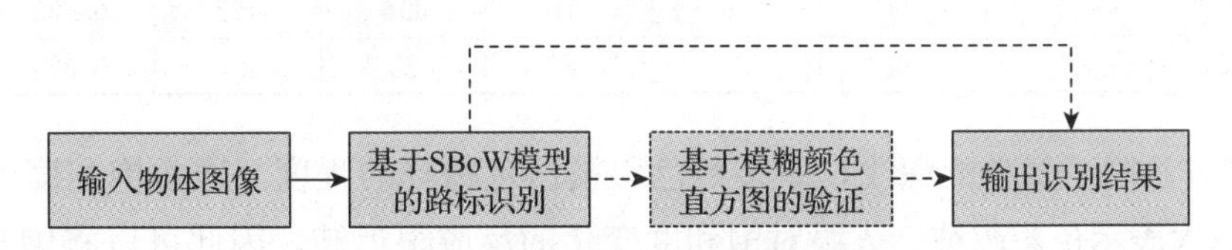

图 7-29　结合模糊颜色直方图的路标识别

大部分路标具有一些鲜明的颜色特征，因此如果用户提供了先验的颜色信息，便可以更加有效地过滤掉错误识别的路标。如果用户无法提供先验的颜色信息，则将依赖于 SBoW 模型的输出结果作为路标识别的依据。只有当过去连续 s(s 一般取为 4)帧图像都判别为同一物体类型，才认定识别结果有效。本节对每一类物体 L_i 离线训练“一对多”支持向量机，判别结果 $V_i=\pm1$，这个结果只表示当前图像中是否包含指定类别 L_i，如果在连续多帧图像中都识别不到物体 L_i，则依据里程计和手绘地图做惯性导航。

正如生活中人描述物体特征的过程，颜色是一种最直观且实用的物体特征，也是人眼最容易鉴别的信息。另外，颜色信息具有平移、旋转、缩放不变等良好的特性，因此广泛应用在物体检测、语义搜索等领域。大多数室内用品一般颜色较为简单，因此采用模糊颜色直方图能够有效地验证 SBoW 模型的识别是否正确。手绘地图描述自然路标时，可以很方便地指定部分自然路标的粗略颜色，从而为提高路标识别的可靠度提供更多先验信息。由于物体的种类繁多，因而颜色也丰富多彩，人眼对颜色的判断并不精确，而是一种模糊的描述，因此，本节提出采用模糊颜色直方图的形式描述自然路标的颜色属性。

模糊颜色直方图是在模糊颜色区间进行量化的直方图。相比于传统的颜色直方图，某种颜色 c 并不是简单地量化在某个区间上，而是通过模糊隶属函数，同时量化在多个区间上。模糊区间 F_i 为

$$F_i = (\mu_i, r_i) \tag{7-17}$$

式中，μ_i 表示模糊区间 F_i 的典型颜色值；r_i 表示模糊区间的大小。

传统的RGB颜色空间，虽然使用方便，但是三个通道相互关联，与人的视觉感知不太一致；而HSV颜色空间，则在“色调(Hue)”“饱和度(Saturation)”“亮度(Intensity)”三个独立的通道上描述颜色。HSV颜色空间更接近人的视觉感知，因此本节选择以HSV颜色空间的模糊直方图进行颜色描述。

在HSV颜色空间中，只有色调 H 和饱和度 S 具有颜色信息。为了便于计算和显示，将 H 量化为0～180的范围。色调值不容易受光照干扰，而且是颜色区别于灰度的本质信息。通常人眼对色调的感受具有不均匀性，可以将色调不均匀地划分为红、橙、黄、绿、青、蓝、紫，共7种模糊区间，如表7-1所示。采用7种模糊色调，可以满足大多数场合的色调描述，而且具有简单高效的优点。不均匀的模糊量化，更符合人眼对色彩的感受，也更方便手绘地图描述自然路标的色彩。

表7-1 色调模糊区间

	红(red)	橙(orange)	黄(yellow)	绿(green)	青(cyan)	蓝(blue)	紫(purple)	深(deep)	浅(shallow)
μ	178	17	29	56	85	116	152	0.425	0.825
r	13	6	6	21	8	23	13	0.225	0.175

饱和度 S 反映了颜色的深浅，即某种色彩被白色稀释的程度。通常饱和度 S 被量化为[0,1]，S 越大表示色彩越纯。人眼对饱和度变化的反应很迟钝，因此可以将饱和度划分为深、浅两个模糊区间，如表7-1后两列所示。

对HSV三个分量中的 H 和 S 定义为如下高斯型模糊隶属函数：

$$f_i(c) = \mathrm{e}^{-\frac{(c-\mu_i)^2}{2r_i^2}} \tag{7-18}$$

式中，$f_i(c)$表示颜色分量 c 隶属于区间 F_i 的度量值；μ_i 表示模糊区间 F_i 的典型颜色值；r_i 表示模糊区间的大小。色调的模糊隶属函数曲线图如图7-30所示。

亮度 V 仅仅包含灰度信息，反映了光照强度。通常亮度 V 被量化为[0,1]，V 越大表示光照越亮。根据经验，亮度通常对颜色信息的描述不太重要，因此将 V 硬性划分为暗[0,0.5)和亮[0.5,1]两个区间。

通过模糊划分，HSV颜色空间被划分为7×2×2=28个模糊色彩区间，再将通常的灰度划分为4个模糊区间，典型值如黑色(0.125)、浅灰(0.375)、深灰(0.625)、白色(0.875)。对4种灰度定义如式(7-19)～式(7-22)所示。

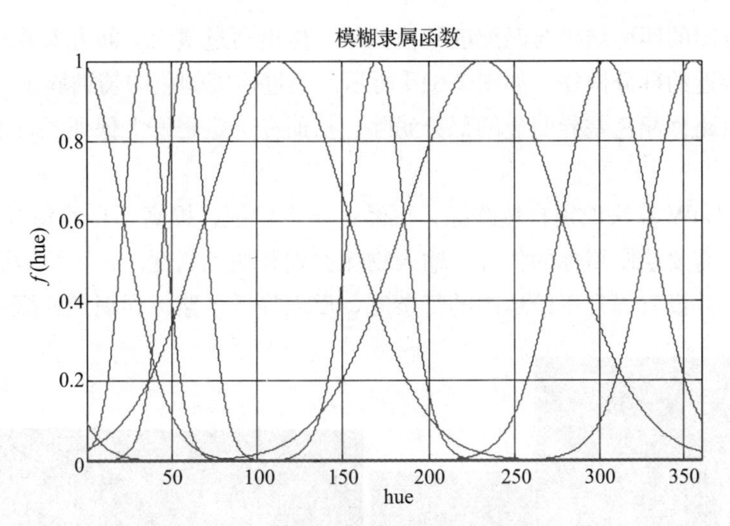

图 7-30　色调的模糊隶属函数曲线图

$$f_{\text{black}}(v)=\begin{cases}1 & \text{if} \quad v\leqslant 0.125\\ 1-4\times(v-0.125) & \text{else}\end{cases} \tag{7-19}$$

$$f_{\text{lightGray}}(v)=1-4\times|v-0.375| \tag{7-20}$$

$$f_{\text{darkGray}}(v)=1-4\times|v-0.625| \tag{7-21}$$

$$f_{\text{white}}(v)=\begin{cases}1 & \text{if} \quad v\geqslant 0.875\\ 1-4\times(0.875-v) & \text{else}\end{cases} \tag{7-22}$$

在绘制手绘地图时，通过软件界面可以很方便地选择自然路标的主颜色(红、橙、…、紫，或者黑、浅灰、深灰、白色)，饱和度(深、浅)，亮度(亮、暗)。考虑到物体通常由两种以上的颜色组成，因此必要时需要估计物体的每种颜色所占的比例，通常用3种以下的主颜色足以描述一个自然路标的颜色信息。

基于模糊颜色直方图的颜色验证过程，实际上是对采集到的路标图像和用户输入的先验颜色进行匹配的过程。由于一幅图像中可能包含了多个不同大小的物体，为了降低背景对主体目标的干扰，将每幅图像 I_i 划分为 20×20 大小的网格 G_{ij}，然后对每个网格内的小图像块 G_{ij} 统计模糊颜色直方图 H_{ij}。根据用户输入的路标颜色建立一个模板图 I'，然后计算模板图的模糊颜色直方图 H'。通过 Bhattacharyya 距离，计算归一化的网格直方图与归一化的模板图的直方图的匹配度，见式(7-23)：

$$d_{\text{Bhattacharyya}}(H_1,H_2)=\sqrt{1-\sum_i \frac{\sqrt{H_1(i)H_2(i)}}{\sum_j H_1(j)\sum_j H_2(j)}} \tag{7-23}$$

式中，H_1，H_2 表示待匹配的两个模糊直方图；i 和 j 表示直方图的第 i 和 j 个分量。通过模糊颜色直方图匹配后，越接近0表示匹配程度越高。

对图 7-31a 所示的红色水壶，定义其模糊色调为红色，饱和度深，亮度暗，红色比重约为90%，可以得到如图 7-31b 所示的模板颜色；然后，将图 7-31a 中网格直方图与图 7-31b 的直方图进行匹配，匹配结果如图 7-31c 所示。为了方便查看，越亮的区域表示匹配程度越高。

将颜色直方图的匹配结果与匹配度阈值比较，然后通过最大类间方差算法将匹配结果中与模板颜色最接近的部分框住，如图 7-31d 所示。通过模糊颜色的辅助验证，可以很方便地将环境中与自然路标颜色差异明显的部分滤除，从而在一定程度上保证了自然路标识别的可靠度。

本节采用 SBoW 算法识别自然路标，再经过颜色验证，提高了自然路标识别的可靠度。其中手绘地图中需要绘制路标的位置，输入物体类别和颜色属性。在手绘地图中添加部分显著路标的颜色，并没有提升手绘地图的复杂度，反而降低了路标误识别的概率。

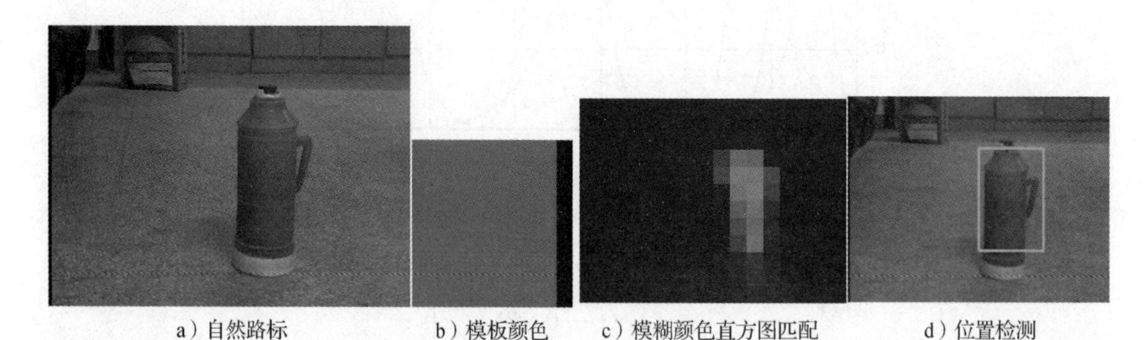

a）自然路标　b）模板颜色　c）模糊颜色直方图匹配　d）位置检测

图 7-31　基于模糊颜色直方图的匹配(见彩插)

7.4.3 基于自然路标识别的无障碍导航

1. 自然路标的筛选

机器人在实际环境中导航，必须解决地图匹配问题，也就是手绘地图与导航环境的映射，即 $M_{\text{sketch}} \leftrightarrow M_{\text{real}}$，由上节分析可知，$M_{\text{sketch}} \leftrightarrow M_{\text{real}}$ 的映射实际包含了 $\{L \leftrightarrow l, R \leftrightarrow r, P \leftrightarrow p\}$ 3 种映射。假定机器人在环境中的初始位置 R_0 对应手绘地图中机器人的初始位置 r_0，即 $R_0 \leftrightarrow r_0$，手绘路径 $p=\{n_i, i=0,1,\cdots,k\}$ 与机器人实际路径的映射 $p \leftrightarrow P$，转变为关键引导点 n_i 与实际路径中某个地点 N_i 的映射 $n_i \leftrightarrow N_i$。关键引导点是虚构的，但关键引导点周围一般都存在着自然路标，因此 $n_i \leftrightarrow N_i$ 的映射关系可以通过 $L \leftrightarrow l$ 映射来间接实现。每个 $n_i \leftrightarrow N_i$ 映射实现后，便完成 $P \leftrightarrow p$ 映射。可见，自然路标的映射 $L \leftrightarrow l$ 是地图匹配的核心问题。

$L \leftrightarrow l$ 映射实质上就是自然路标的识别和定位，因此需要准确并快速地识别关键引导点周围的自然路标。关键引导点附近可能有多个候选自然路标，然而每个时刻仅需要准确识别一个自然路标就足以帮助移动机器人自定位。尤其是在物体识别算法的准确度较高时，只需从候选的自然路标中筛选出一个最容易被机器人搜索到的目标，这不但减轻了机器人视觉观察的负担，而且提高了机器人的导航速度。因此，本节设计了一种自然路标筛选算法，目的在于从众多自然路标中筛选一个最适合的自然路标，如图 7-32 所示。

图 7-32 中，两个黑色节点表示此时的关键引导点 n_{i-1} 和下一个关键引导点 n_i。假设经过之前的路径映射 $P \leftrightarrow p$，机器人(Robot)在手绘地图中已经处在 n_{i-1} 并且朝向 $\overrightarrow{n_{i-1}n_i}$ 的方向，灰色节点 $N_{0.5}$ 表示矢量 $\overrightarrow{n_{i-1}n_i}$ 的中点，$d'(n_{i-1}, n_i)$ 表示两个节点之间的像素距离。$O_j(j=1, 2,\cdots,m)$ 是手绘地图上 n_i 可视范围内的 m 个候选自然路标，d_j 表示候选自然路标 O_j 与 n_i

的像素距离，α_j 表示 O_j 与机器人运行方向 $\overrightarrow{n_{i-1}n_i}$ 的相对夹角。经过分析候选自然路标 O_j 与节点 n_i 的距离和角度，可得 O_j 被选为 n_i 附近自然目标 l_i 的权重函数为

$$f_1(d)=\begin{cases}-\left(\dfrac{d-1500}{1800}\right)^2+1 & \text{if} \quad (d<1500)\\ -\left(\dfrac{d-1500}{1400}\right)^2+1 & \text{else}\end{cases} \tag{7-24}$$

$$f_2(\alpha)=\begin{cases}1 & \text{if} \left(\alpha\leqslant\dfrac{\pi}{9}\right)\\ \cos\left(\alpha-\dfrac{\pi}{9}\right) & \text{else}\end{cases} \tag{7-25}$$

$$F(O_j)=f_1(d_j)\cdot f_2(\alpha_j) \tag{7-26}$$

$$l_i=\underset{j=1,2,\cdots,m}{\operatorname{argmax}}(F(O_j)) \tag{7-27}$$

式中，$f_1(d_j)$表示距离约束函数；$f_2(\alpha)$表示角度约束函数。

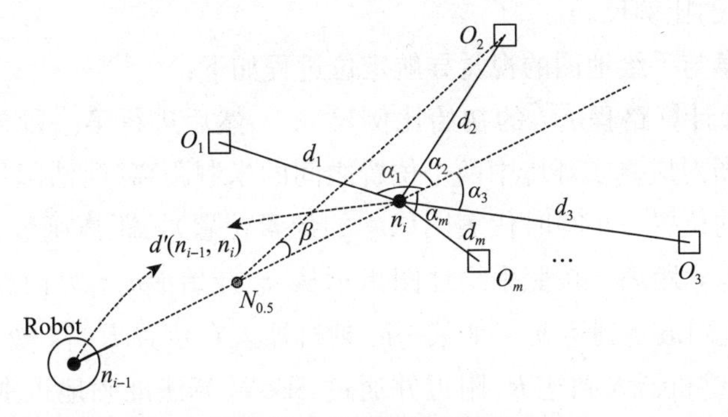

图 7-32　自然路标的筛选

由式(7-27)可以计算出 n_i 附近最容易被发现的自然路标 l_i，根据经验，若 $F(l_i)<0.2$，则认为 n_i 附近的候选自然路标离 n_i 太远或者角度太偏，机器人可以依据手绘地图和里程计进行惯性导航；若存在多个目标都能使 F_i 取得最大值，则选择这些目标中 α_i 最小的作为当前的自然路标 l_i。

锁定 n_i 附近的自然路标 l_i 后，机器人参考手绘地图中 $\overrightarrow{n_{i-1}n_i}$ 路径，依靠里程计先快速行驶至 $N_{0.5}$，然后开始减速。根据手绘地图信息，可以获得自然路标 l_i 代表的物体类别 class_i，边前进边利用 SBoW 算法进行自然路标 l_i 的识别。如果 SBoW 算法连续多次判决当前视野中的目标物体 object_i 类别与 class_i 一致并且模糊颜色验证正确，则表明 object_i 是实际环境中的自然路标 L_i。通过改进的 SBoW 算法识别自然路标 L_i 的过程实现了 L_i 到 l_i 的映射。$L_i\leftrightarrow l_i$ 映射仅仅表明了机器人检测到了手绘地图中的 l_i，接下来需要进行视觉粗定位，以完成 $n_i\leftrightarrow N_i$ 的映射。

2. 视觉粗定位

机器人在导航过程中，解决定位问题是关键步骤之一，定位的目的是获得机器人在环境中的相对位置和方向。在手绘地图中，已经给出了各个自然路标的像素位置，机器人的初始像素位置以及起点至终点的大致直线距离。若要机器人认知环境，需将手绘地图信息和视觉

感知信息两者匹配，从而确定自身的位置和姿态。

SBoW物体识别模型为了实现对复杂环境下的多类物体识别，采用图像中抽象的高层语义信息，即视觉单词描述图像中的内容。通过将SBoW模型应用到自然路标识别中，可以帮助机器从环境中鉴别出自然路标，并结合里程计信息与手绘地图定位机器人位置和方向。但是，SBoW模型不能给出图像中物体区域的准确位置，因此不能精确定位物体。本节采用了多种传感器融合的定位方法，结合里程计、超声波、单目视觉传感器的数据相互融合，加上手绘地图的先验信息，从而快速地实现粗定位功能。

利用里程计进行惯性导航的一个优点是方便实用，缺点是累积误差较大，因此需要通过视觉传感器识别自然路标进行矫正。采用里程计的必要条件是要确定导航实际尺寸，而手绘地图中正好提供了粗略的尺寸。比例尺是导航地图中必不可少的元素，它反映了地图与真实环境的尺寸映射关系。手绘地图的随意性和不精确性决定了每一段路程$\overrightarrow{n_{i-1}n_i}$有一个独立的比例尺$m_i$。相邻的比例尺之间具有相关性，机器人可以根据$\overrightarrow{n_{i-1}n_i}$间的实际行走路程$\overrightarrow{r_{i-1}r_i}$估计下一段路程$\overrightarrow{n_in_{i+1}}$的比例尺$m_{i+1}$。

结合里程计信息与手绘地图的视觉导航定位过程如下：

首先由式(7-28)计算路程$\overrightarrow{n_0n_1}$的初始比例尺m_1，然后进行第一段导航，其中距离函数$d(\cdot,\cdot)$表示两点所对应真实环境中两个位置之间的米制距离(简洁起见，函数自变量大写时代表真实环境中的位置，小写时代表图像中的像素位置)，距离函数$d'(\cdot,\cdot)$表示手绘地图中两点之间的像素距离。按照手绘地图指示从n_0开始沿$\overrightarrow{n_0n_1}$方向到达n_1；接下来再转向$\overrightarrow{n_1n_2}$，依此类推直到最终到达n_k。如某一时刻机器人在位置R_{i-1}，然后沿$\overrightarrow{n_{i-1}n_i}$方向朝环境中$R_i$点前进，最终机器人到达$R_i$附近并通过SBoW算法准确地识别到自然路标$L_i$。视觉粗定位的目的是机器人需要根据比例尺以及里程计数据计算机器人在手绘地图中l_i附近的坐标r_i，绘制机器人在手绘地图中的行驶路径$\overrightarrow{r_{i-1}r_i}$。

$$m_1=\frac{d(n_0,n_1)}{d'(n_0,n_1)} \tag{7-28}$$

如图7-33所示，定位实际上是坐标变换的过程。机器人某时刻在环境中的位置为R，由式(7-29)计算此刻机器人与L_i之间的粗略米制距离$d(R,L_i)$，t为像素距离阈值，一般取0.6；$S(R,L_i)$表示通过超声波传感器获取到的机器人与自然路标L_i之间的实际距离。当机器人到达自然路标附近时$R_i=R$。根据里程计数据由式(7-30)计算机器人的实际行进位移$\overrightarrow{R_{i-1}R_i}$。$L_i$相对机器人的方向角即当前摄像机的水平旋转角度$\theta$，通过式(7-31)得到机器人当前实际位置为$R$。

$$d(R,L_i)=\begin{cases} d'(r,l_i)\cdot m_i & \text{if} \quad \dfrac{d'(r,n_{i-1})}{d'(n_{i-1},n_i)}<t \\ s(R,L_i) & \text{else} \end{cases} \tag{7-29}$$

$$\overrightarrow{OR}=\overrightarrow{OR_{i-1}}+\overrightarrow{R_{i-1}R} \tag{7-30}$$

$$|\overrightarrow{RL_i}|=d(R,L_i),\angle\overrightarrow{RL_i}=\angle\overrightarrow{R_{i-1}R}+\theta \tag{7-31}$$

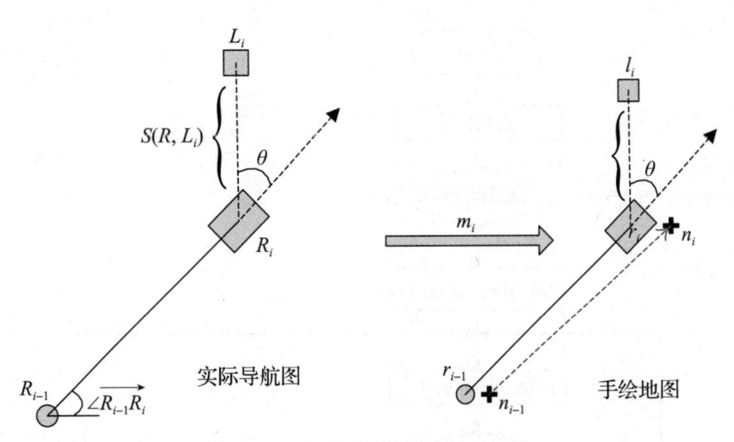

图 7-33　视觉导航粗定位示意图

根据式(7-32)和式(7-33)可以得到机器人在手绘地图中前进的矢量$\overrightarrow{r_{i-1}r_i}$，与式(7-30)对应的有$\overrightarrow{or_i}=\overrightarrow{or_{i-1}}+\overrightarrow{r_{i-1}r_i}$，从而得到手绘地图中机器人在节点 n_i 附近的位置 r_i。其中 r_{i-1} 表示机器人到达 n_{i-1} 节点后经过自定位获得的像素位置。

$$\overrightarrow{r_i l_i} = \frac{\overrightarrow{RL_i}}{m_i} \tag{7-32}$$

$$\overrightarrow{r_{i-1}r_i} = \overrightarrow{r_{i-1}l_i} - \overrightarrow{r_i l_i} \tag{7-33}$$

以式(7-34)更新地图的比例尺 m_{i+1}，然后利用比例尺 m_{i+1} 计算下一段路程$\overrightarrow{n_{i-1}n_i}$的长度。如图 7-34 所示，机器人参考手绘路径不断更新实际路程$\overrightarrow{r_{i-1}r_i}$，$i=1,2,\cdots,k$ 直到到达最终节点 n_k 附近，完成整个导航任务。

$$m_{i+1} = \begin{cases} \dfrac{d'(r_{i-1},r_i)}{d'(r_{i-1},n_i)} \cdot m_i & \text{if} \quad \left(0.33 < \dfrac{d'(r_{i-1},r_i)}{d'(r_{i-1},n_i)} < 3\right) \\ m_i & \text{else} \end{cases} \tag{7-34}$$

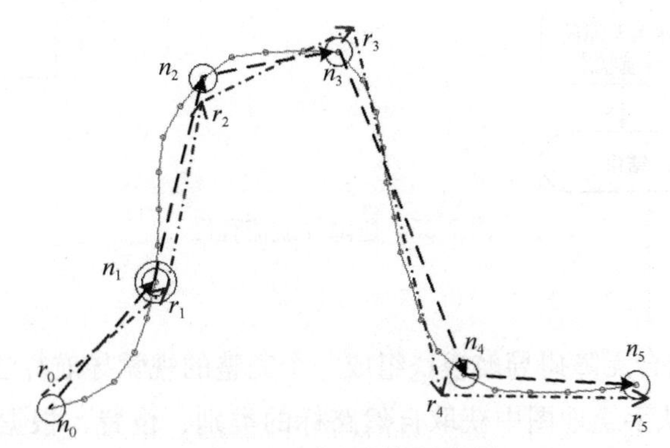

图 7-34　路径更新示意图

3. 避障方法

避障是机器投入实际使用时必不可缺的功能。避障导航的目的是要有效地避开环境中的静态或动态障碍物，能在避障的同时检测自然路标，并在避障之后能返回到避障前的状态继续运行。本节设计了一种试探式的避障导航方法，避障流程如图 7-35 所示。

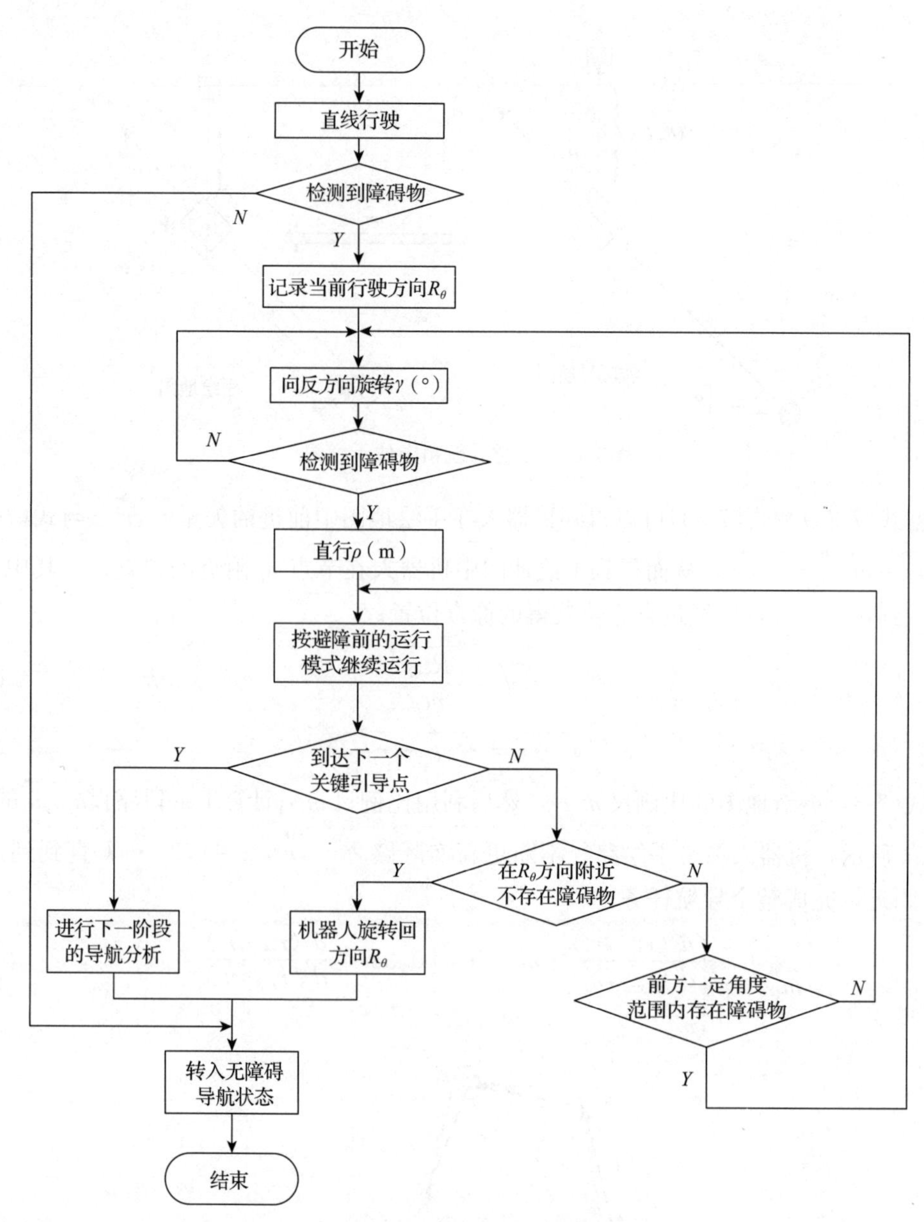

图 7-35　避障导航流程图

4. 导航算法集成

将避障导航模块结合无障碍导航模块组成一个完整的视觉导航算法，导航算法流程图如图 7-36 所示。机器人从手绘地图中获取自然路标的类别、位置，根据 SBoW 模型对视觉传感器捕获的图像做路标检测，如果用户提供了路标颜色，则依据模糊颜色直方图匹配结果进行路标验证；否则，认为 SBoW 模型的识别结果是可信的。接下来根据路标识别的结果做出决策，如果确认识别到某个自然路标，则进行视觉粗定位，并判断机器人是否到达对应的关键引导点位置；否则继续前进同时摇动摄像机搜索自然路标，直至机器人超出当前阶段的终点太远。流程图中 t_n 表示相距很近的两个关键引导点距离阈值，一般取为 1m；t_{end}一般取

1.2m，表示机器人沿手绘路径$\overrightarrow{n_{i-1}n_i}$最多行驶 1.2 倍的里程，如果超出该里程依然没有正确检测到自然路标则停止搜索，并结束当前阶段的导航，切换至下一阶段的局部导航，试图识别下一阶段的自然路标，从而更新定位结果，完成每一阶段的局部导航，直至机器人到达终点。

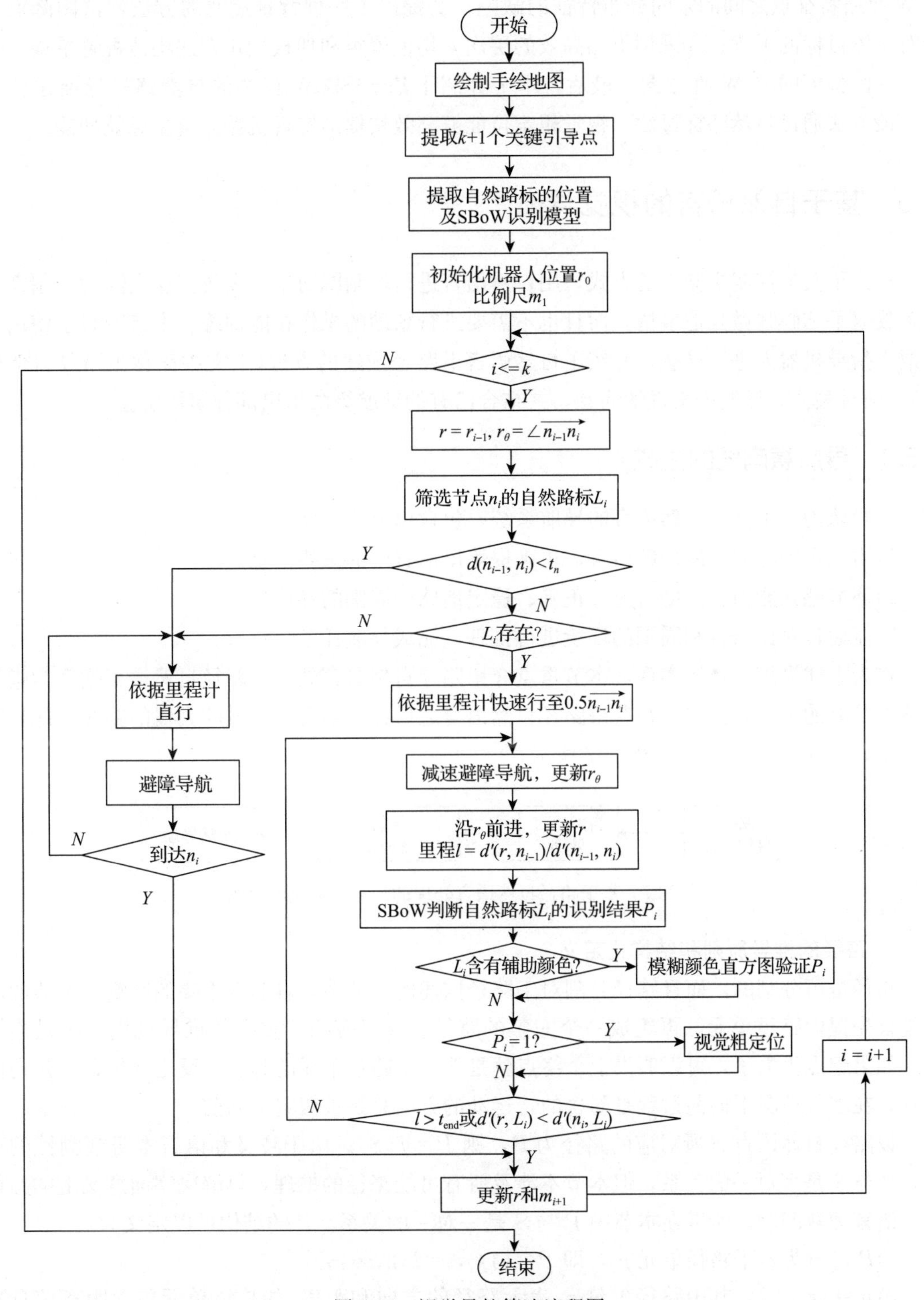

图 7-36　视觉导航算法流程图

综上所述，本节利用 BoW 分类识别性能，介绍了一种改进的 SBoW 算法，进行室内自然路标的识别并将其成功应用到移动机器人导航中。在经典 BoW 模型的基础上，本节从三个方面进行改进：①在经典 BoW 模型的基础上融合了特征点之间的空间关系，避免了经典 BoW 忽略特征点之间的空间分布特征的缺陷；②提出了一种背景过滤的方法，试图降低背景对主体目标的干扰；③采用更加高效的层次 k 均值聚类和加权量化方式构造视觉单词，获得更具区分度的 BoW 直方图。最后，本节介绍了基于 SBoW 算法的自然路标导航定位方法，该方法通过自然路标过滤、视觉粗定位能够高效快捷地实现机器人自主导航功能。

7.5 基于自然语言的视觉导航

相比于其他控制机器人的方式，用自然语言进行控制既简单又高效。这是因为控制者可以解放双手和眼睛做其他事情，而且也不需要进行繁琐的操作技能训练。本节着眼于使用自然语言指导机器人进行导航，介绍了自然语言下路径描述的方法(下文中简称为路径自然语言)，同时关注于导航语义理解问题，并结合已有的导航算法给出部分演示实验。

7.5.1 导航意向图的生成

一般认为一个基于自然语言的导航系统，包含以下三个要素：

1)语言理解能力。能理解语言，正确提炼出语言中的重要信息。

2)环境感知能力。高度智能、正确、稳定地感知周围的环境。

3)能通过对比语言和周围的环境进行推理，完成导航任务。

作为上述设想的具体实现，本节重点介绍路径自然语言处理。路径自然语言处理为指导机器人导航的地图，就像人在获得路径自然语言之后在人脑海中形成的大概的路线，即导航意象图，具体的处理流程如图 7-37 所示。

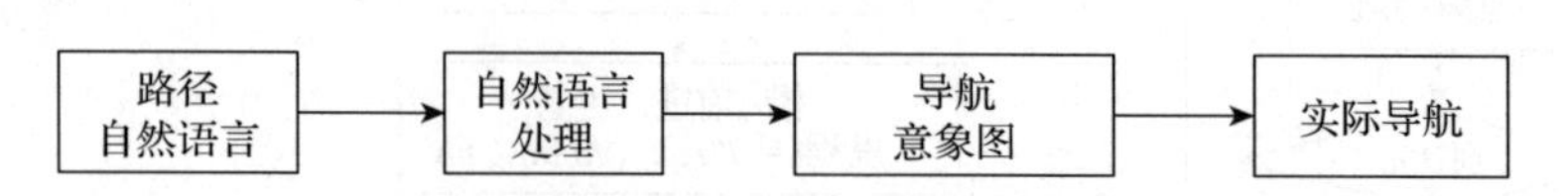

图 7-37 基于路径自然语言处理的机器人导航流程图

1. 路径的推导原则和结构化定义

路径是可分割的，而且路径分割对于路径描述的灵活性有着非常重要的影响。本节的思路是首先提取路径单元，再组成一个完整的路径。这里有两个重要的推导规则：一是连续性，如果起点丢失了，可以假设上个终点就是下一个路径单元的起点，反之亦然；二是向前过程，在多数情况下向前过程是隐含的，运动的方向总是被假定为向前。

设路径自然语言 S 所对应的路径为 P，则 $P=f(S)$。由于歧义和语言本身模糊性的存在，P 与 S 是多对一的关系，但本节不涉及所有可能路径的推理，只解决字面意义上的路径自然语言理解问题，所以在本节中 P 与 S 是一对一的关系。P 的结构可以定义为：

1)P 可分为若干路径单元 p_i，即 $P=\bigcup p_i, i=1,2,\cdots,n$。

2)$p_i=\{\boldsymbol{r}_i, f_i\}$，其中路径矢量 $\boldsymbol{r}_i$ 表示路径的方向和距离(如果该单元包含距离信息)；

$f_i=\{l_i,d_i\}$表示路径的其他导航辅助信息，其中 l_i 表示路径单元内包含的所有 landmark(标记物)信息，位于路径单元开始位置的 landmark 为前向 landmark，处于终点位置处的 landmark 为后向 landmark，d_i 表示该路径单元是否包含距离信息，如果包含距离信息，则机器人可以此为参照导航，反之则完全依靠传感器导航。每一个路径单元只能表示一个运动方向。

导航意象图应包含路径和其他参考信息，但是目前导航意象图中只包含路径的信息，因此在本节中导航意象图即上文中的 P。

2. 语义信息的提取

语义信息提取的目标是将已经得到的各个组块中的有效信息组成一系列的路径单元。

首先，我们聚焦于语义组块的槽体定义问题。基于槽体的信息抽取技术已经得到了广泛应用，本节同样也采用槽体填充技术来处理语义组块的信息提取问题，即在提取出语料中各个语义组块之后，通过槽填充的方法提取出各个组块中的关键信息。现阶段，主要关注 landmark 的名称、距离、角度等信息。

语义组块 NL，VL，PL 主要是用于提取 landmark 相关的信息，如名称、大小、颜色等，这些组块统称为 landmark 相关组块。但是现阶段只提取 landmark 的名称，因此 landmark 相关组块模板槽如表 7-2 所示。

表 7-2　landmark 相关组块模板槽

槽名	注释
序号	表示该组块在句子中的序号
核心名词实体	起主要作用的名词实体，数量可以大于一个
辅助名词实体	起辅助作用的名词实体，数量可以大于一个

在填充 landmark 相关组块时，先获得该组块内部的名词实体，然后采用名词短语处理方法确定组块内部的核心名词实体和辅助名词实体，然后逐个填入槽中。

DTM 模块中，主要提取距离、方向、转弯角度等信息，相关组块模块槽如表 7-3 所示。

表 7-3　DTM 相关组块模板槽

槽名	注释
序号	表示该组块在句子中的序号
方向	包含的关于方向的词，例如：左、南等
动作	动作，例如：转弯、掉头等
数量	距离，或者转弯的角度
单位标示	表示量词属性的单位，例如：公里、度(角度)
副词	表示动作的幅度或者属性

在填充 DTM 的模板时，主要是依靠词性来确定哪个词填到哪个槽中：

- 词性为 f(方位词)，s(处所词)的词就填充到“方向”槽中。
- 词性为 v(动词)，vi(内动词)，vn(名动词)，vf(趋向动词)则填充到“动作”槽中。
- 词性为 m(数词)则填充到“数量”槽中。

- 词性为q(量词)，mq(数量词)，qv(动量词)则填充到“单位标示”槽中。
- 词性为d(副词)则填充到“副词”槽中。

其中“数量”和“单位标示”需要按照次序一对一地填入槽中。例如短语“走 10m 右转 45°”，填槽时就需要先填入“10”“米”，然后再分别填进“45”“度”。

IDTM 模块，主要提取 landmark 名称、距离、方向、转弯角度等信息，相关组块模板槽如表 7-4 所示。

表 7-4 IDTM 相关组块模板槽

槽名	注释
序号	表示该组块在句子中的序号
前向 landmark	IDTM 中位置靠前的名词短语经过表 7-2 填充完成的槽
后向 landmark	IDTM 中位置靠后的名词短语经过表 7-2 填充完成的槽
方向	包含的关于方向的词，例如：左、南等
动作	动作，例如：转弯、掉头等
数量	距离，或者转弯的角度
单位标示	表示量词属性的单位，例如：公里、度(角度)
副词	表示动作的幅度或者属性
介词	IDTM 中可能会出现多个介词

IDTM 的填槽和 DTM 类似，主要是依靠词性来确定词填到哪个槽中：

- 对 IDTM 中出现在靠前位置的名词短语采用表 7-2 中的槽，进行填充，其结果即为表 7-4 中的“前向 landmark”，“后向 landmark”的处理方法与其相同。
- 表 7-4 中和表 7-3 中相同名称的槽填充方法是相同的。
- 词性为p(介词)的词填充到“介词”槽中。

然后，我们关注如何有效提取路径单元。通常来说如果表示路径的自然语言中没有表示具体的方向，一般就是指方向为“前”，如“过了红绿灯左拐，走 30m 就到了”，这里“走 30m”没有具体说是“左拐”之后向哪边走，但是正常的理解是“左拐，向前走 30m”。因此，在本节处理过程中，没有标明方向的运动，都默认为是“前”；对于没有标注具体距离的运动，本节都默认是运动单位距离，即为 1。

本节中用二维矢量表示路径矢量，即路径矢量 $\boldsymbol{r}_i=(x_i,y_i)$，$i=1,2,\cdots,n$，$n$ 表示组块的数量。在处理过程中定义默认的路径矢量为 $\boldsymbol{r}\_d=(0,1)$。

根据路径单元的定义，定义当前需提取的路径单元为 p_i，$i\geqslant1$，其对应的路径矢量为 $\boldsymbol{r}_i$，前向 landmark 为 l_f_i，后向 landmark 为 l_b_i，距离标记为 d_i。为了便于处理，定义一个用来保存前一个路径单元路径矢量的单位矢量 $\boldsymbol{r}\_f_i$，设输入的组块为 c_j，$j=1,2,\cdots,n$。在提取路径单元时，顺序读入各个组块对应的槽体提取结果，提取过程见图 7-38，具体步骤如下：

1)输入一个组块。

2)判断当前组块是不是 landmark 相关的组块，如果不是则转到步骤 7)；如果是则转到步骤 3)。

3)将当前 landmark 组块中的 landmark 作为 l_b_i。

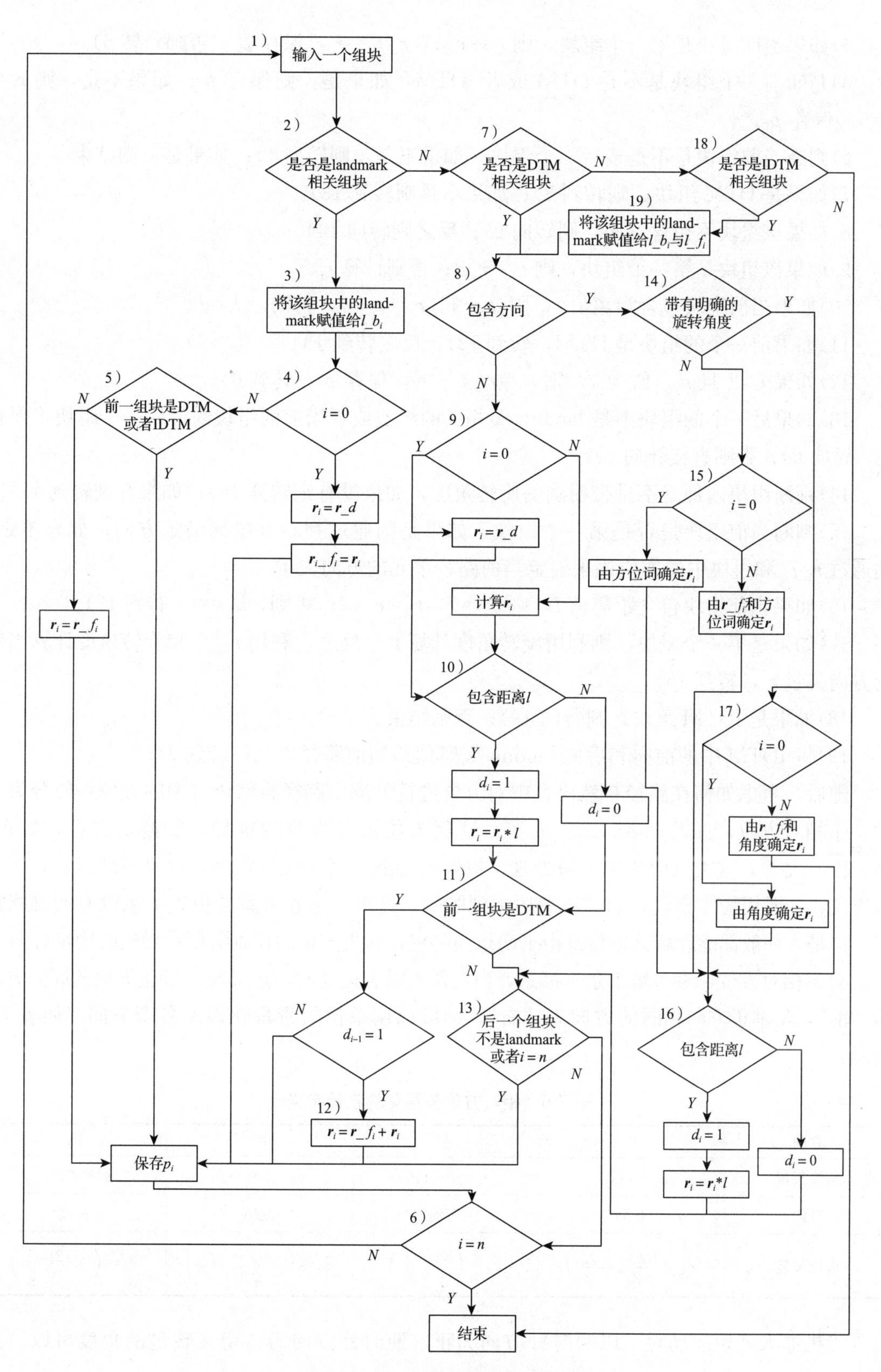

图 7-38　路径单元的提取流程图

4)如果当前组块是第一个组块，则 $\boldsymbol{r}_i=\boldsymbol{r}\_d$，$\boldsymbol{r}\_f_i=\boldsymbol{r}_i$，保存 p_i；否则，转 5)。

5)判断前一个组块是不是 DTM 或者 IDTM，如果是，则保存 p_i；如果不是，则 $\boldsymbol{r}_i=\boldsymbol{r}\_f_i$，保存 p_i。

6)判断当前组块是不是最后一个组块，如果不是，则转向 1)；如果是，则结束。

7)如果是 DTM 组块，则转到 8)；如果不是则转到 18)。

8)如果该组块不包含方向，则转向 9)；反之则转向 14)。

9)如果该组块是第一个组块，则 $\boldsymbol{r}_i=\boldsymbol{r}\_d$；否则计算 $\boldsymbol{r}_i$。

10)如果当前组块包含距离值 l，则 $d_i=1$，$\boldsymbol{r}_i=\boldsymbol{r}_i*l$；否则，$d_i=0$。

11)如果前一个的组块是 DTM，转到 12)；反之转到 13)。

12)如果 $i>1$ 且 d_{i-1} 值为 1，则 $\boldsymbol{r}_i=\boldsymbol{r}\_f_i+\boldsymbol{r}_i$，保存 p_i，转到 6)。

13)如果后一个的组块不是 landmark 相关的组块或者当前的组块为最后一个组块，保存 p_i，转向 6)；否则直接转向 6)。

14)判断组块内部是不是带明确的旋转角度，如果没有则转到 15)；如果有则转到 17)。

15)判断当前组块是否是第一个组块，如果是则通过判断方位词确定方向；如果不是，则通过 $\boldsymbol{r}\_f_i$ 和组块中的方位词来确定当前路径单元的方向矢量。

16)如果当前组块包含距离值 l，则 $d_i=1$，$\boldsymbol{r}_i=\boldsymbol{r}_i*l$；否则，$d_i=0$。转到 13)。

17)如果是第一个组块，则利用旋转角度计算 $\boldsymbol{r}_i$；反之，利用 $\boldsymbol{r}\_f_i$ 和旋转角度计算当前的方向矢量 $\boldsymbol{r}_i$，转到 16)。

18)如果是 IDTM 组块，则转向 19)；否则结束。

19)将 IDTM 中的前向和后向 landmark 赋值给当前路径单元，转到 8)。

随后，考虑如何在路径自然语言中对方位进行处理。路径自然语言中的方位一般分为三种：①相对方位，如前、后、左、右等，这类方位涉及方位的推导；②绝对方位，如东、西、南、北等，这类方向文中不做处理，机器人导航时将靠硬件识别，这里不加讨论；③间接方位，一般用物体指代，如“从书房走到卧室”这里书房和卧室的位置关系没有明确指出来，但是人一般都能理解其方位是由书房指向卧室，这类方位的识别需要在导航时确定方向。

对于相对方位，参考笛卡尔坐标系，当机器人没有运动时，定义与 Y 轴正方向相同的方向为“前”，X 轴正方向相同的方向为“右”，则可以用单位矢量量化表示各个方向，如表 7-5 所示：

表 7-5　相对方位矢量化的初始定义

方向	右	左	后	前
单位矢量	$\vec{e}_1=(1,0)$	$\vec{e}_2=(-1,0)$	$\vec{e}_3=(0,-1)$	$\vec{e}_4=(0,1)$
方向	右后	右前	左后	左前
单位矢量	$\vec{e}_5=\left(\frac{\sqrt{2}}{2},-\frac{\sqrt{2}}{2}\right)$	$\vec{e}_6=\left(\frac{\sqrt{2}}{2},\frac{\sqrt{2}}{2}\right)$	$\vec{e}_7=\left(-\frac{\sqrt{2}}{2},-\frac{\sqrt{2}}{2}\right)$	$\vec{e}_8=\left(-\frac{\sqrt{2}}{2},\frac{\sqrt{2}}{2}\right)$

当机器人开始运动时，以顺时针方向为正，逆时针方向为负定义转过的角度可以得到表 7-6：

表 7-6　相对方位的角度变化

方向	右	左	后	前
旋转角度	$\alpha_1=\frac{\pi}{2}$	$\alpha_2=-\frac{\pi}{2}$	$\alpha_3=\pi$	$\alpha_4=0$
方向	右后	右前	左后	左前
旋转角度	$\alpha_5=\frac{3\pi}{4}$	$\alpha_6=\frac{\pi}{4}$	$\alpha_7=-\frac{3\pi}{4}$	$\alpha_8=-\frac{\pi}{4}$

则机器人朝向推导规则如下：

1)当机器人还未启动时，机器人朝向为 r_0，根据路径自然语言的描述，r_0 值可以从表 7-6 中得到。

2)当机器人启动之后，若第 i 个路径单元的相对方位变化为 α_j，$j=1,2,\cdots,8$，则 $\boldsymbol{r}_{i+1}$ 的值可以由矢量旋转公式(7-35)推导得到。

$$\begin{cases}\boldsymbol{r}_{i+1}=(x_{i+1},y_{i+1})\\x_{i+1}=x_i\cdot\cos\alpha_j-y_i\cdot\sin\alpha_j\\y_{i+1}=y_i\cdot\cos\alpha_j+x_i\cdot\sin\alpha_j\end{cases}\tag{7-35}$$

在实际的处理过程中，方位词的同义词较多。为了简化处理，本节定义了方位词的同义词词典，在处理过程中将所有同义的词进行归类，然后转化成对应的标准同义词。

接下来，我们聚焦于路径单元的组合方法。设 R 为路径 P 所对应的由矢量表示的路线，则 $R=\bigcup\boldsymbol{r}_i$，表示由 $\boldsymbol{r}_i$ 首尾相连形成的路线。如一条路径由三个路径单元组成：$\boldsymbol{r}_1=(1,0)$，$\boldsymbol{r}_2=(0,1)$，$\boldsymbol{r}_3=(1,0)$，则对应的 R 路线如图 7-39 所示。

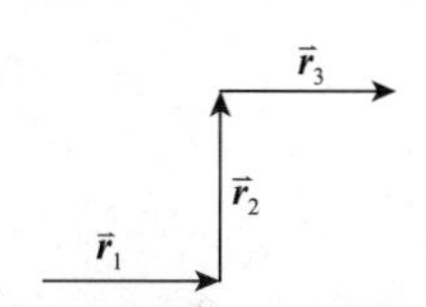

图 7-39　R 表示的路线

而前向 landmark 和后向 landmark 则作为矢量的顶点处理，在实际处理时 landmark 的信息另行存储。

3. 导航路径的生成实验

本节选取语料库中的一句路径自然语言作为示例，展示整个处理流程，所用的生语料如例句一所示。

例句一：“先直走，碰到椅子后右拐，沿着 L 型柜向前走到吉他处左拐，再在饮水机前左拐并直走至盆景处。”

名词实体提取的结果为：

先/*d* 直/*d* 走/*v* 碰到/*v*[椅子/*n*]NL 后/*f* 右/*f* 拐/*v* 沿着/*p*[*L*/*x* 型/*k* 柜/*ng*]NL 向前/vi 走/*v* 到/*v*[吉他/*n*]NL 处/*n* 左/*f* 拐/*v* 再/*d* 在/*p*[饮水/*n* 机/ng]NL 前/*f* 左/*f* 拐/*v* 并/*cc* 直/*d* 走/*v* 至/*p*[盆景/*n* 处/*n*]NL

名词短语处理结果为

先/*d* 直/*d* 走/*v* 碰到/*v*[椅子/*n*]NL 后/*f* 右/*f* 拐/*v* 沿着/*p*[*L*/*x* 型/*k* 柜/*ng*]NL 向前/vi 走/*v* 到/*v*[吉他/*n* 处/*n*]NL 左/*f* 拐/*v* 再/*d* 在/*p*[饮水/*n* 机/*ng*]NL 前/*f* 左/*f* 拐/*v* 并/*cc* 直/*d* 走/*v* 至/*p*[盆景/*n* 处/*n*]NL

语义提取的处理结果为：

“[先/d]VL[直/d 走/v]DTM[碰到/v 名词/n]VL 后/f[右/f 拐/v]DTM[沿着/p 名词/n 向前/vi]DTMC[走/v 到/v 名词/n]VL[左/f 拐/v]DTM 再/d[在/p 名词/n]PL 前/f [左/f 拐/v 并/cc 直/d 走/v]DTM[至/p 名词/n]VL”

从以上语义提取的结果可知，总共提取出 10 个语义组块，其中，第一个组块“[先/d] VL”为误识别，其余都正确。按照语义提取的方法，可以得到语句中的关键信息如下：“直走”“椅子”“右”“拐”“L 型柜子”“前”“吉他”“左”“饮水机”“左拐”“直走”“盆景”。

按照每个路径单元只能有一个方向的原则，将上述关键信息组织成相应的路径单元：

- “前”“椅子”
- “右”“L 型柜子”
- “前”“吉他”
- “左”“饮水机”
- “左”“盆景处”

默认机器人面向前方，则按照 7.4 节中的方法可以计算出路径的路线，机器人导航意象图如图 7-40 所示。

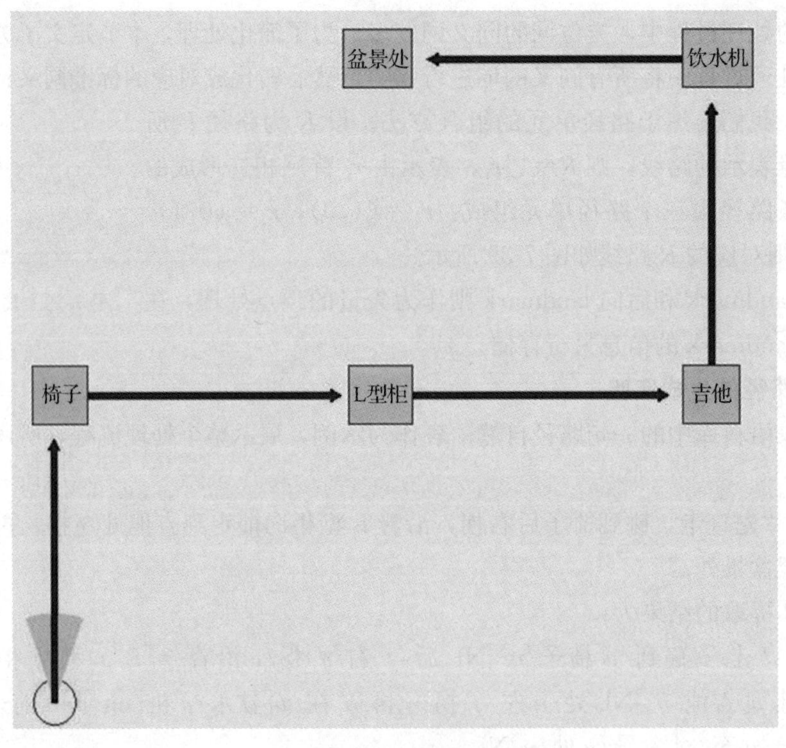

图 7-40　例句一对应的导航意象图

图 7-40 中方框表示 landmark 在机器人前进路径中的位置。

例句二：“先往前走 2m，向右转前进 2m，再次向右转，前进 3m，再向左转前进 3m，向左转向前进 5m 停下。”形成的导航意象图如图 7-41 所示。

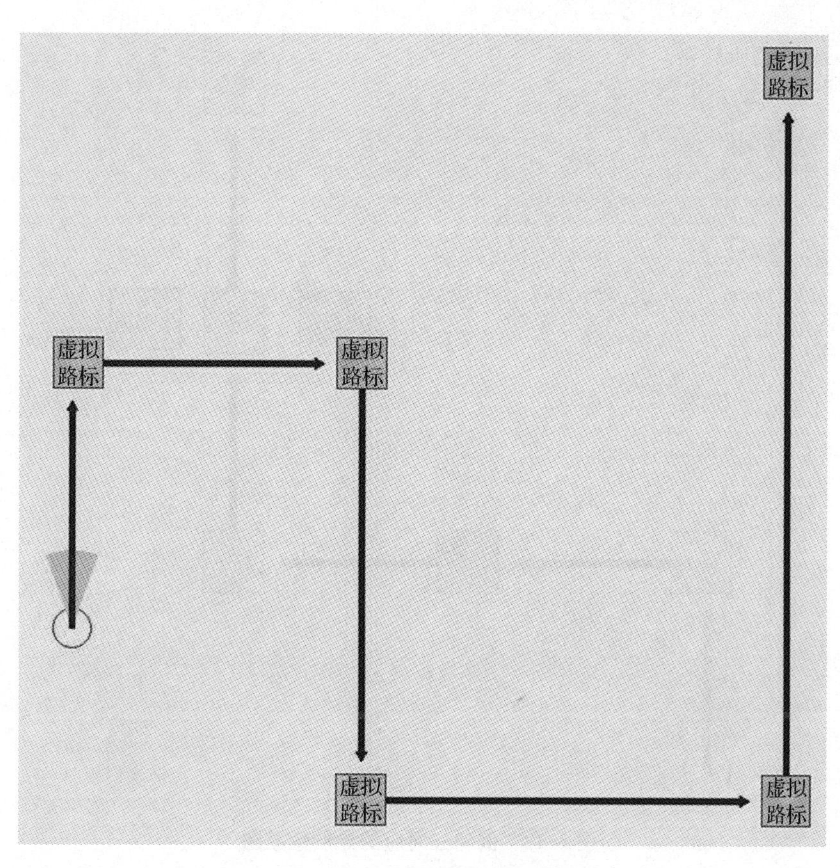

图 7-41　例句二对应的导航意象图

图 7-41 中“虚拟路标”表示在路径当中对应的位置没有 landmark，但是为了统一处理，这里仍然出现 landmark 的图标。

例句三：“向前走到椅子处右拐前进，经过 L 型柜子后朝斜前方椅子前进，然后左转一定角度，从机器人与电视柜之间的路走向终点。”

例句二和例句三的处理过程与例句一相似，例句三则反映了名词短语处理的结果，其中“机器人”和“电视柜”都是用来修饰“路”的名词，如图 7-42 中反映了相关的位置关系。

7.5.2　基于受限自然语言路径的导航实验

所谓受限自然语言是指，语言处理中的句法结构为固定的，不需要用复杂的方法提取各个语义组块，而直接用和语义槽类似的模板去逐个判断当前的词是属于哪个组块，然后直接用对应的模板提取出各种语义信息。而且因为受限自然语言的结构是固定的，因此不需要复杂的路径单元提取过程，可以直接按照模板匹配的次序建立路径单元。受限路径自然语言的处理方法和上文的处理方法遵循同样的思路，即先进行语言处理获得相关的信息，建立导航意象图，然后机器人按照获得的导航意象图运行。在实验中，默认机器人的初始方向是向北的，而且方向推导中也包含了绝对方位的处理。同样地将路径单元首尾相连就可以得到整个路径。

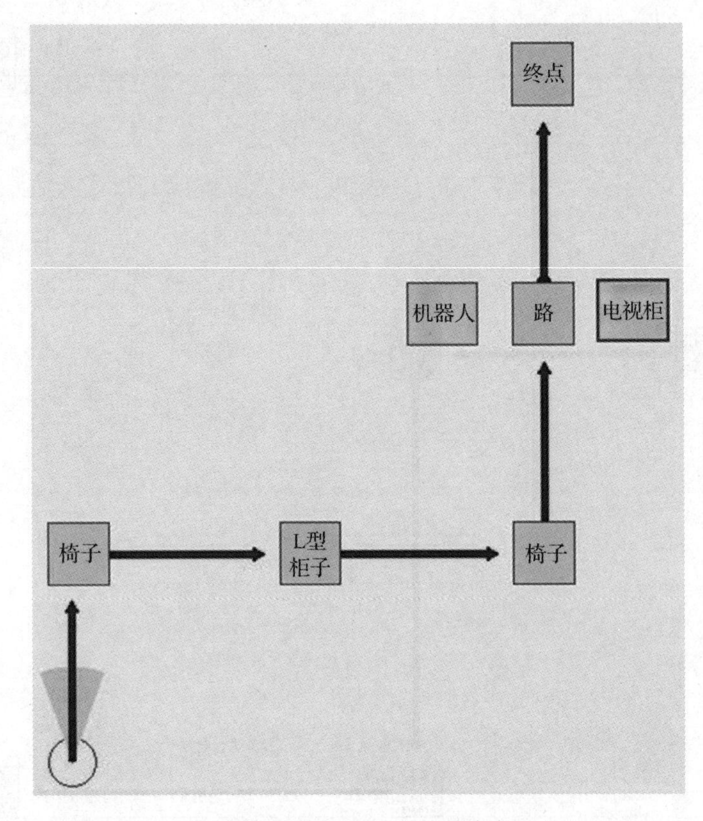

图 7-42 例句三对应的导航意象图

日常用语中表示方位的词有“东”“左”等是符合直角关系的词，同时也有“东南”等符合 45°角关系的词，为了区别这些词汇，分别做了两次实验，即实验一和实验二，考察在这些词汇指引下的导航效果。

实验一：

在此次实验环境中，landmark 之间都是按照方位词的理想情况出现，如“椅子在箱子的左边”，则椅子就是在箱子的正左边，没有偏移。

如图 7-43 中 A 为机器人，B 为行李箱，C 为椅子，D 为吉他，E 为伞。为了使机器人运动到伞附近，给出了受限 NLRP(自然语言路径重建描述)：“从当前位置出发，向前走大概 3m，就可以发现行李箱，行李箱是黑色的，向右走大约 5m，可以走到椅子，再向右走大概 3. 5m，可以看到吉他，向东一直走大约 3m，直到看到伞。”

机器人实际行进路线如图 7-44 所示。

实验二：

如图 7-45 所示，B 为行李箱，C 为椅子，D 为吉他。给出受限 NLRP 描述：“从当前位置出发，向前走 3m，就可以看到行李箱，然后向右转走 3m，就可以发现椅子，右前方走大概 2. 3m 就可以找到吉他。”其中“再向右前方走大概 2. 3m”表示机器人路径中存在 45°角关系。

机器人的实际行进路线如图 7-46 所示。

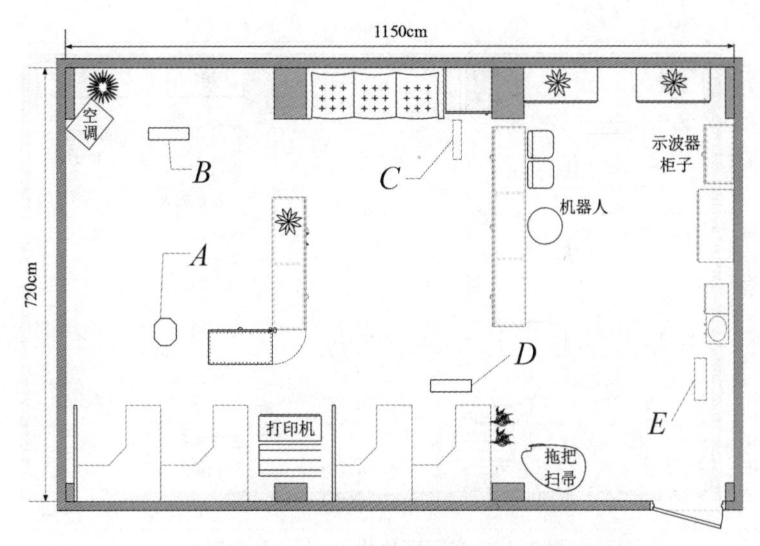

图 7-43　实际环境中 landmark 位置

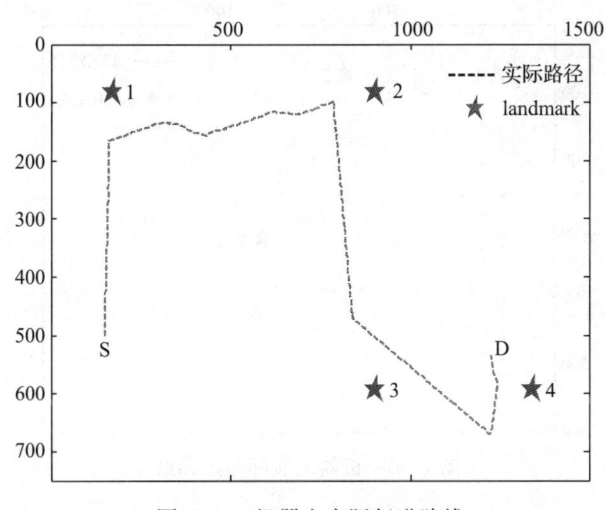

图 7-44　机器人实际行进路线

实验分析：在实验一和实验二中 landmark 都是严格按照理想的位置进行放置，上面两个实验中，机器人都导航成功。从上述实验可知如果 landmark 都是处于方位词词义所对应的理想位置，则机器人能够走到目标位置。

实验三：

在实际室内环境中，landmark 一般都是取转弯处等关键位置的显著物体，下面考察它们不处在理想位置时，导航算法的性能表现。

在图 7-47 中，*B* 为行李箱，*C* 为吉他，*D* 为椅子。吉他的位置离 NLRP 中表示的理想位置大概有 1.2m 左右。

针对上述场景给出受限 NLRP 描述："从当前位置出发，向前走 3m，就可以看到行李箱，然后向右转走 5m，可以发现吉他，再向右面走大概 3.5m 就可以找到椅子。"landmark 的解析结果和机器人实际行进路线如图 7-48 所示。

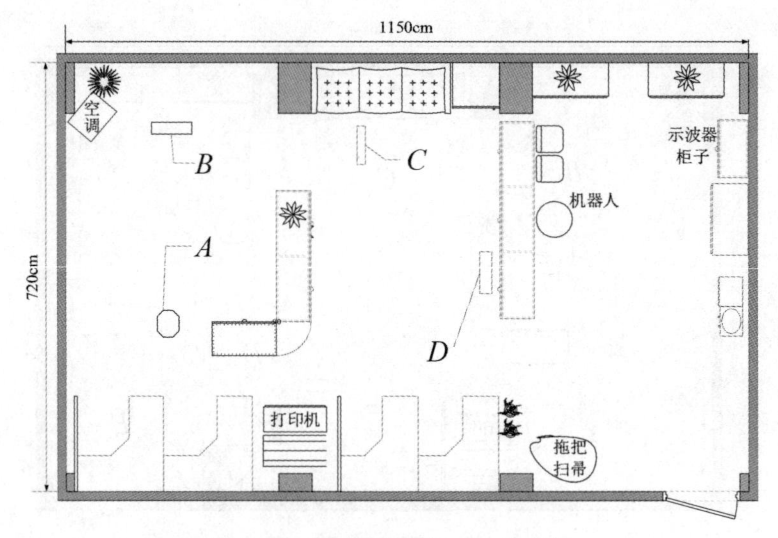

图 7-45 实际环境中 landmark 位置

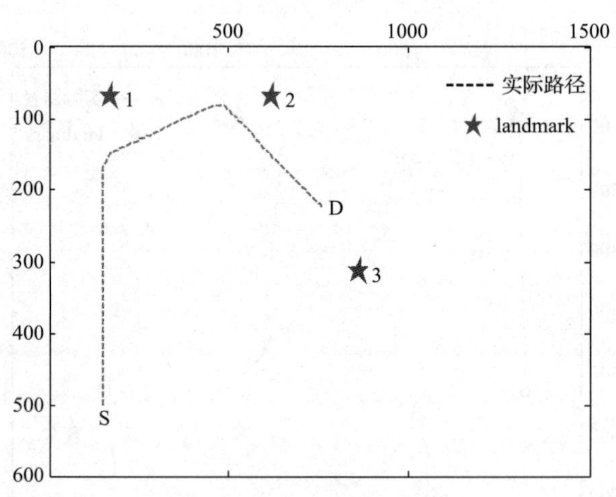

图 7-46 机器人实际行进路线

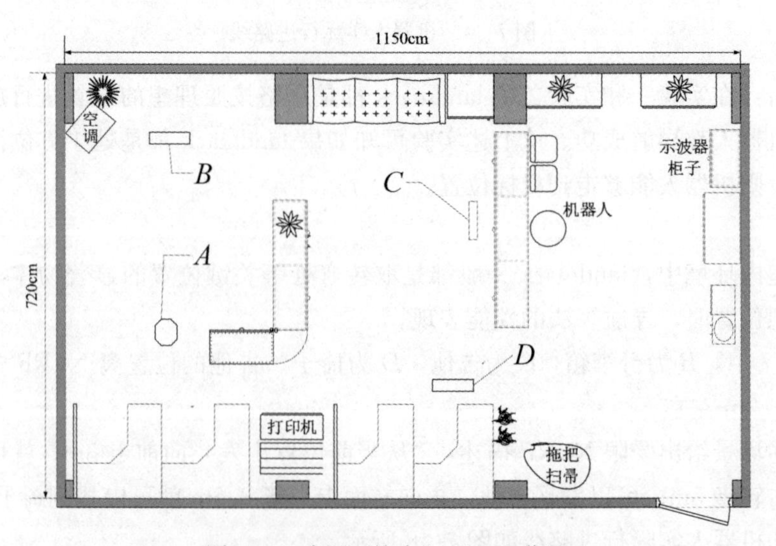

图 7-47 实际环境中 landmark 位置

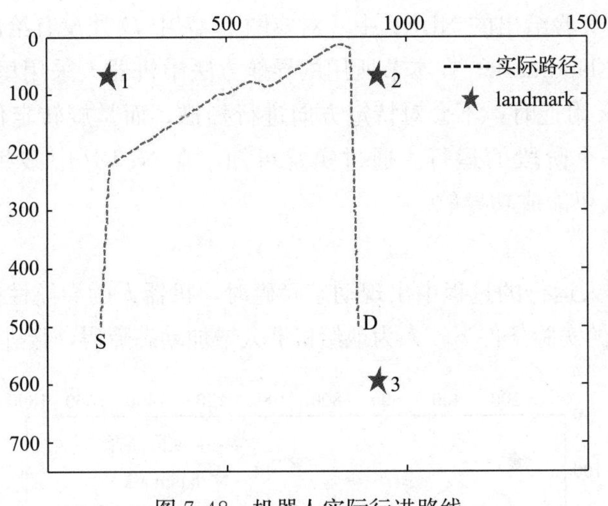

图 7-48 机器人实际行进路线

实验分析：在本节所用的导航方法中机器人在靠近 landmark 时会使用摄像机在一定角度内进行左右扫描寻找 landmark，即使 landmark 不在理想位置，只要其处于机器人摄像头扫描的视野范围内，就能够识别出来，并完成定位和导航。因此机器人对实际环境的不确定性具有较强的处理能力。

实验四：

下面考虑这种情况，语言中缺少对 landmark 的表述，这种情况也很常见，比如作为 landmark 的物体被人为忽略，考察此时导航算法的性能表现。

根据图 7-43，本次实验中 B 为行李箱，C 为吉他，E 为椅子。给出受限 NLRP：“从当前位置出发，向前走大概 3m，就可以看到达行李箱，行李箱是黑色的，向右走大约 5m，可以走到吉他，再向右走大概 3.5m，再向东一直走大约 3.5m，直到看到椅子。”在此表述中，在“吉他”和“椅子”中间的转弯处没有提及参考物，即 D 处的参考物没有提及。

图 7-49 给出了机器人用上述 NLRP 进行导航的行进结果。

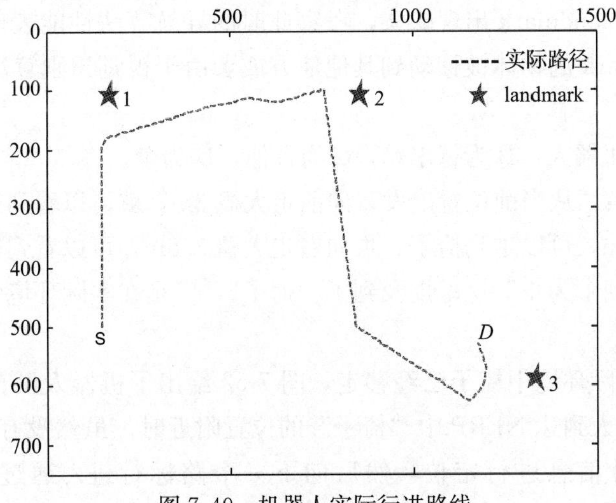

图 7-49 机器人实际行进路线

实验分析：在本实验给出的 NLRP 中，对应图 7-47 中 D 处没有给出 landmark 的名称，故在此处设置了虚拟 landmark，在本节所用的导航方法中机器人采用里程计信息进行导航，在走到虚拟 landmark 附近时，不会对特定方向进行扫描，而是旋转定位，然后直接按照以前的比例尺进行下一个阶段的运行。通过实验可知，在 NLRP 中某些关键位置没有提到 landmark 时，机器人仍能成功导航。

实验五：

下面考察在机器人运行的过程中出现动态障碍时，机器人的导航性能表现。

在和实验一相同的实验条件下，人为地给机器人增加动态障碍，行进情况如图 7-50 所示。

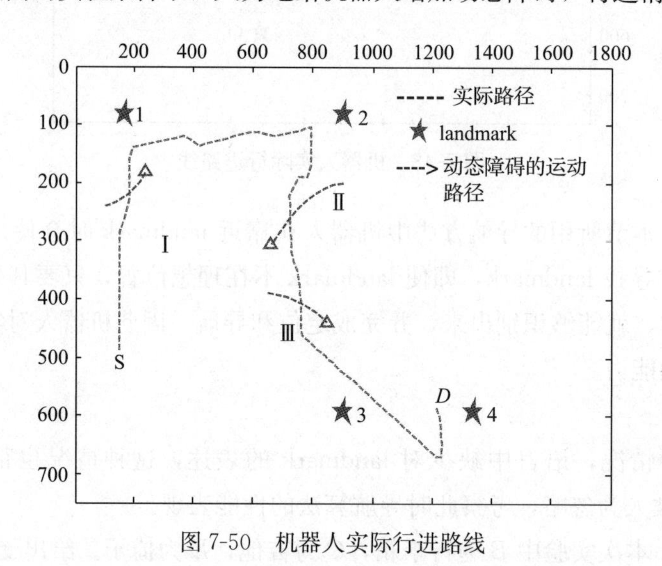

图 7-50 机器人实际行进路线

实验分析：图 7-50 中带箭头的曲线代表动态障碍的运动趋势，可以看到动态障碍物的出现改变了机器人的运行路径。本节中避障算法考虑到了动态障碍，所以机器人在越过障碍物之后，还是能够找到下一个 landmark，并完成了整个导航任务。

实验六：

NLRP 中提及的 landmark 出现缺失，考察此时的导航算法性能表现。这种情况也很常见，比如作为 landmark 的物体被移动到其他地方或者由于视觉识别算法的性能有限没有认出 landmark。

图 7-51 中 A 为机器人，B 为行李箱，C 为吉他，D 为伞。

给出受限 NLRP："从当前位置出发，向前走大概 3m，就可以看到行李箱，行李箱是黑色的，向右走大约 5m，可以走到椅子，再向右走大概 3.5m，可以看到吉他，然后向东一直走大约 3m，直到看到伞为止" 这里提及到了"椅子"，但是在实际环境中"椅子"已经被移动了，出现缺失。

实验分析：在实际环境中椅子已经移走，图 7-52 给出了机器人没有检测到"椅子"时的运行情况，在机器人到达 NLRP 中"椅子"的位置附近时，虽然没有检测到"椅子"，但是机器人通过里程计信息进行定位，然后向下一个路标行进。通过本次实验可知，当 landmark 出现缺失时，机器人仍然能够完成导航。

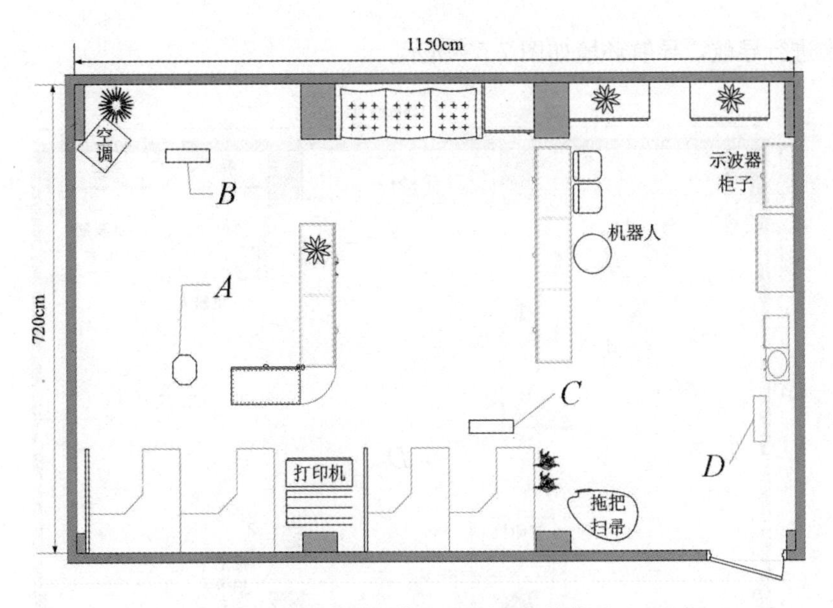

图 7-51　实际环境中 landmark 的位置

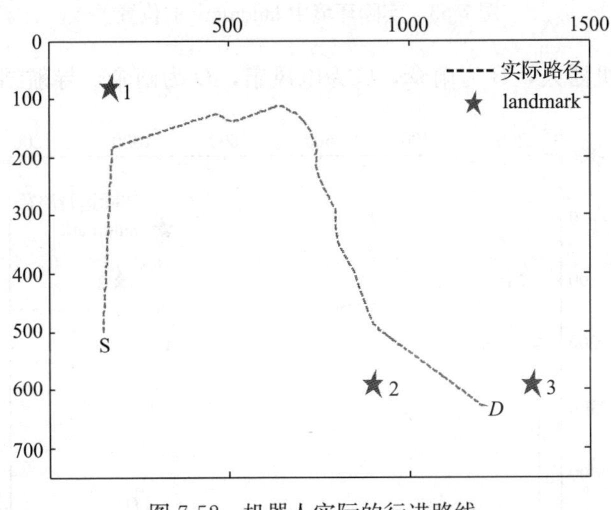

图 7-52　机器人实际的行进路线

由上述各个实验可知，通过受限自然语言理解，机器人在 landmark 出现移动、缺失、有动态障碍物等情况下都能够很好地完成导航任务；但是受限自然语言本身结构固定，缺乏灵活性，难以在日常生活中普及应用。因此现在更多的学者正在研究基于自然语言的方法。

7.5.3　基于完全自然语言路径的导航实验

在以上基于受限自然语言路径的导航实验室中，每个有效的方位转换都需要有距离信息，以便机器人能够获得各个路径单元的比例，从而按照比例运行。下面的实验中采用的导航语句是："向前走，看到伞之后右拐走 2m，可以找到电风扇，右转一直往前走，就能看到伞，就到了。"

上述导航语句中有效的方位转换信息没有都给出距离，机器人导航时主要依靠识别

landmark 来进行导航，导航环境如图 7-53 所示。

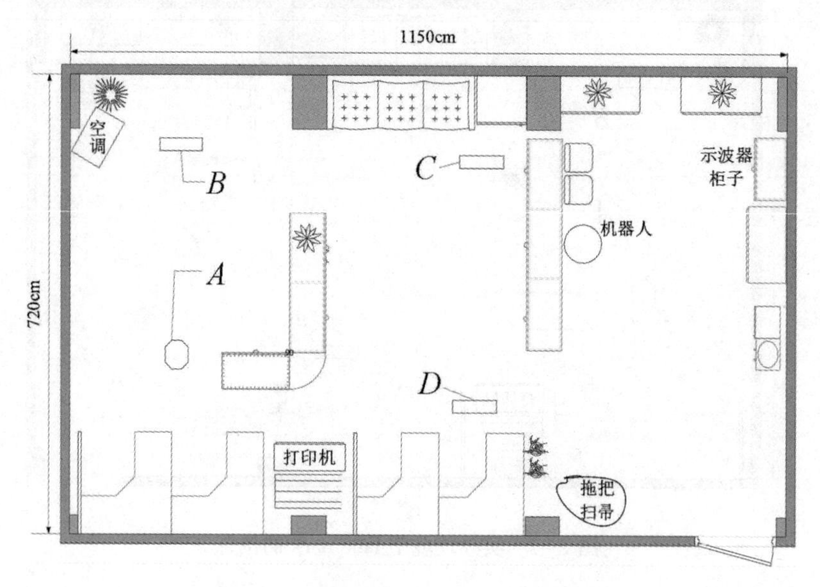

图 7-53 实际环境中 landmark 的位置

图 7-53 中 A 为机器人，B 为雨伞，C 为电风扇，D 为雨伞，导航结果如图 7-54 所示。

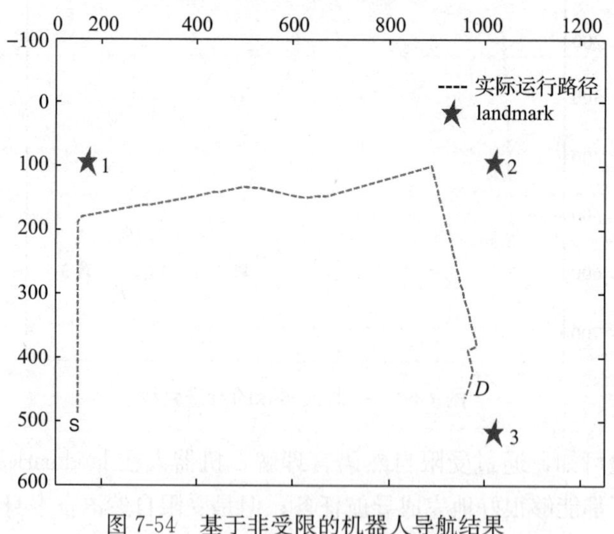

图 7-54 基于非受限的机器人导航结果

上述的路径自然语言处理过程和实验一类似。整个导航过程中，机器人由于主要依靠识别 landmark 进行导航，稳定性有所下降。

此实验表明，机器人在一定的环境感知能力支持下，可以依靠路径自然语言的处理结果进行导航。但是由于环境复杂性和机器人的视觉识别能力相对有限，目前只能以一些易识别的物体作为 landmark，这种情况下机器人才能较为顺利完成实验。对于更一般的物体，特别是特征较少的物体，以及复杂光照环境影响下，机器人难以识别 landmark，就很难完成导航任务。未来可以通过采用更好的视觉识别算法来实现机器人的可靠导航。

附录A 实验指导书

A.1 激光雷达实验

■ 实验目的

通过对 Webots 仿真平台中 Lidar 传感器节点的学习，了解多种激光雷达的特性，加深对激光测距原理的理解。

■ 实验硬、软件环境

PC 1 台，Ubuntu 或者 Windows 操作系统，Webots2019a 软件。

■ 实验内容

1. Webots 软件的安装

Webots 是一个开源机器人仿真平台，为机器人仿真编程提供了一个完整的开发环境。世界上许多机构将 Webots 用于研发和教学，它在物理模拟的精确性、多种计算机语言的适用性和机器人库、传感器库等丰富性方面有着显著的优势，是快速获得专业结果的最有效解决方案之一。

下载所提供的 Webots-R2019a-rev1_setup.exe 文件，然后双击此文件，按图 A-1～图 A-4 进行安装。

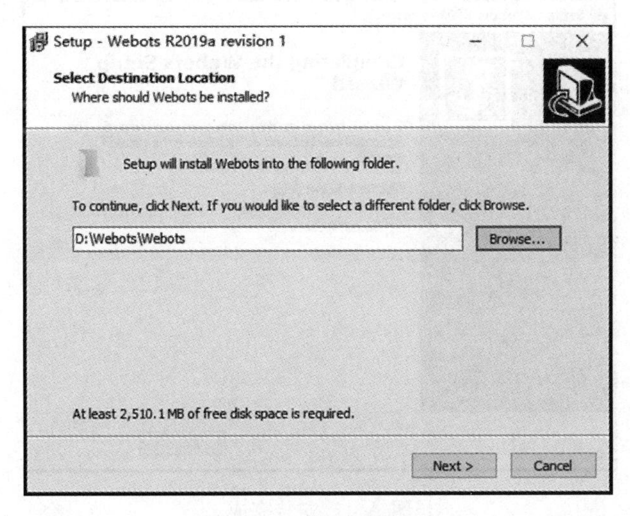

图 A-1 选择安装目录

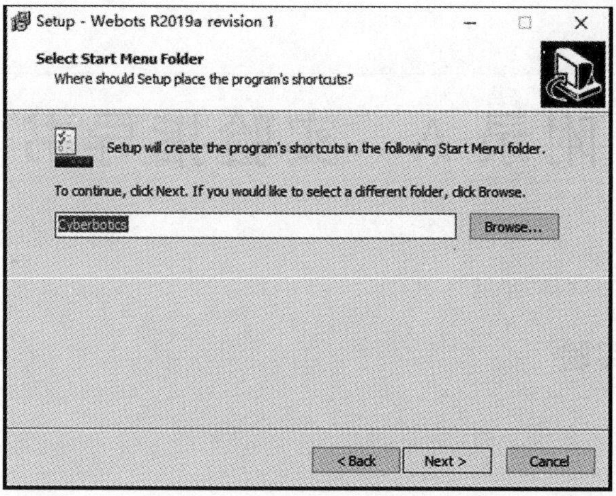

图 A-2　选择开始菜单文件夹

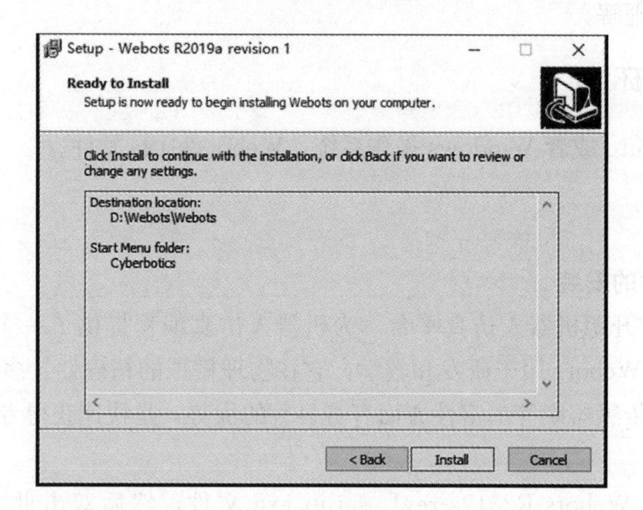

图 A-3　开始安装

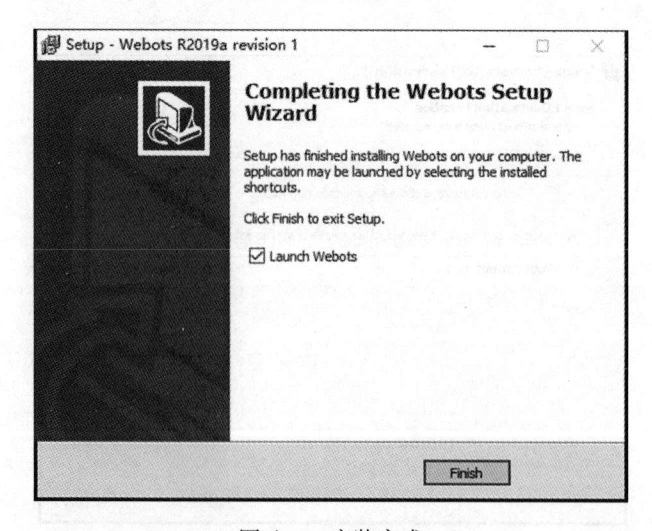

图 A-4　安装完成

2. Webots 参考手册中了解 Lidar 节点

如图 A-5 所示，打开 Webots 的离线文档用户指南(user guide)，并在目录中找到传感器(sensors)部分，得到表 A-1 所示信息。

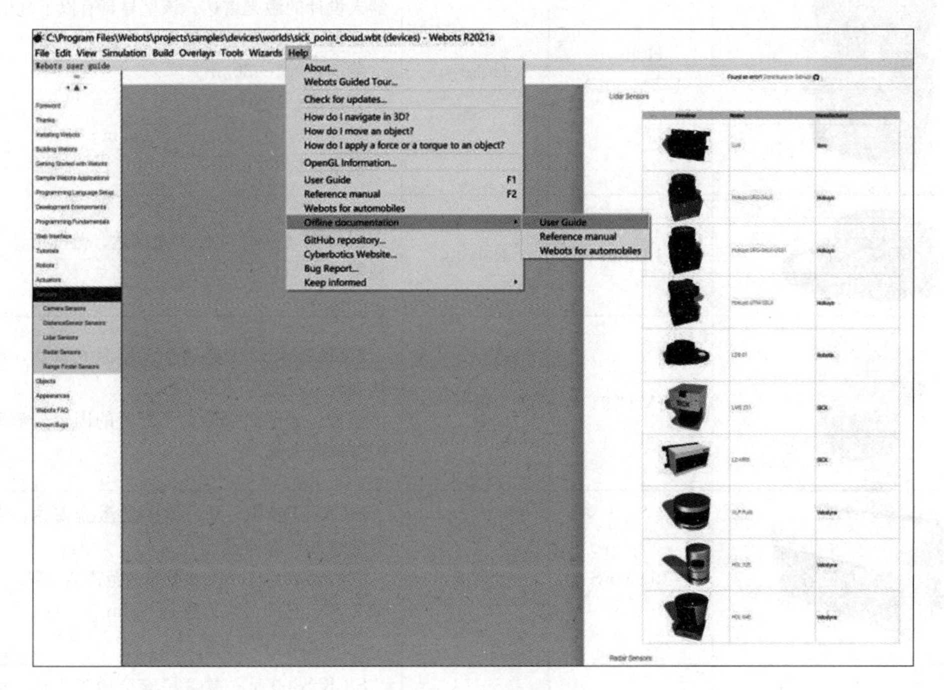

图 A-5 用户指南

表 A-1 不同传感器信息

传感器外观	型号	厂家	特性
	LUX	Ibeo	Ibeo LUX 是一个 4 层激光雷达，范围可达 200m，视野最高可达 110°，每次扫描每层返回 680 个点 Ibeo LUX 模型包含球面投影、0.04m 的固定分辨率和标准差为 0.1m 的高斯噪声
	Hokuyo URG-04LX	Hokuyo	Hokuyo URG-04LX 是专为轻型室内机器人设计的激光雷达。该型号具有以下规格： 视野：240[°] 范围：0.06 ～4.095[m] 分辨率：667 * 0.36[°] 尺寸：0.05×0.07×0.05[m] 重量：0.16[kg]
	Hokuyo URG-04LX-UG01	Hokuyo	Hokuyo URG-04LX-UG01 是专为轻型室内机器人设计的激光雷达。该型号具有以下规格： 视野：240[°] 范围：0.2～5.6[m] 分辨率：667 * 0.36[°] 尺寸：0.05×0.07×0.05[m] 重量：0.16[kg]

（续）

传感器外观	型号	厂家	特性
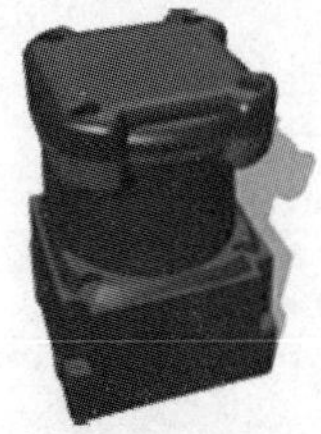	Hokuyo UTM-30LX	Hokuyo	Hokuyo UTM-30LX 是专为高移动速度户外机器人设计的激光雷达。该型号具有以下规格： 视野：270[°] 范围：0.1～30[m] 分辨率：1080 * 0.25[°] 尺寸：0.06×0.087×0.06[m] 重量：0.37[kg]
	LDS-01	Robotis	LDS-01 是一个 1 层激光雷达，范围可达 3.5m，视野可达 360°
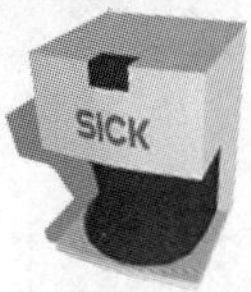	LMS 291	SICK	SICK LMS 291 是一个 1 层激光雷达，范围可达 80m，视野可达 180° 模型包含球面投影、可配置的固定分辨率和可配置的高斯噪声
	LD-MRS	SICK	SICK LD-MRS 是一款多层激光雷达，专为恶劣的室外环境而设计 它的层数为 4，其水平扫描范围为 85°，水平移动 7.5°。它的最大射程是 300m。 每层垂直相隔 0.8°
	S300	SICK	SICK S300 是一款 3 层安全激光雷达。该型号具有以下规格： 视野：270[°] 范围：高达 30[m] 层数：3 角度分辨率：0.5[°] 分辨率：540[°] 尺寸：0.102×0.152×0.106[m] 重量：1.2[kg]
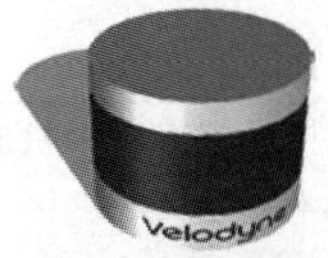	VLP Puck	Velodyne	Velodyne VLP Puck 是一个 16 层激光雷达，范围可达 100m，视野为 360°，每次扫描每层返回 3600 个点
	HDL 32E	Velodyne	Velodyne HDL 32E 是一个 32 层激光雷达，范围可达 70m，视野为 360 度，每次扫描每层返回 4500 个点 模型包含标准差为 0.02m 的高斯噪声和旋转头
	HDL 64E	Velodyne	Velodyne HDL 64E 是一个 64 层激光雷达，范围可达 120m，视野为 360°，每次扫描每层返回 4500 个点 模型包含标准差为 0.02m 的高斯噪声和旋转头

3. 激光传感器的应用实验

(1)Hokuyo 传感器应用实例

Hokuyo 传感器应用实例如图 A-6 所示。

File→Open World

路径为 Webots \ projects \ samples \ devices \ worlds \ hokuyo. wbt。

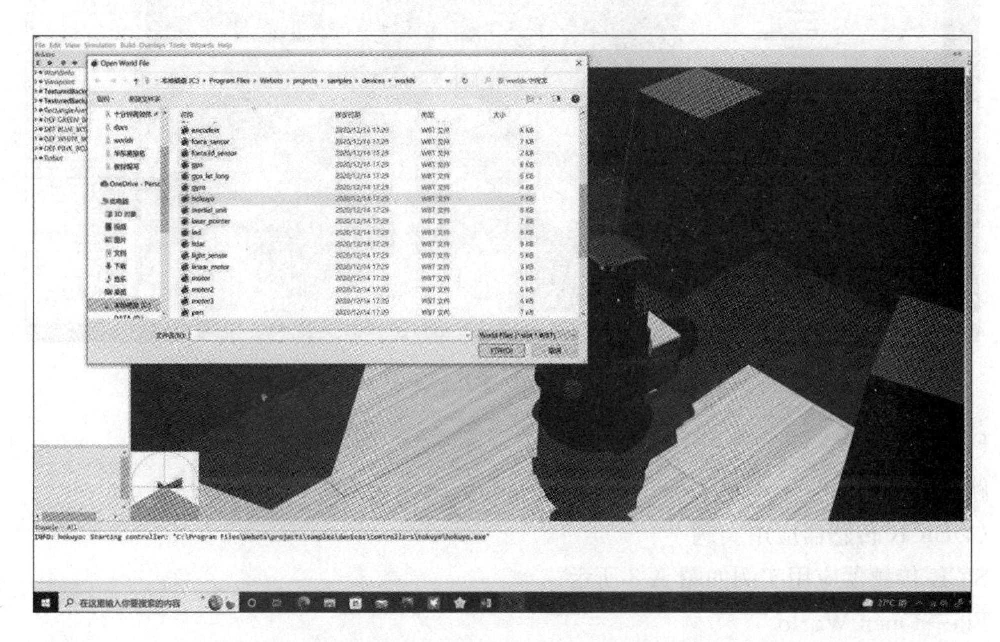

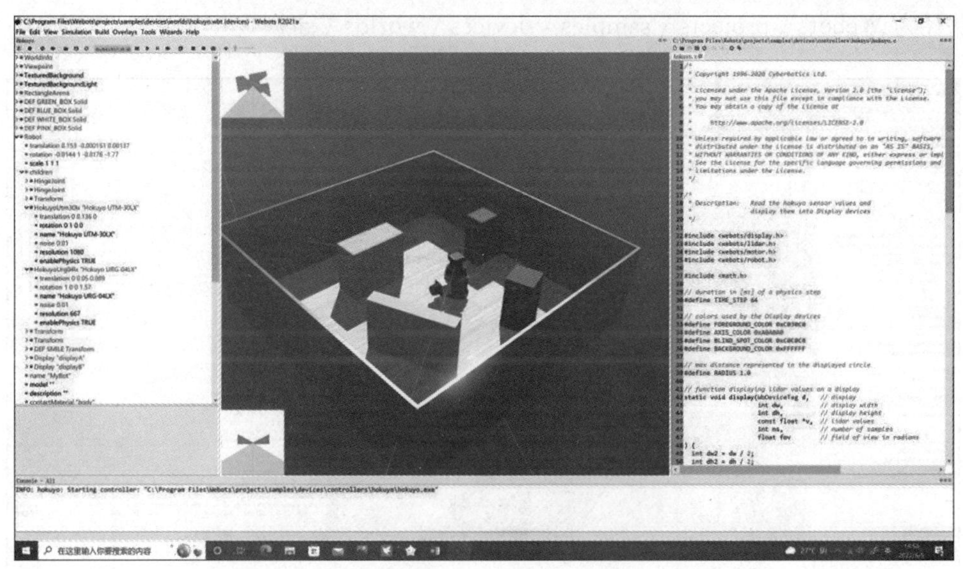

图 A-6　Hokuyo 传感器应用实例

(2)Robotis 激光传感器实例

Robotis 激光传感器实例如图 A-7 所示。

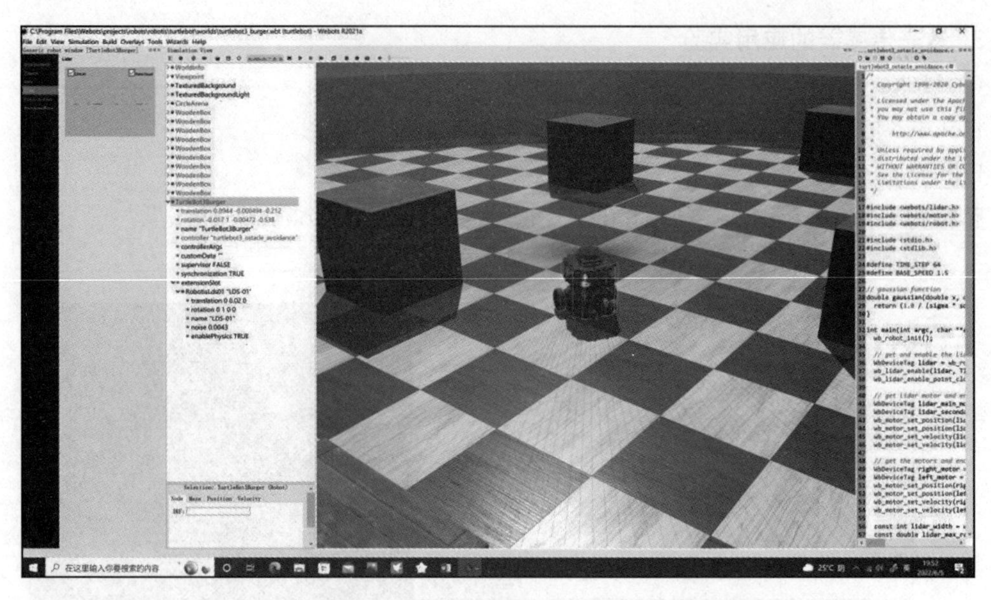

图 A-7 Robotis 激光传感器实例

File→Open World

路径为 Webots \ projects \ robots \ robotis \ turtlebot \ worlds \ turtlebot3_burger. wbt。

(3)SICK 传感器应用实例

SICK 传感器应用实例如图 A-8 所示。

File→Open World

路径为 Webots \ projects \ samples \ devices \ worlds \ sick. wbt。

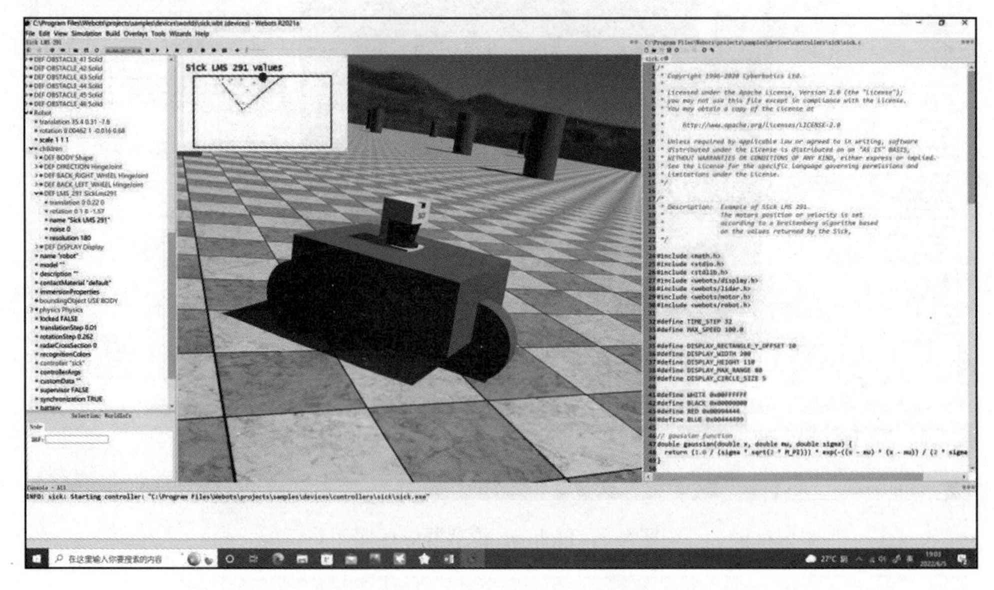

图 A-8 SICK 传感器应用实例

A.2 摄像头传感器(Webots)

■ 实验目的

通过对 Webots 仿真平台中摄像头节点的学习，了解摄像头的特性，加深对摄像头各种应用的理解。

■ 实验硬、软件环境

PC 1 台，Ubuntu 或者 Windows 操作系统，Webots2019a 软件。

■ 实验内容

1. Webots 摄像头节点的特性

通用的摄像头节点可以自定义分辨率、视野、噪点等参数，一般情况下也支持相机的变焦和聚焦机制。在特殊情况下还提供了运动模糊、各种噪声模型、镜头畸变、球型投影等参数供设置。

```
Camera {
  SFFloat  fieldOfView            0.7854   # 视野[0,pi]
  SFInt32  width                  64       # 图像宽度,以像素为单位[0,inf)
  SFInt32  height                 64       # 像素高度,以像素为单位[0,inf)
  SFBool   spherical              FALSE    # 平面/球面 {TRUE,FALSE}
  SFFloat  near                   0.01     # 摄像头到近剪切平面的距离[0,inf)
  SFFloat  far                    0.0      # 摄像头到远剪切平面的距离[0,inf)
  SFFloat  exposure               1.0      # 曝光度[near,inf)
  SFBool   antiAliasing           FALSE    # 摄像头图像上的抗锯齿效果{TRUE,FALSE}
  SFFloat  ambientOcclusionRadius 0        # 环境光遮挡半径[0,inf)
  SFFloat  bloomThreshold         -1.0     # 泛光阈值[-1,inf)
  SFFloat  motionBlur             0.0      # 运动模糊[0,inf)
  SFFloat  noise                  0.0      # 噪声[0,1]
  SFString noiseMaskUrl           ""       # 噪声遮蔽 any string
  SFNode   lens                   NULL     # 定义图像失真{Lens,PROTO}
  SFNode   focus                  NULL     # 聚焦{Focus,PROTO}
  SFNode   zoom                   NULL     # 变焦 {Zoom,PROTO}
  SFNode   recognition            NULL     # 对象识别功能 {Recognition,PROTO}
  SFNode   lensFlare              NULL     # 镜头光晕 {LensFlare,PROTO}
}
```

(1)普通摄像头实验

普通摄像头拍摄示例如图 A-9 所示。

File→Open World

路径为 \ Webots \ projects \ samples \ devices \ worlds \ camera. wbt。

使用摄像头检测有色对象。机器人分析图像每个像素的 RGB 色阶。当它检测到某些内容时，它会转动，停止几秒钟，并将 PNG 文件中的图像保存到用户目录中。

图 A-9 普通摄像头

(2)自动对焦摄像头

自动对焦摄像头拍摄示例如图 A-10 所示。

File→Open World

路径为 \ Webots \ projects \ samples \ devices \ worlds \ camera_auto_focus. wbt。

图 A-10 自动对焦摄像头

在此应用中，演示了具有自动对焦功能的摄像头。机器人使用距离传感器来获取与前方物体的距离，并相应地调整焦距，在此距离之前或之后显示的对象将模糊不清。

(3)运动模糊摄像头实验

运动模糊摄像头拍摄示例如图 A-11 所示。

File→Open World

路径为 \ Webots \ projects \ samples \ devices \ worlds \ camera_motion_blur. wbt。

图 A-11　运动模糊摄像头

在此应用中，演示了摄像机运动模糊效果。

2. **摄像头智能识别功能**

摄像头智能识别功能示例如图 A-12 所示。

File→Open World

路径为 \ Webots \ samples \ devices \ worlds \ camera_recognition. wbt。

图 A-12　摄像头智能识别功能

在此应用中，演示对象识别功能。机器人摄像头在被识别物体的周围显示黄色矩形可以显示有关当前可识别对象的信息。

3. **摄像头图像分割功能**

摄像头图像分割功能示例如图 A-13 所示。

File→Open World

路径为 \ Webots \ samples \ devices \ worlds \ camera_segmentation. wbt。

在此应用中，演示了基于摄像头识别的图像分割功能。计算出的分割图像显示在 3D 场景的显示叠加层(青色边框)中，3D 场景中的摄像头叠加层(洋红色边框)在背面描绘原始摄像机图像，在正面描绘识别出具有分割颜色和黄色边界框的物体。

图 A-13 摄像头图像分割功能(见彩插)

A.3 基于激光点云的道路检测

■ 实验目的

掌握 PCL 库的基本使用方法，了解单帧点云数据处理的一般工作流程，了解常见的道路检测方法。

■ 实验硬、软件环境

PC 1 台，Ubuntu 操作系统，C++PCL 库。

■ 实验内容

(1)对如图 A-14 所示激光雷达点云数据中的道路进行检测

图 A-14 原始激光雷达数据(见彩插)

掌握道路检测算法的基本流程，见如下伪代码：

```
P: point cloud
num_iter_: number of iterations
num_lpr_: number of points used to estimate the LPR
th_seeds_: threshold points to be considered initial seeds
th_dist_: threshold distance of the plane

mainLoop(P):
  P_ground = extractInitialSeeds(P)
  for i in 1 : num_iter_:
    model = estimatePlane(P_ground);
    clear(P_ground, P_notground)
    for point p in PointCloud P:
      if model(p) < th_dist_:
        add p to P_ground;
      else
        add p to P_notground;
  return P_ground, P_notground

extractInitialSeeds(P):
  P_sorted = sortOnHeight(P)
  LPR_height = Average(P_sorted(1 : num_lpr_));
  clear(P_seeds)
  for i in 1 : P_sorted.size:
    if P_sorted[i].z < LPR_height + th_seeds_:
      add p_sorted[i] to P_seeds
  return P_seeds
```

(2)Ubuntu 终端中安装 LAStools，该工具用于处理 LiDAR 数据文件

```
wget http://lastools.github.io/download/LAStools.zip
unzip LAStools.zip
cd LAStools; mv LASlib/src/LASlib-config.cmake LASlib/src/laslib-config.cmake
mkdir build; cd build
cmake..
sudo make install
```

(3)安装 PCL 库

```
sudo apt install libpcl-dev
```

(4)下载检测项目代码包[⊖]

```
git clone https://github.com/Amsterdam-AI-Team/3D_Ground_Segmentation.git
```

(5)构建工程

```
mkdir build
cd build
cmake..
make
```

(6)代码运行

```
cd build
```

⊖ https://github.com/chrise96/3D_Ground_Segmentation

```
./ground_plane_fit
```

实验结果如图 A-15 所示：

图 A-15　道路检测结果

A.4　传统 CNN 检测

■ 实验目的

了解深度学习的基本原理，能够使用深度学习开源工具进行图像中的目标检测。

■ 实验硬、软件环境

PC 1 台，USB 摄像头，Ubuntu 或者 Windows 操作系统，Python，Open CV2，Keras，Tensorflow。

■ 实验内容

(1)安装相关软件及深度学习工具 Pytorch

使用如下指令安装 Pytorch1.8.2(CUDA11.1)：

```
pip install torch==1.8.2 torchvision==0.9.2 torchaudio===0.8.2 --extra-index-url
  https://download.pytorch.org/whl/lts/1.8/cu111
```

(2)引入依赖库

```
import torch
import numpy as np
from PIL import Image
from torchvision import transforms, models
import cv2
```

(3)定义CNN网络

使用Pytorch官方[⊖]预定义的Retinanet模型，主干网络采用Resnet50，使用如下代码完成模型的定义，pretrained表示是否使用预训练模型，若其值为True，会自动下载预训练的模型权重，该权重模型所采用的训练数据集为COCO数据集。定义device为模型推理采用的设备，其中cuda表示采用NVIDIA显卡进行推理，cpu表示使用电脑的中央处理器进行推理，最后将模型加载至指定的计算设备上。

```
coco_classes = [
'__background__', 'person', 'bicycle', 'car', 'motorcycle', 'airplane', 'bus',
  'train', 'truck', 'boat', 'traffic light', 'fire hydrant', 'street sign', 'stop sign',
  'parking meter', 'bench', 'bird', 'cat', 'dog', 'horse', 'sheep', 'cow',
  'elephant', 'bear', 'zebra', 'giraffe', 'hat', 'backpack', 'umbrella', 'shoe', 'eye glasses',
  'handbag', 'tie', 'suitcase', 'frisbee', 'skis', 'snowboard', 'sports ball',
  'kite', 'baseball bat', 'baseball glove', 'skateboard', 'surfboard', 'tennis racket',
  'bottle', 'plate', 'wine glass', 'cup', 'fork', 'knife', 'spoon', 'bowl',
  'banana', 'apple', 'sandwich', 'orange', 'broccoli', 'carrot', 'hot dog', 'pizza',
  'donut', 'cake', 'chair', 'couch', 'potted plant', 'bed', 'mirror', 'dining table',
  'window', 'desk', 'toilet', 'door', 'tv', 'laptop', 'mouse', 'remote', 'keyboard', 'cell phone',
  'microwave', 'oven', 'toaster', 'sink', 'refrigerator', 'blender', 'book',
  'clock', 'vase', 'scissors', 'teddy bear', 'hair drier', 'toothbrush'
]
model = models.detection.retinanet_resnet50_fpn(pretrained= True) # 定义模型
device = 'cuda' if torch.cuda.is_available() else 'cpu' # 查找支持的设备
model.to(device) # 加载模型至指定设备
```

(4)图像读取

准备一张待测图像放置在images文件夹下，如图A-16所示，利用PIL库打开图像，并转换格式以便后期绘制结果使用；接着对图像进行格式转换并增加维度；最后将图像复制至指定设备。

图A-16 测试图像

⊖ https://pytorch.org/blog/

```
img_file = "images/room.jpg"          # 待检测图像的位置
img = Image.open(img_file)            # 利用 PIL 库打开图像
imgCV = cv2.cvtColor(np.array(img), cv2.COLOR_RGB2BGR) # 将 PIL 图像转换为 opencv 支持的格式
transform = transforms.Compose([transforms.ToTensor()]) # 图像变换
img = transform(img).unsqueeze(0)     # 增加维度
img = img.to(device)                  # 将图像复制至指定的设备
```

(5)检测并绘制结果

首先定义结果的置信度为 0.5，接着设置模型为推理模式，不计算梯度，然后对输入图像进行检测并提取目标置信度、位置以及类别信息，最后利用 opencv 库将检测结果绘制在图像上。

```
detection_threshold = 0.5
# 设置模型为推理模式
model.eval()
with torch.no_grad(): # 不计算梯度
  results = model(img)
  # 提取目标置信度,目标位置以及类别信息
  scores = list(results[0]['scores'].detach().cpu().numpy())
  thresholded_preds_inidices = [scores.index(i) for i in scores if i > detection_threshold]
  bboxes = results[0]['boxes'].detach().cpu().numpy()
  boxes = bboxes[np.array(scores) > = detection_threshold].astype(np.int32)
  labels = results[0]['labels'].cpu().numpy()
  pred_classes = [coco_classes[labels[i]] for i in thresholded_preds_inidices]
  # 绘制结果并显示
  imgCV = draw_results(boxes, pred_classes, imgCV)
  cv2.imshow('Image', imgCV)
COLORS = np.random.uniform(0, 255, size= (len(coco_classes)+ 10, 3)) # 随机生成颜色
def draw_results(boxes, classes, image): # 绘制检测结果
  for i, box in enumerate(boxes):
    color = COLORS[coco_classes.index(classes[i])]
    cv2.rectangle(
      image,
      (int(box[0]), int(box[1])),
      (int(box[2]), int(box[3])),
      color, 2
    )
    cv2.putText(image, classes[i], (int(box[0]), int(box[1]- 5)),
        cv2.FONT_HERSHEY_SIMPLEX, 0.8, color, 2,
        lineType= cv2.LINE_AA)
  return image
```

实验结果如图 A-17 所示：

图 A-17 结果图像

A. 5 Yolo 检测与识别

■ 实验目的

了解 Yolo 检测与识别的基本原理，能够使用 YoloV5 开源工具对各种场景下的车辆类型进行检测与识别。

■ 实验硬、软件环境

PC 1 台，USB 摄像头，Ubuntu 或者 Windows 操作系统，Python，Pytorch。

■ 实验内容

(1)搭建 YoloV5 的环境

在终端中依次输入以下指令完成 YoloV5 源码的下载与依赖项的安装。

```
git clone https://github. com/ultralytics/yolov5. git
cd yolov5
pip install numpy - i https://pypi. tuna. tsinghua. edu. cn/simple
pip install pillow - i https://pypi. tuna. tsinghua. edu. cn/simple
pip install torch= = 1. 8. 2 torchvision= = 0. 9. 2 torchaudio= = = 0. 8. 2 - - extra- index- url
https://download. pytorch. org/whl/lts/1. 8/cu111
pip install - r requirements. txt - i https://pypi. tuna. tsinghua. edu. cn/simple
```

(2)数据集的准备与源码修改

提取 Pascal VOC 数据集中的车辆子集 voc_vehicle，将其放置在 yolov5/data 目录下，数据集目录如图 A-18 所示：

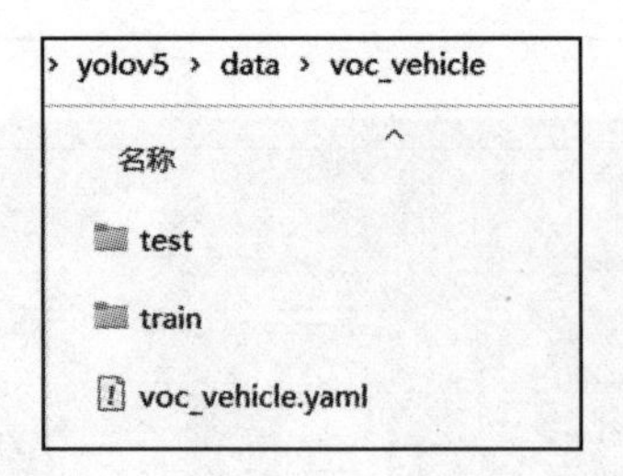

图 A-18 数据集目录

其中 train 和 test 文件夹中分别包含了训练集与测试集，训练集与测试集主要由图像文件夹和标签文件夹组成，其中图像文件夹主要包含待检测的图像；标签文件夹中包含每张图像中车辆的位置、类别等信息；voc_vehicle. yaml 文件包含数据集图像位置、类别数量和名称等信息。

打开 train. py 文件，对文件中参数进行修改，如图 A-19 所示，重要参数的含义如表 A-2 所示。

```
parser = argparse.ArgumentParser()
parser.add_argument('--weights', type=str, default='yol
parser.add_argument('--cfg', type=str, default='', help
parser.add_argument('--data', type=str, default='data/c
parser.add_argument('--hyp', type=str, default='', help
parser.add_argument('--epochs', type=int, default=200)
parser.add_argument('--batch-size', type=int, default=1
parser.add_argument('--imgsz', type=int, default=[640,
parser.add_argument('--rect', action='store_true', help
parser.add_argument('--resume', nargs='?', const=True,
parser.add_argument('--multi-scale', action='store_true
```

图 A-19 参数修改

表 A-2 参数含义表

参数名称	参数含义
weights	预训练权重地址，或者上次训练模型位置
cfg	模型结构文件地址，该参数与 weights 参数设置一个即可
data	数据集位置
hyp	超参数文件
epochs	迭代步数，根据实际需要进行调整
batch-size	同时训练的样本数，根据显存大小进行调整
imgsz	网络输入尺寸
rect	表示将输入图像进行等比例缩放后进行训练
resume	表示按着上次保存的权重进行训练
multi-scale	表示是否采用多尺度训练

使用样例：

```
python train.py - - cfg models/yolov5s.yaml - - data data/voc_vehicle/ voc_vehicle.yaml - - hyp
  data/hyps/hyp.scratch- low.yaml - - epochs= 50 - - batch- size 16 - - imgsz 640 - - rect - -
  multi- scale
```

上述指令表示从零开始训练车辆检测器，模型结构为 yolov5s，数据文件为 voc_vehicle. yaml，超参数文件为 hyp. scratch-low. yaml，迭代 50 次，每次迭代完会进行模型效果的验证，同时训练的样本数为 16，模型输入尺寸为 640，输入图像等比例缩放后送入网络进行检测，同时采用多尺度训练，训练时会输出如图 A-20 所示的模型结构信息。

	from	n	params	module	arguments
0	-1	1	3520	models.common.Conv	[3, 32, 6, 2, 2]
1	-1	1	18560	models.common.Conv	[32, 64, 3, 2]
2	-1	1	18816	models.common.C3	[64, 64, 1]
3	-1	1	73984	models.common.Conv	[64, 128, 3, 2]
4	-1	2	115712	models.common.C3	[128, 128, 2]
5	-1	1	295424	models.common.Conv	[128, 256, 3, 2]
6	-1	3	625152	models.common.C3	[256, 256, 3]
7	-1	1	1180672	models.common.Conv	[256, 512, 3, 2]
8	-1	1	1182720	models.common.C3	[512, 512, 1]
9	-1	1	656896	models.common.SPPF	[512, 512, 5]
10	-1	1	131584	models.common.Conv	[512, 256, 1, 1]
11	-1	1	0	torch.nn.modules.upsampling.Upsample	[None, 2, 'nearest']
12	[-1, 6]	1	0	models.common.Concat	[1]
13	-1	1	361984	models.common.C3	[512, 256, 1, False]
14	-1	1	33024	models.common.Conv	[256, 128, 1, 1]
15	-1	1	0	torch.nn.modules.upsampling.Upsample	[None, 2, 'nearest']
16	[-1, 4]	1	0	models.common.Concat	[1]
17	-1	1	90880	models.common.C3	[256, 128, 1, False]
18	-1	1	147712	models.common.Conv	[128, 128, 3, 2]
19	[-1, 14]	1	0	models.common.Concat	[1]
20	-1	1	296448	models.common.C3	[256, 256, 1, False]
21	-1	1	590336	models.common.Conv	[256, 256, 3, 2]
22	[-1, 10]	1	0	models.common.Concat	[1]
23	-1	1	1182720	models.common.C3	[512, 512, 1, False]
24	[17, 20, 23]	1	70122	models.yolo.Detect	[21, [[10, 13, 16, 30,

YOLOv5s summary: 270 layers, 7076266 parameters, 7076266 gradients, 16.1 GFLOPs

图 A-20　模型结构信息

(3)测试结果分析

训练完成后可以使用如下指令对图像进行检测并可视化结果，需指定权重路径，测试图像路径以及类别信息文件，检测结果如图 A-21 和图 A-22 所示：

```
python detect.py - - weights runs/train/exp/weights/best.pt - - source data/voc_vehicle/test/
  images - - data data/voc_vehicle/voc_vehicle.yaml
```

图 A-21　识别结果 1

图 A-22 识别结果 2

还可以对模型的性能进行定量测试，主要需要指定数据和模型权重的路径，具体指令如下：

```
python val.py - - data data/voc_vehicle /voc_vehicle.yaml - - weights runs/train/exp/weights/
  best.pt
```

测试结果如图 A-23 所示，其中 Images 表示图像的总数量，Labels 表示类别的实例数量，*P*(Precision)表示准确度，*R*(Recall)表示召回率，mAP@0.5 表示 IoU 阈值为 0.5 时的平均精度，mAP@0.5：0.95 表示 IoU 从 0.5 增大至 0.95 时的平均精度。IoU(Intersection over Union)即交并比，主要是衡量检测结果与真实值之间的面积重合度，IoU 越高表示面积重合度越高，说明定位越精确。

```
(pytorch18) E:\Code\pytorchTest\yolov5>python val.py --data data\voc_vehicle\voc_vehicle.yaml
val: data=data\voc_vehicle\voc_vehicle.yaml, weights=['runs\\train\\exp\\weights\\best.pt'],
_txt=False, save_hybrid=False, save_conf=False, save_json=False, project=runs\val, name=exp,
WARNING: confidence threshold 0.1 > 0.001 produces invalid results
YOLOv5  v6.1-287-g63ba0cb Python-3.8.13 torch-1.8.2+cu111 CUDA:0 (NVIDIA GeForce RTX 3060, 12

Fusing layers...
YOLOv5s summary: 213 layers, 7023610 parameters, 0 gradients, 15.8 GFLOPs
val: Scanning 'E:\Code\pytorchTest\yolov5\data\voc_vehicle\test\labels.cache' images and labe
               Class     Images     Labels          P          R     mAP@.5 mAP@.5:.95
                 all        523        878       0.82      0.789      0.846      0.616
             bicycle        523        104      0.774      0.789      0.843      0.642
                 bus        523         88      0.781      0.773       0.81      0.655
                 car        523        472      0.867      0.816      0.895      0.677
           motorbike        523        127      0.807      0.727        0.8      0.503
               train        523         87      0.871      0.839       0.88      0.602
Speed: 0.2ms pre-process, 4.4ms inference, 1.1ms NMS per image at shape (32, 3, 640, 640)
Results saved to runs\val\exp14
```

图 A-23 测试结果

假设 TP(True Positive)表示检测正确的结果数量，FP(False Positive)表示错误地检测为目标的结果数量，FN(False Negative)表示未检出的样本数量。

则 *P* 与 *R* 的计算公式如下：

$$P=\frac{\mathrm{TP}}{\mathrm{TP}+\mathrm{FP}}$$

$$R=\frac{\mathrm{TP}}{\mathrm{TP}+\mathrm{FN}}$$

通常情况下，TP、FP 还有 FN 的值与置信度(Confidence)阈值息息相关，置信度阈值是目标检测模型判断样本为正负样本的重要依据，置信度阈值越高，意味着越少的样本被判定为正样本，因此会导致 TP 和 FP 降低，FN 增大。置信度阈值与 P、R 的关系曲线如图 A-24 和图 A-25 所示：

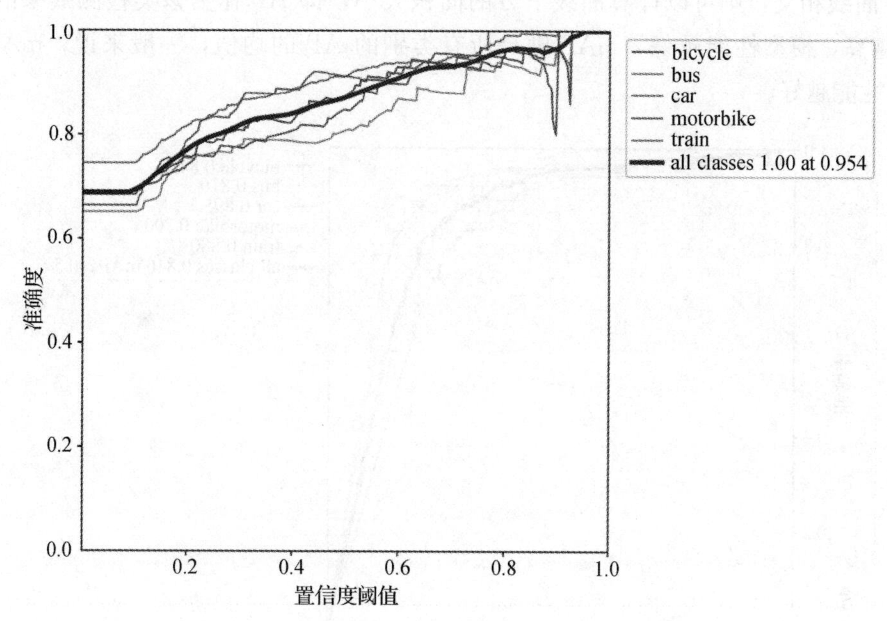

图 A-24　置信度阈值与准确度的关系曲线(见彩插)

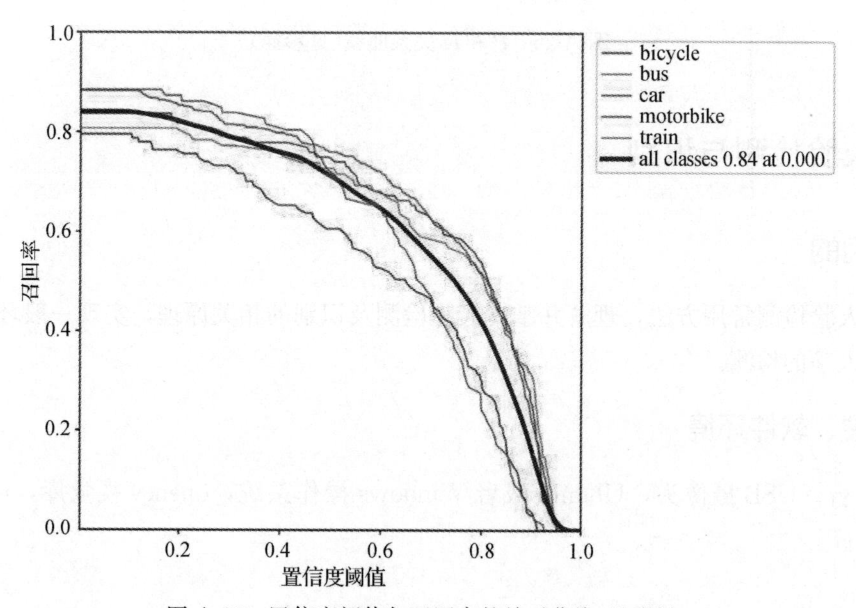

图 A-25　置信度阈值与召回率的关系曲线(见彩插)

从上两张图中可以看出，总体来说，置信度阈值越高，P 越大，R 越小，主要由于 TP 和 FP 都在减少，而相对来说，FP 的置信度通常会低一些，因此使得 P 增大；也会出现例外的情况，比如摩托车，当置信度阈值在 0.9 附近时，P 突然降低随后又陡然上升，主要原因是部分 FP 置信度较高，因此 TP 减少的速度快于 FP，从而导致 P 值降低。

然而，无论是 P 还是 R 对于模型的评价都比较片面，因此需要将两者结合进行综合评价，因此 P-R 曲线就可以作为评价模型优劣的综合性方法，如图 A-26 所示。在某一类的检测中，若 A 模型的 P-R 曲线完全包住 B 模型的 P-R 曲线，则模型 A 的综合性能优于 B；若两条 P-R 曲线相交，则可以计算曲线下方的面积大小，即 AP 作为该类检测效果的评价指标，AP 越高，模型性能越好，mAP 则是所有类别的 AP 的均值，一般来说，mAP 越高，模型综合性能越好。

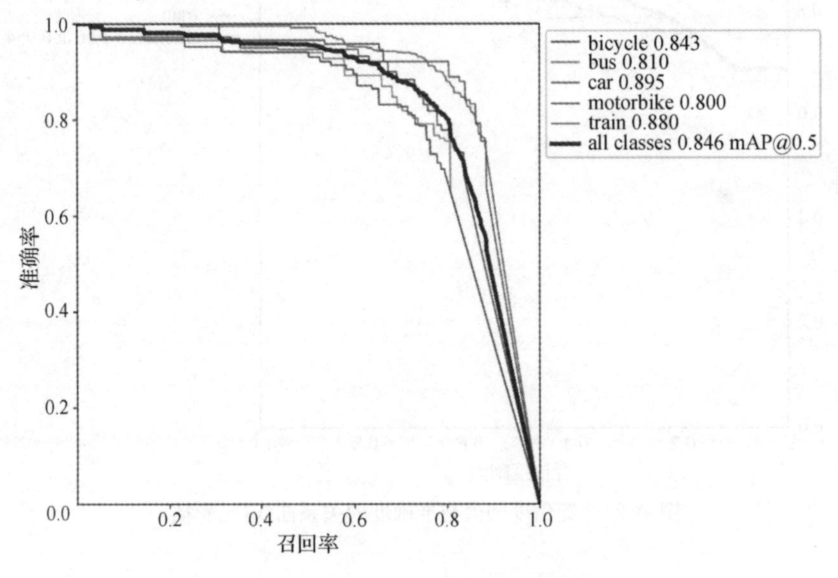

图 A-26　P 和 R 关系曲线(见彩插)

A.6　人脸检测与识别

■ 实验目的

了解人脸检测常用方法，理解并掌握人脸检测及识别的相关原理，实现一般环境图像中单个正面人脸的检测。

■ 实验硬、软件环境

PC 1 台，USB 摄像头，Ubuntu 或者 Windows 操作系统，opencv 视觉库，numpy 库，matplolib 库。

■ 实验内容

(1)实现人脸的检测及目标人脸识别

首先准备人脸数据库，数据库主要由 9 个不同身份的人组成。

接着准备目标人脸的图像。

接着在 opencv 的安装路径下查找人脸检测模型的预训练权重，文件如图 A-27 所示。

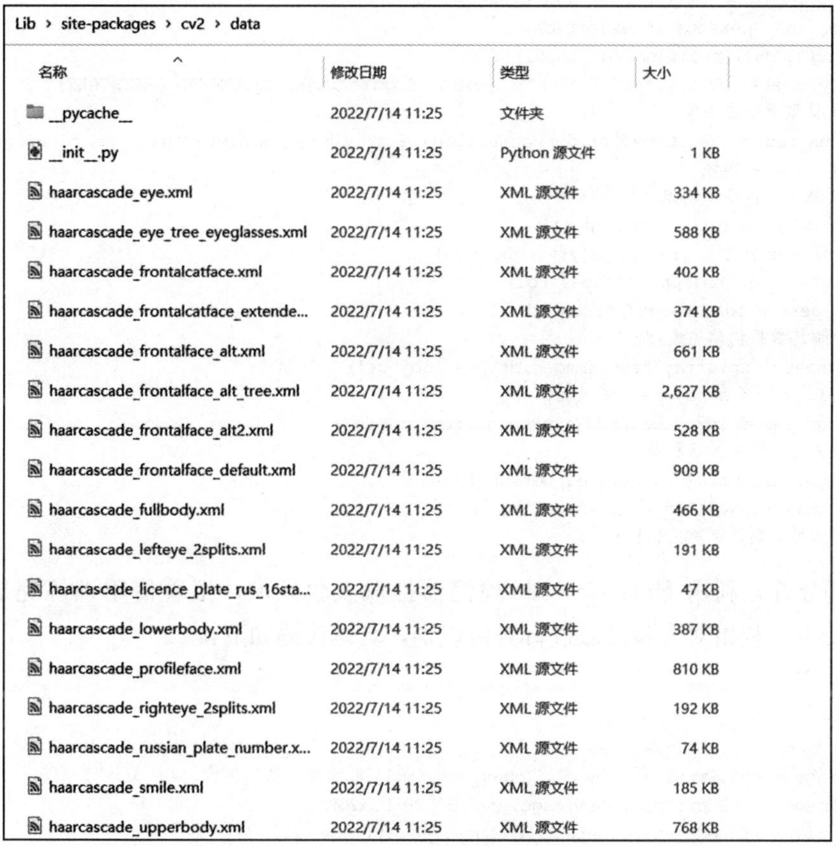

Lib › site-packages › cv2 › data

名称	修改日期	类型	大小
__pycache__	2022/7/14 11:25	文件夹	
__init__.py	2022/7/14 11:25	Python 源文件	1 KB
haarcascade_eye.xml	2022/7/14 11:25	XML 源文件	334 KB
haarcascade_eye_tree_eyeglasses.xml	2022/7/14 11:25	XML 源文件	588 KB
haarcascade_frontalcatface.xml	2022/7/14 11:25	XML 源文件	402 KB
haarcascade_frontalcatface_extende...	2022/7/14 11:25	XML 源文件	374 KB
haarcascade_frontalface_alt.xml	2022/7/14 11:25	XML 源文件	661 KB
haarcascade_frontalface_alt_tree.xml	2022/7/14 11:25	XML 源文件	2,627 KB
haarcascade_frontalface_alt2.xml	2022/7/14 11:25	XML 源文件	528 KB
haarcascade_frontalface_default.xml	2022/7/14 11:25	XML 源文件	909 KB
haarcascade_fullbody.xml	2022/7/14 11:25	XML 源文件	466 KB
haarcascade_lefteye_2splits.xml	2022/7/14 11:25	XML 源文件	191 KB
haarcascade_licence_plate_rus_16sta...	2022/7/14 11:25	XML 源文件	47 KB
haarcascade_lowerbody.xml	2022/7/14 11:25	XML 源文件	387 KB
haarcascade_profileface.xml	2022/7/14 11:25	XML 源文件	810 KB
haarcascade_righteye_2splits.xml	2022/7/14 11:25	XML 源文件	192 KB
haarcascade_russian_plate_number.x...	2022/7/14 11:25	XML 源文件	74 KB
haarcascade_smile.xml	2022/7/14 11:25	XML 源文件	185 KB
haarcascade_upperbody.xml	2022/7/14 11:25	XML 源文件	768 KB

图 A-27 预训练权重文件

本次实验采用 haarcascade_frontalface_default. xml 预训练权重进行人脸检测，接着采用 LBPH Face Recognizer 对人脸进行识别，参考资料来源于官方示例[⊖]。实验流程主要由训练与测试两部分组成，在此之前需要加载依赖项，并指定图像路径，具体代码如下：

```
import cv2
import os
import numpy as np
imgdir = "images/"
database = imgdir + "database/"
```

⊖ https://github.com/opencv/opencv/blob/4.x/samples/python/facedetect.py

训练部分主要利用 Haar Cascade 检测器提取人脸区域，接着利用人脸区域图像与身份标签训练 LBPH Face Recognizer 模型，具体代码如下：

```
# ---------------------- 训练人脸检测模型---------------------- #
facedetector= cv2.CascadeClassifier("haarcascade_frontalface_default.xml") # 加载人脸检测器
persons = os.listdir("images/database/") # 获取数据库人员身份信息
face_images = [] # 人脸区域集合
person_ids = [] # 身份集合
for person in persons:
  person_imgdir = "% s/% s/"% (database,person)
  person_id = persons.index(person)
  for img in os.listdir(person_imgdir):
    grayImage = cv2.imread("% s% s"% (person_imgdir,img),cv2.IMREAD_GRAYSCALE)
      # 读取单通道图像
    faces_rect = facedetector.detectMultiScale(grayImage, scaleFactor= 1.1, minNeighbors= 4)
      # 检测人脸区域
    # 提取人脸图像以创建训练数据
    for (x, y, w, h) in faces_rect:
        faces_roi = grayImage[y:y + h, x:x + w]
        face_images.append(faces_roi)
        person_ids.append(person_id)
print("训练数据创建完成!")
face_images = np.array(face_images,dtype= 'object')
person_ids = np.array(person_ids)
id_recognizer = cv2.face.LBPHFaceRecognizer_create()
print("开始训练人脸识别器!")
id_recognizer.train(face_images,person_ids)
id_recognizer.save('id_trained.yml')
print("人脸识别器训练完成!")
```

测试部分首先利用 Haar Cascade 检测器提取人脸区域，接着使用训练完成的 LBPH Face Recognizer 权重对人脸区域进行身份识别，具体代码如下：

```
# ---------------------- 检测并识别人脸---------------------- #
queryset = imgdir + "queryset/"
for img in os.listdir(queryset):
  oriImage = cv2.imread("% s% s"% (queryset,img)) # 读取三通道图像
  grayImage = cv2.cvtColor(oriImage, cv2.COLOR_BGR2GRAY)
  face_rect = facedetector.detectMultiScale(grayImage, 1.1, 4)
  for (x, y, w, h) in face_rect:
    face_roi = grayImage[y:y + h, x:x + w]
    label, confidence = id_recognizer.predict(face_roi)
    print(f'图像中人物的身份为 {persons[label]} 置信度为 {confidence}')
    cv2.putText(oriImage, str(persons[label]), (10, 30), cv2.FONT_HERSHEY_COMPLEX, 0.8, (0, 255,
      0), thickness= 1)
    cv2.rectangle(oriImage, (x, y), (x + w, y + h), (0, 255, 0), thickness= 2)
  cv2.imshow('Result', oriImage)
  cv2.waitKey(0)
```

依据检测结果发现 Haar Cascade 检测器对人脸的定位是比较精确的，但是 LBPH Face Recognizer 对人脸的识别存在一定的误差，将 Aicha El Ouafi 误识别为了 Bill Gates。

(2)采用 DNN 人脸检测和 EigenFaces 人脸识别器

使用(1)中的数据进行人脸检测与识别，本次实验采用 opencv_face_detector_uint8.pb 预训练权重进行人脸检测，接着采用 EigenFace Recognizer 对人脸进行识别，实验流程与

(1)相似，首先加载依赖项，并指定图像路径，具体代码如下：

```
import cv2
import os
import numpy as np
imgdir = "images/"
database = imgdir + "database/"
```

实验流程主要由训练与测试两部分组成，其中训练部分主要利用 Opencv Face Detector 检测器提取人脸区域，接着利用人脸区域图像与身份标签训练 EigenFace Recognizer 模型，具体代码如下：

```
dnnDet = cv2.dnn.readNetFromTensorflow("opencv_face_detector_uint8.pb", "opencv_face_detector.
pbtxt") # 加载人脸检测器
persons = os.listdir("images/database/") # 获取数据库人员身份信息
face_images = [] # 人脸区域集合
person_ids = [] # 身份集合
conf_thresh = 0.6 # 人脸检测置信度阈值
for person in persons:
  person_imgdir = "% s/% s/"% (database,person)
  person_id = persons.index(person)
  for img in os.listdir(person_imgdir):
    oriImage = cv2.imread("% s% s"% (person_imgdir,img)) # 读取单通道图像
    grayImage = cv2.cvtColor(oriImage, cv2.COLOR_BGR2GRAY)
    h, w = oriImage.shape[:2] # 获取图像尺寸
    blobs = cv2.dnn.blobFromImage(oriImage, 1.0, (300, 300), # 创建输入图像块
          [104., 117., 123.], False, False)
    dnnDet.setInput(blobs)                      # 将图像块设置为输入
    faces_rect = dnnDet.forward()               # 执行计算,获得检测结果
    for i in range(0, faces_rect.shape[2]):     # 遍历检测结果
      face_conf = faces_rect[0, 0, i, 2]        # 获取检测结果的置信度
      if face_conf > conf_thresh:
        box = faces_rect[0, 0, i, 3:7] * np.array([w, h, w, h]) # 计算人脸的位置
        face_roi = grayImage[int(box[1]):int(box[3]), int(box[0]):int(box[2])]
        face_images.append(cv2.resize(face_roi,(50,50)))
        person_ids.append(person_id)
person_ids = np.array(person_ids)
id_recognizer = cv2.face.EigenFaceRecognizer_create()
id_recognizer.train(face_images,person_ids)
id_recognizer.save('id_trained.yml')
print("人脸识别器训练完成!")
```

测试部分首先利用 Opencv Face Detector 检测器提取人脸区域，接着使用训练完成的 EigenFace Recognizer 权重对人脸区域进行身份识别，具体代码如下：

```
# -------------------- 检测并识别人脸--------------------#
queryset = imgdir + "queryset/"
for img in os.listdir(queryset):
  oriImage = cv2.imread("% s% s"% (queryset,img))                    # 读取单通道图像
  grayImage = cv2.cvtColor(oriImage, cv2.COLOR_BGR2GRAY)
  h, w = oriImage.shape[:2]                                           # 获得图像尺寸
  blobs = cv2.dnn.blobFromImage(oriImage, 1.0, (300, 300),            # 创建图像的块数据
       [104., 117., 123.], False, False)
  dnnDet.setInput(blobs)                                              # 将块数据设置为输入
  faces_rect = dnnDet.forward()                                       # 执行计算,获得检测结果
  # 提取人脸图像以创建训练数据
```

```
    for i in range(0, faces_rect.shape[2]):                         # 遍历检测结果
      face_conf = faces_rect[0, 0, i, 2]                            # 获取检测结果的置信度
      if face_conf > conf_thresh:
        box = faces_rect[0, 0, i, 3:7] * np.array([w, h, w, h])   # 计算人脸的位置
        face_roi = grayImage[int(box[1]):int(box[3]), int(box[0]):int(box[2])]
        label, confidence = id_recognizer.predict(cv2.resize(face_roi,(50,50)))
        print(f'图像中人物的身份为 {persons[label]} ({label}) 置信度为 {confidence}')
        cv 2.putText(oriImage, str(persons[label]), (10, 30), cv2.FONT_HERSHEY_COMPLEX, 0.8, (0, 255,
          0), thickness= 1)
        cv 2.rectangle(oriImage, (int(box[0]), int(box[1])), (int(box[2]), int(box[3])), (0, 255, 0),
          thickness= 2)
    cv2.imshow('Result', oriImage)
    cv2.waitKey(0)
```

依据检测结果发现 Opencv Face Detector 检测器对人脸的定位更贴近人脸的轮廓，但是 EigenFace Recognizer 对人脸的识别同样存在一定的误差，将 Aicha El Ouafi 误识别为了 Aaron Peirsol。

A.7 人体检测与识别

■ 实验目的

了解人体检测与识别的常用方法，理解并掌握人体检测及识别的相关原理，在图像或视频帧中检测识别出行人，包括位置和大小，一般用矩形框标出。

■ 实验硬、软件环境

PC 1 台，USB 摄像头，Ubuntu 或者 Windows 操作系统，opencv 视觉库。

■ 实验内容

(1)导入依赖项

```
import cv2
import numpy as np
```

(2)初始化行人检测器

```
hogDet = cv2.HOGDescriptor()
hogDet.setSVMDetector(cv2.HOGDescriptor_getDefaultPeopleDetector())
```

(3)读取视频并检测

```
# 读取视频
videoCap = cv2.VideoCapture("test.mp4")
size_ratio = 0.5 # 缩放比例
if videoCap.isOpened():
  open, frame = videoCap.read()
else:
  open = False
while open:
  ret, frame = videoCap.read()
```

```
  # 如果读到的帧数不为空,那么就继续读取,如果为空,就退出
if frame is None:
  break
if ret = = True:
  h , w = frame.shape[:2]
  frame_s = cv2.resize(frame,(int(w* size_ratio),int(h* size_ratio)))
  boxes, confs= hogDet.detectMultiScale(frame_s, winStride= (4, 4),
                   padding= (4, 4), scale= 1.05)
  for (x, y, w, h) in boxes:
    cv 2.rectangle(frame, (int(x/size_ratio), int(y/size_ratio)), (int((x + w)/size_ratio), int
      ((y + h)/size_ratio)), (0, 0, 255), 2)
  cv2.imshow("Results", frame)
  cv2.waitKey(1)
```

(4)检测效果

检测结果如图 A-28 所示，总体来看可以有效地检测出行人，但是存在漏检以及检测框偏大的问题，同时计算效率较低，检测视频时会有明显的卡顿。

图 A-28 人体检测结果

A.8 使用经典 VGG-16、VGG-19、ResNet50、ResNet101 网络实现场景分类

■ 实验目的

通过自研理解并掌握利用深度网络进行场景识别的相关原理，了解经典深度网络进行场景分类时的性能差异和不足，实现六类以上室内场景的分类。

■ 实验硬、软件环境

TensorFlow 框架、Pytorch 框架、pycharm 或其他 IDE 环境，nyu2 数据集，places365 数据集(取室内场景)。

■ 实验内容

(1)抽取六类室内场景，划分训练集、验证集和测试集

首先从 place365 数据集中抽取 art_school、artists_loft、banquet_hall、bedroom、dining_room 以及 kitchen 六个类别，每个类别的训练数据有 5000 张图像，由于其测试集没有提供标签，为了定量评估算法的性能，将每个类别的训练数据中前 4000 张图像作为训练集，将后 1000 张图像作为测试集。place365 数据集提供了带标签的验证集，每个类别 100 张图像，根据标签从验证集中抽取六个类别的图像即可完成验证集的构建。至此，训练集、验证集和测试集就划分完成了，每个类别分别具有 4000 张训练图像，100 张验证图像以及 1000 张测试图像，文件结构如图 A-29 所示。

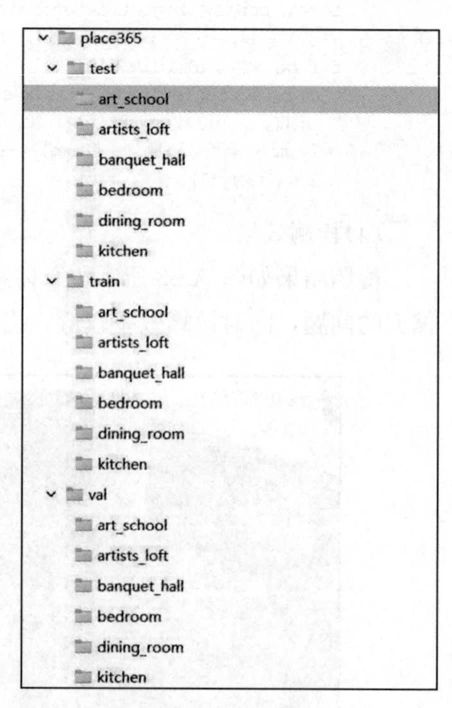

图 A-29 文件结构

(2)比较几种网络在同样划分情况下的识别正确率

在 pytorch 网站（https://github.com/pytorch/examples/blob/main/imagenet/main.py）上下载训练代码，以 vgg16 模型的训练为例，使用如下指令进行训练：

```
python main.py -a vgg16 -b 32 --lr 0.001 place365
```

其中“-a vgg16”表示采用的模型结构为 vgg16，可以根据需要进行修改；“-b 32”表示批处理的数量为 32，可以根据显存容量进行调节；“--lr 0.001”表示学习率为 0.001，可以根据训练情况进行调整，若学习率较大可能会出现“loss=nan”现象，此时需要降低学习率，反之，若 loss 下降较慢，可以适当增加学习率以加快模型收敛；“place365”表示数据集的根目录，此处将数据集与 main.py 文件放在同一路径下，若放置在不同路径，需要根据实际情况进行修改。

训练完成后，需要对模型性能进行测试，根据训练代码进行相应修改作为测试代码，首先引入依赖项：

```
import time
import torch
import torch.nn.parallel
import torch.optim
import torch.utils.data
import torch.utils.data.distributed
import torchvision.transforms as transforms
import torchvision.datasets as datasets
import torchvision.models as models
from sklearn.metrics import confusion_matrix
import matplotlib.pyplot as plt
import numpy as np
```

接着将精度计算函数复制至 test. py：

```
def accuracy(output, target, topk= (1,)):
  """Computes the accuracy over the k top predictions for the specified values of k"""
  with torch.no_grad():
    maxk = max(topk)
    batch_size = target.size(0)

    _, pred = output.topk(maxk, 1, True, True)
    pred = pred.t()
    correct = pred.eq(target.view(1, - 1).expand_as(pred))
    res = []
    for k in topk:
      correct_k = correct[:k].reshape(- 1).float().sum(0, keepdim= True)
      res.append(correct_k.mul_(100.0 / batch_size))
    return res
```

本次实验采用混淆矩阵对模型性能进行评价，具体代码如下：

```
def drawConfusionMatrix(gt,pred,labels,model_name):
  C = confusion_matrix(gt, pred, labels= range(len(labels)))
  fontsize = 12
  plt.imshow(C, cmap= plt.cm.Blues)
  plt.title("Confusion Matrix",fontsize= fontsize)
  plt.colorbar()
  tick_marks = np.arange(len(labels))
  plt.xticks(tick_marks, labels, rotation= 45,fontsize= fontsize)
  plt.yticks(tick_marks, labels,fontsize= fontsize)
  for i in range(len(C)):
    for j in range(len(C)):
      plt.annotate(C[j, i], xy= (i, j), horizontalalignment= 'center', verticalalignment= 'center')
  plt.ylabel('Ground Truth',fontsize= fontsize)
  plt.xlabel('Predictions',fontsize= fontsize)
  plt.draw()
  plt.savefig('{}.png'.format(model_name),dpi= 200, bbox_inches= 'tight')
```

接着定义模型结构并加载训练完成的权重，此处以 vgg19 为例，可以根据需要进行修改：

```
model_name = "vgg19" # 模型名称
model = models.__dict__[model_name]()
device = 'cuda:0'
torch.cuda.set_device(device)
model.cuda(device)
if model_name.startswith('alexnet') or model_name.startswith('vgg'):
  model.features = torch.nn.DataParallel(model.features)
  model.cuda()
else:
  model = torch.nn.DataParallel(model).cuda()
checkpoint = torch.load("% s/model_best.pth.tar"% (model_name))
model.load_state_dict(checkpoint['state_dict'])
```

接着定义数据集信息和数据加载函数：

```
normalize = transforms.Normalize(mean= [0.485, 0.456, 0.406], std= [0.229, 0.224, 0.225])
labels = ['art_school','artists_loft','banquet_hall','bedroom','dining_room','kitchen']
test_dir = "place365/train"
```

```
test_dataset = datasets.ImageFolder(
  test_dir,
  transforms.Compose([
    transforms.Resize(224),
    transforms.ToTensor(),
    normalize,
  ]))
test_loader = torch.utils.data.DataLoader(test_dataset, batch_size= 1, shuffle= False,
    num_workers= 1, pin_memory= True)
```

最后构建模型推理与评估代码：

```
model.eval()
outputs = torch.tensor([],device = torch.device(device))
targets = torch.tensor([],device = torch.device(device))
with torch.no_grad():
  begin_time = time.time()
  num = 0
  for i,(images, target) in enumerate(test_loader):
    images = images.cuda(device, non_blocking= True)
    target = target.cuda(device, non_blocking= True)
    # compute output
    output = model(images)
    outputs = torch.cat((outputs,output),0)
    targets = torch.cat((targets,target),0)
    num + = 1
  acc1, acc3 = accuracy(outputs, targets, topk= (1, 2))
  print(acc1.cpu().numpy()[0],acc3.cpu().numpy()[0],(time.time() - begin_time) / len(test_
    loader))
  _, preds = outputs.topk(1)
  preds = preds.cpu().reshape(- 1).tolist()
  targets = targets.cpu().int().tolist()
  drawConfusionMatrix(targets,preds,labels,model_name)
```

利用上述代码在验证集和测试集上分别对 vgg16、vgg19、resnet50 以及 resnet101 进行评估，网络的输入尺寸均为 224 * 224，训练时学习率设置为 0.001，迭代 20 次，batch size 为 20，在此设置的情况下，评估模型的 Top1、Top2 精度以及推理时间，测试显卡为 RTX3060，结果如表 A-3、表 A-4 和图 A-30 所示。

表 A-3 验证集指标

模型名称	Top1 准确度	Top2 准确度	推理时间(ms)
vgg16	67.17%	83.83%	10.5
vgg19	68.0%	84.0%	11.9
resnet50	71.83%	87.0%	8.5
resnet101	62.50%	81.67%	12.12

表 A-4 测试集指标

模型名称	Top1 准确度	Top2 准确度	推理时间(ms)
vgg16	65.82%	82.42%	9.3
vgg19	68.18%	84.77%	10.8
resnet50	69.13%	84.97%	7.1
resnet101	60.93%	80.23%	12.12

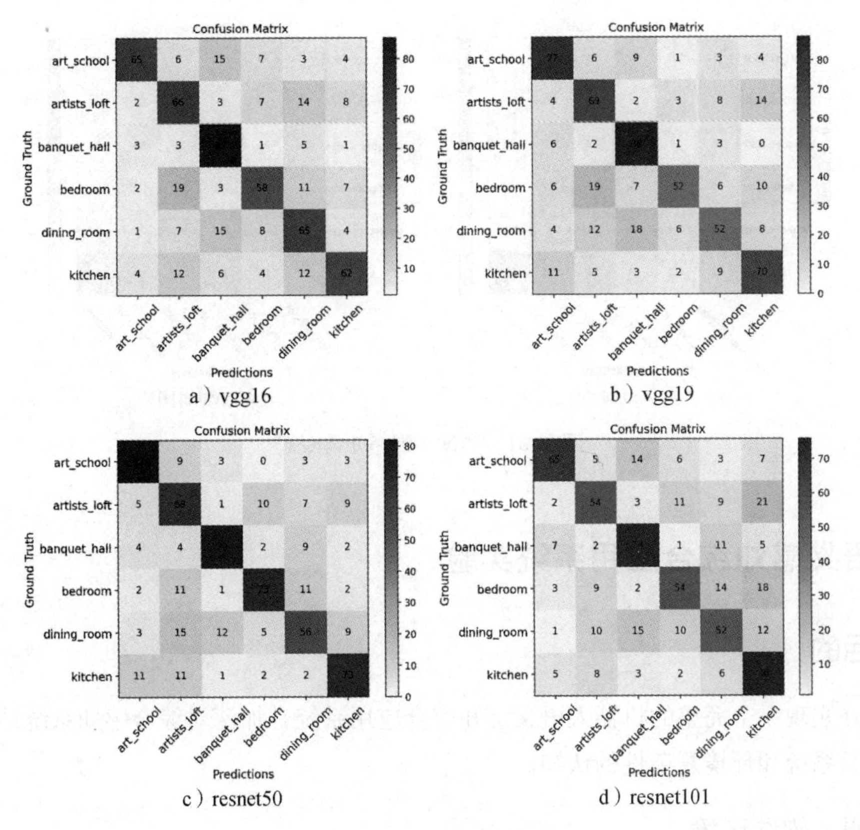

a）vgg16　　b）vgg19

c）resnet50　　d）resnet101

图 A-30　验证集混淆矩阵

根据表 A-3、表 A-4 和图 A-30、图 A-31 的混淆矩阵中的结果可以看出，相比于 vgg16，vgg19 具有更多的卷积层，计算效率降低但是具有更高的精度，而 resnet50 虽然层数更深，但是计算效率和精度却全面高于 vgg16，主要原因是 vgg16 具有更大的参数量和时间复杂度，而 resnet50 则在减少参数量与时间复杂度的同时，加深了网络，使其可以提取更高层次的语义信息。与此同时，resnet101 的计算效率和精度却全面弱于 resnet50，主要原因是训练迭代次数较少，学习率较低导致模型未收敛。

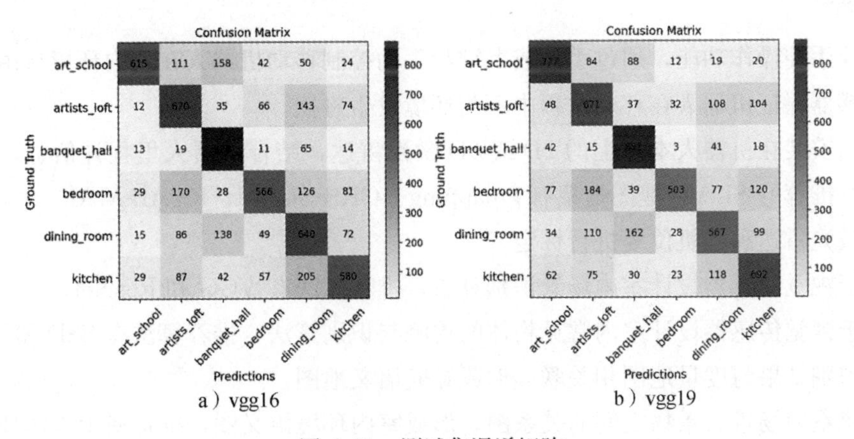

a）vgg16　　b）vgg19

图 A-31　测试集混淆矩阵

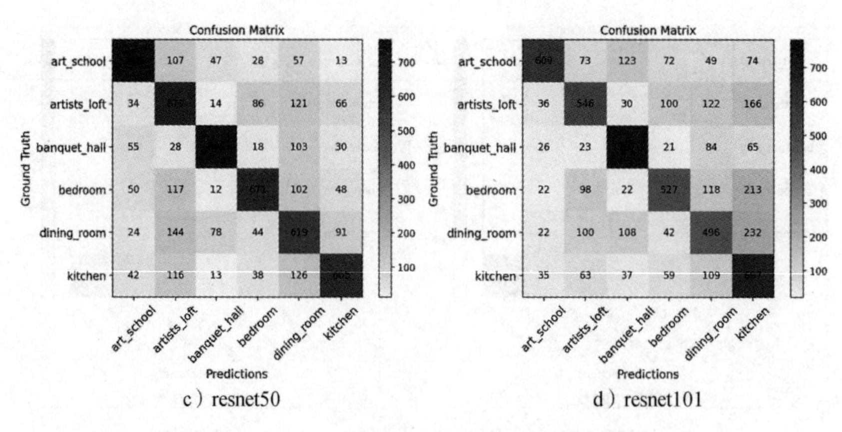

c）resnet50　　d）resnet101

图 A-31　测试集混淆矩阵(续)

A.9　语义感知综合应用系统实验

■ 实验目的

设计并实现一个完整的机器人语义感知综合应用系统，加深对综合感知系统结构和功能构成，以及系统和环境复杂性的认知。

■ 实验硬、软件环境

硬件：移动机器人平台1套，2D或3D激光雷达1套，光学摄像头或RGB-D相机1台，传声器1台，带有GPU的台式计算机1台，游戏手柄1套，无线网络设备1套，1～2个室内场景，常见室内物体若干。

软件：ROS系统(配备传感器节点和基本导航包，以及其他功能包)，TensorFlow框架，Pytorch框架，pycharm或其他IDE环境。

■ 实验内容

1)设计手控操作功能，通过手柄或者键盘手动控制移动机器人在室内环境自由移动，由接近觉传感器保证机器人在移动过程中不与环境发生碰撞。

2)利用安装在机器人本体上的2D或3D激光雷达，结合机器人里程计信息，进行环境地图创建，推荐的SLAM建图框架有gmapping、ORB-SLAM、RTAB-MAP。

3)对激光雷达和相机位姿进行标定。

4)基于视觉传感器设计室内场景识别算法，推荐算法有VGG和ResNet。

5)基于视觉传感器设计室内常见物体的检测与识别算法，推荐算法有SSD和Yolo。

6)将识别结果与度量地图相关联，形成导航语义地图。

7)构建室内场景、景物之间的关系图，形成室内环境语义图，推荐使用本体技术。

8)设计指令语音识别系统，将用户语音转变为语义符号。

9)设计一种室内导航任务，如根据语音指令进行导航："机器人找到水杯"，机器人首先根据语义图进行语义实体关联推理规划，沿着水杯→茶几→客厅线索进行概念规划，进而转向导航规划：从当前位置规划到客厅，从客厅中某点规划到茶几，进而进行视觉判决，找到最终目标。

上述各个实验内容共同构成了一套机器人语义感知应用系统，每个实验内容可以使用多种技术予以实现，很多开源代码可以在 github 或 ros wiki 上寻找，根据实际实验环境不同，每个步骤并不存在最优解决方案，读者需要开动脑筋自行调整算法，甚至重新设计算法。各实验模块之间可能存在相互制约的情况，需要读者站在系统架构高度对多模块进行有机组合和功能协调。

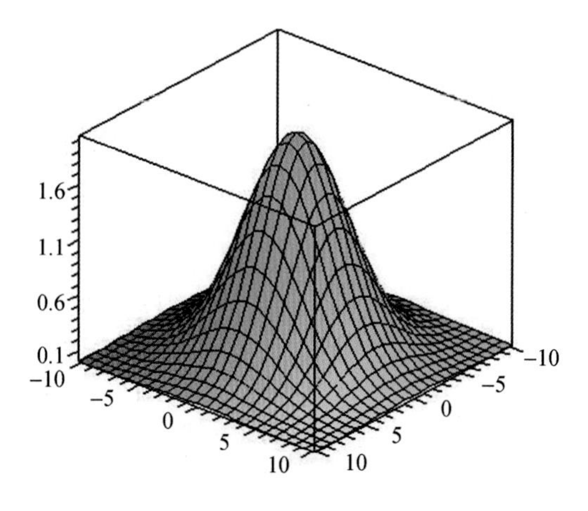

图 2-16　双变量正态分布的概率密度函数

图 3-9　基于 DSmT 构建的环境地图

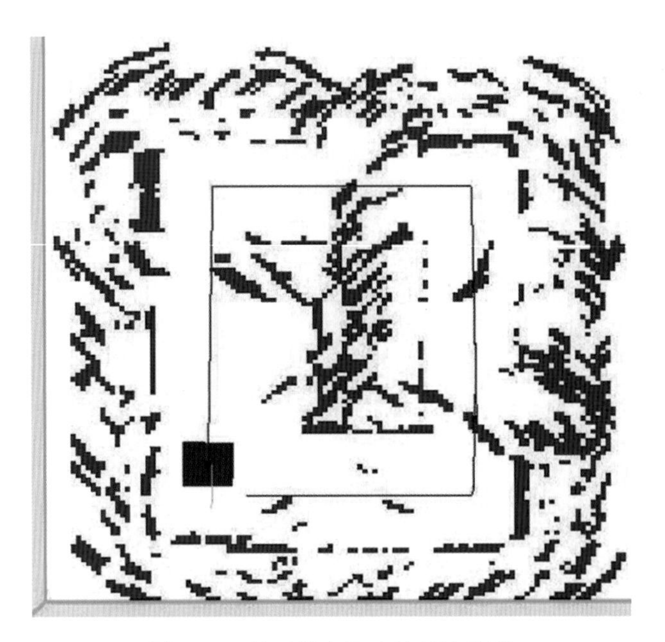

图 3-10　基于概率构建的环境地图

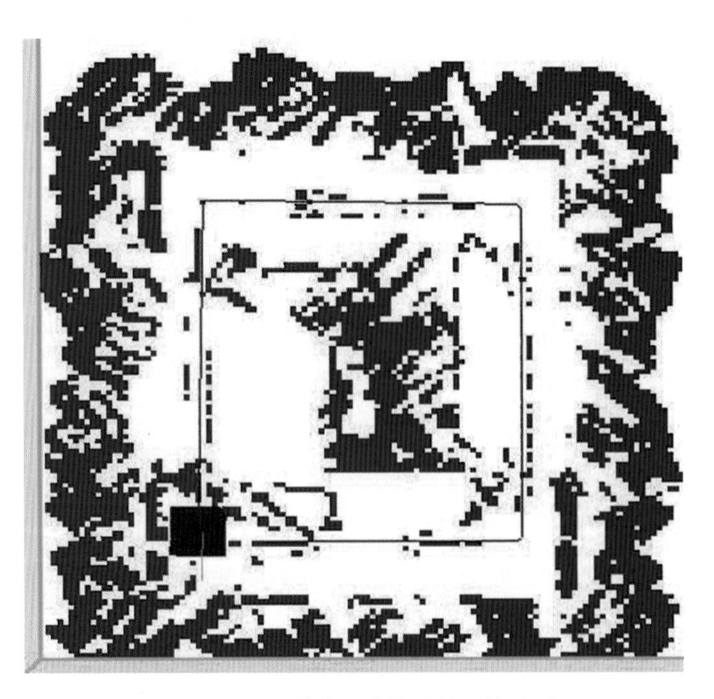

图 3-11　基于模糊理论构建的环境地图

图 3-23　四种常用三维地图

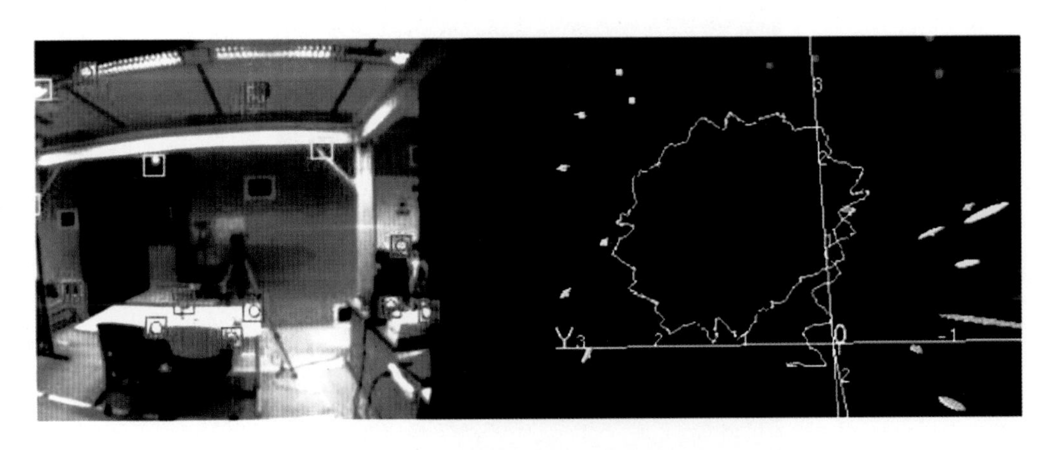

图 3-24　MonoSLAM 系统中特征点检测效果和机器人轨迹

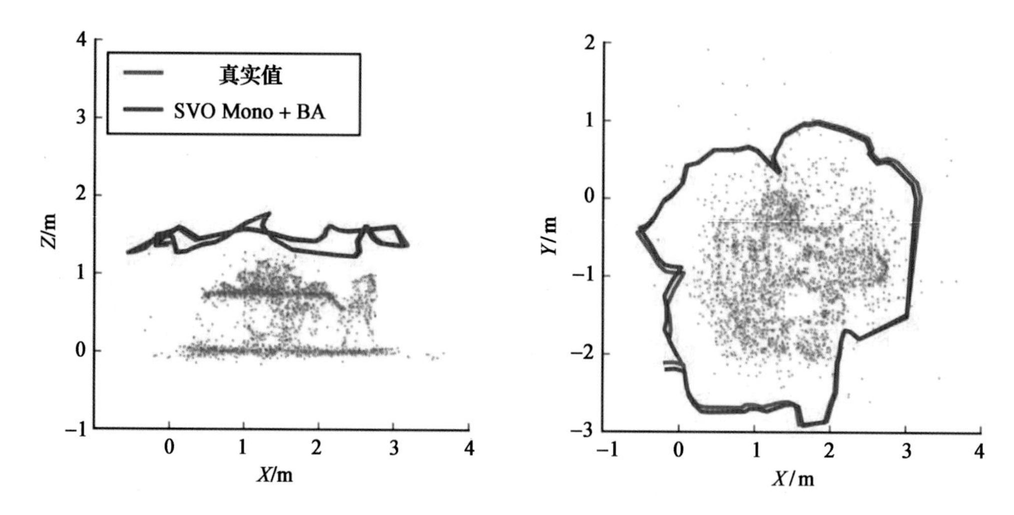

图 3-28　SVO 算法的无人机定位路径图

图 4-16　先验框匹配示意图

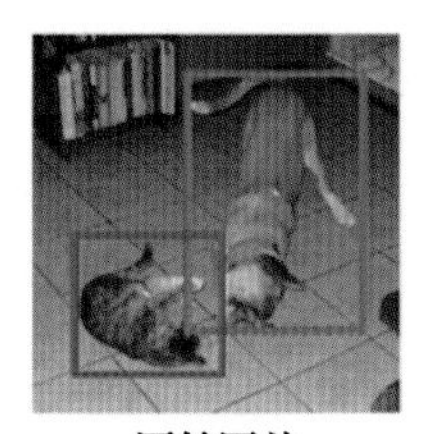

原始图片

随机裁剪

随机裁剪、缩放和对比度调整

随机裁剪和色相调整

随机裁剪、缩放和饱和度调整

随机扩展

图 4-17　数据增强实例

图 4-18　道路与植被分类图

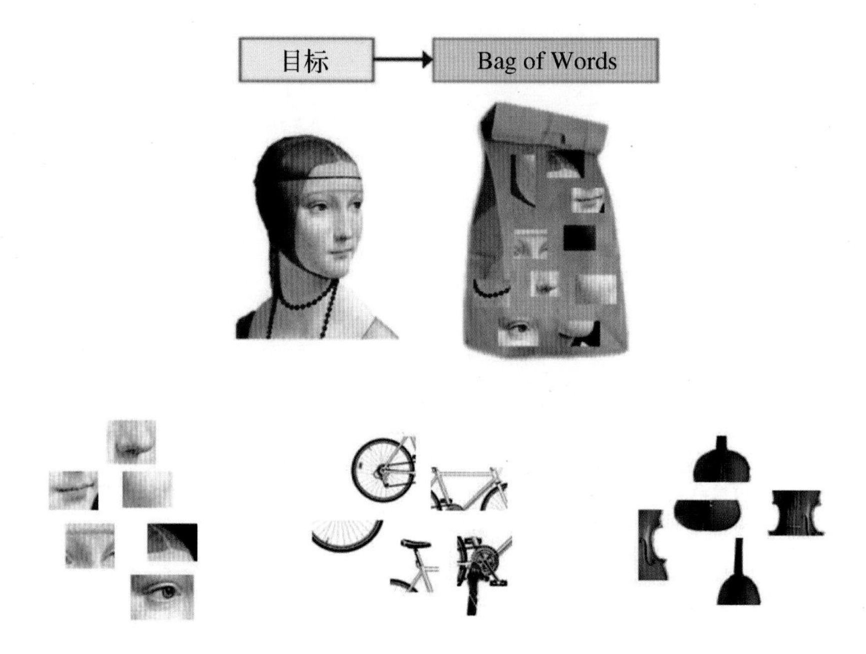

图 4-20　视觉词袋模型的词典构建过程

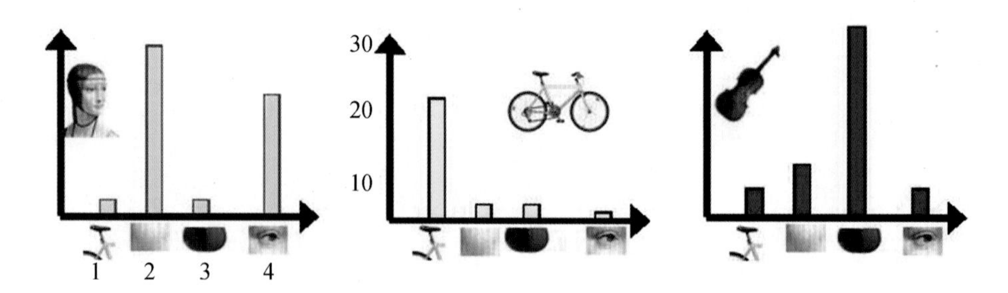

图 4-21　不同类别图像的直方图表示

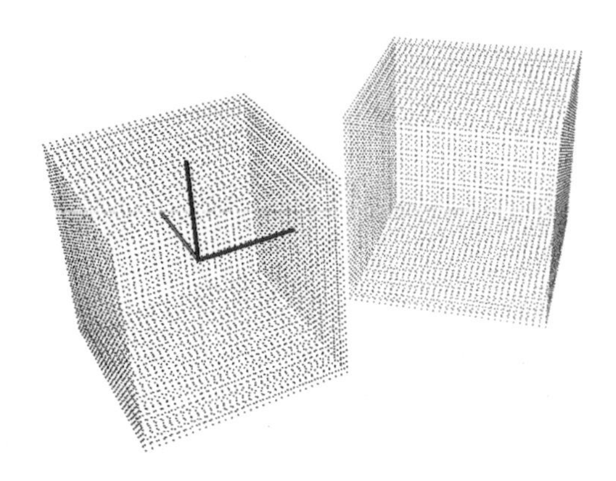

图 4-28　点云旋转

图 4-29　高度阈值法路面分割

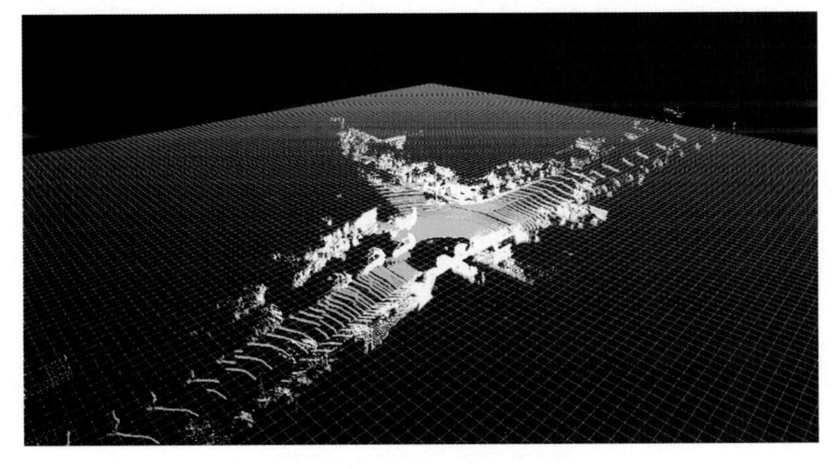

图 4-30　法向量法路面分割

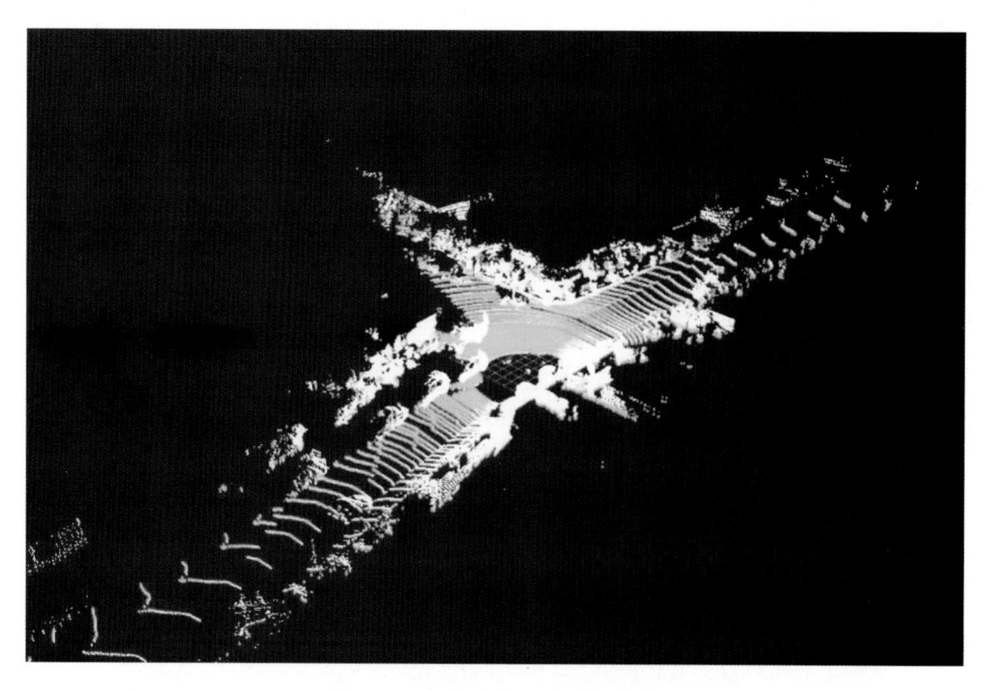

图 4-31　栅格高度差法路面分割

图 4-32　平均高度法路面分割

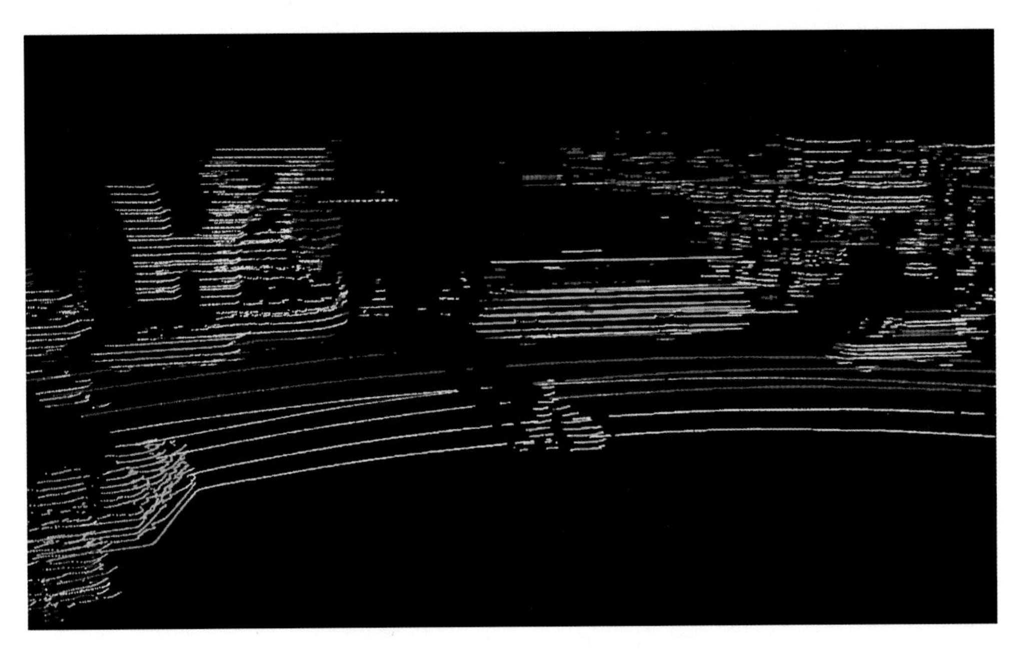

图 4-36　激光点云距离图（行人）

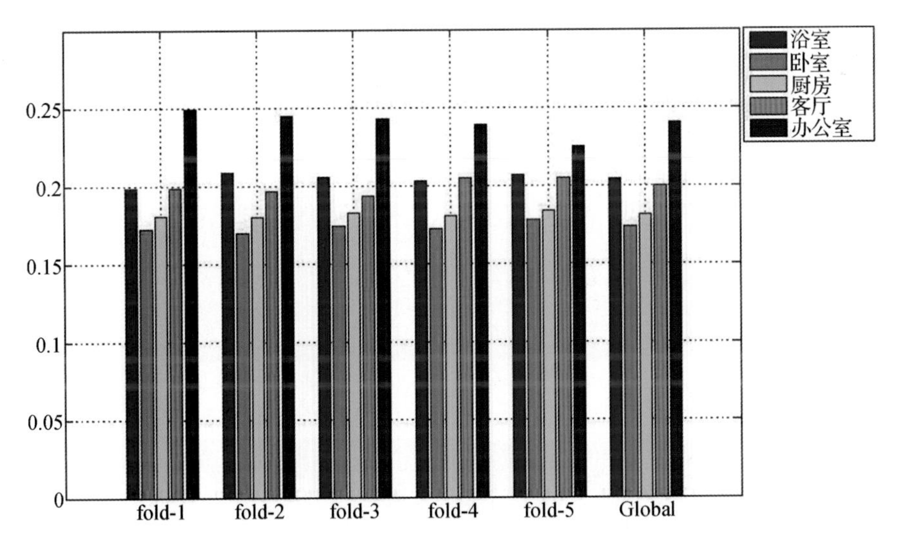

图 6-4　5 折交叉验证中的数据类型分布和全部数据的全局分布

图 7-23　背景过滤示意图

图 7-26　空间位置差异示意图

a）自然路标

b）模板颜色

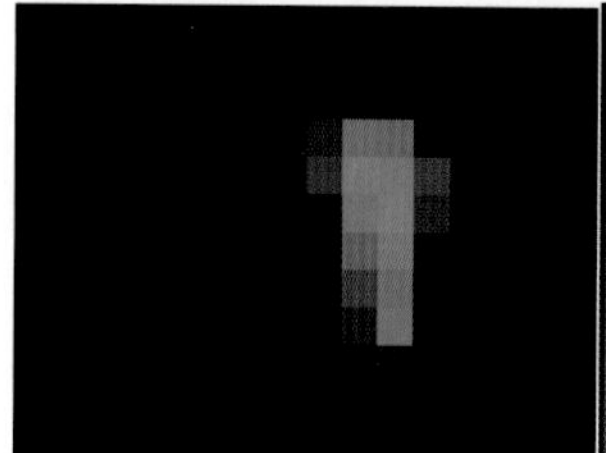

c）模糊颜色直方图匹配

d）位置检测

图 7-31　基于模糊颜色直方图的匹配

图 A-13　摄像头图像分割功能

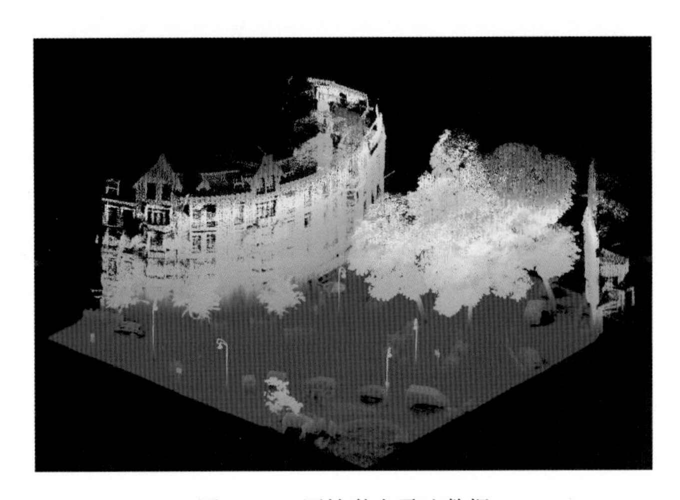

图 A-14　原始激光雷达数据

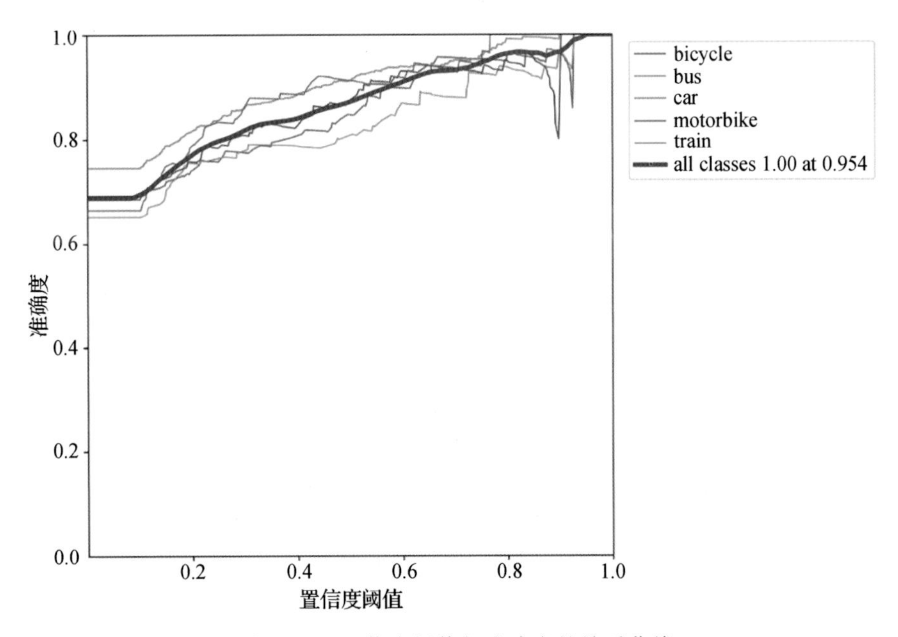

图 A-24　置信度阈值与准确度的关系曲线

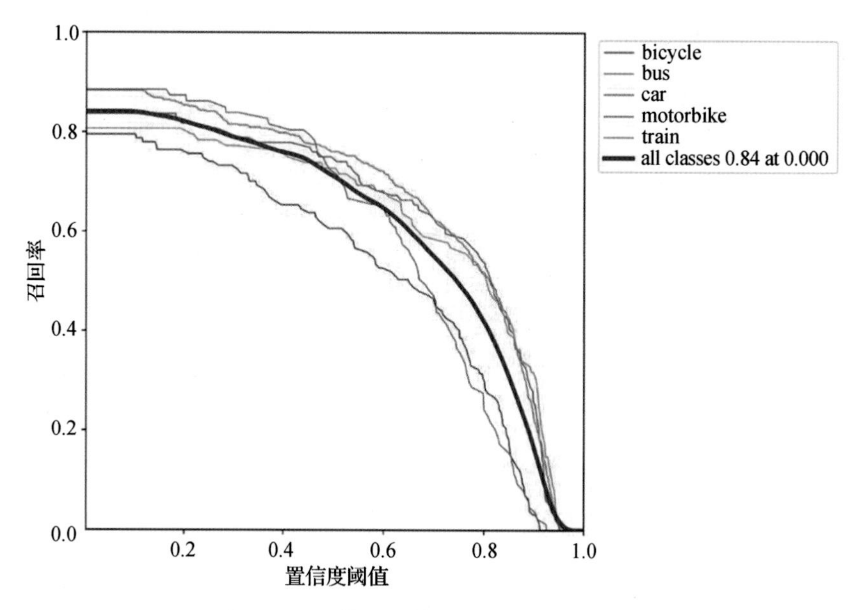

图 A-25　置信度阈值与召回率的关系曲线

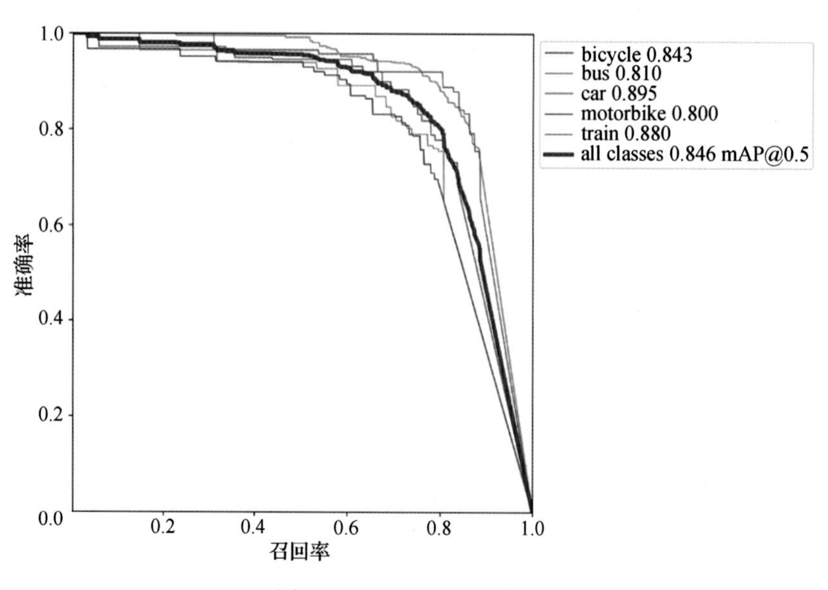

图 A-26　*P* 和 *R* 关系曲线